特高压直流换流站

设备安装调试质量工艺监督手册

国网江苏省电力公司运维检修部
国网江苏省电力公司检修分公司 组编

中国电力出版社
CHINA ELECTRIC POWER PRESS

内 容 提 要

为了进一步规范新（扩、改）建特高压直流换流站设备（设施）质量工艺监督工作，提高生产准备工作的针对性和有效性，国网江苏省电力公司组织编制了《特高压直流换流站设备安装调试质量工艺监督手册》，以便为设备安全、可靠运行和精益化管理奠定良好的基础。

本书共分为 4 章和 1 个附录，主要内容包括：一次设备监督、二次设备监督、辅助设备监督和换流站设备安装和验收关键环节管控作业指导书，涵盖 27 类设备监督。每类设备监督分为到场监督、安装监督和试验监督三个环节，详细说明了监督项目、监督内容以及监督要求。

本书可作为特高压直流换流站设备安装调试阶段指导运维人员现场监督的工作指导用书，也可供生产准备人员参考使用。

图书在版编目（CIP）数据

特高压直流换流站设备安装调试质量工艺监督手册 / 国网江苏省电力公司运维检修部，国网江苏省电力公司检修分公司组编. —北京：中国电力出版社，2017.12

ISBN 978-7-5198-1142-6

Ⅰ. ①特… Ⅱ. ①国… ②国… Ⅲ. ①特高压输电－直流换流站－设备安装－质量监督－技术手册②特高压输电－直流换流站－调试方法－质量监督－技术手册 Ⅳ. ①TM63-62

中国版本图书馆 CIP 数据核字（2017）第 223478 号

出版发行：中国电力出版社
地　　址：北京市东城区北京站西街 19 号（邮政编码 100005）
网　　址：http://www.cepp.sgcc.com.cn
责任编辑：易　攀（010-63412355）
责任校对：王小鹏
装帧设计：郝晓燕　赵姗姗
责任印制：邹树群

印　　刷：北京大学印刷厂
版　　次：2017 年 12 月第一版
印　　次：2017 年 12 月北京第一次印刷
开　　本：710 毫米×980 毫米　16 开本
印　　张：19
字　　数：398 千字
印　　数：0001—1500 册
定　　价：65.00 元

《特高压直流换流站设备安装调试质量工艺监督手册》

编 委 会

前言

国网江苏省电力公司为实现特高压直流换流站“管理标准化、队伍专业化、运检精益化，措施现代化”的管理目标，统筹策划、精心组织，建立科学高效的生产准备工作体系，深度参与特高压直流换流站工程建设各阶段工作，全过程监督、管控特高压直流换流站设备质量水平，提升设备状态管控能力，为此建立了一整套特高压直流换流站生产准备期间设备监督、管控体系。

国网江苏省电力公司检修分公司在全面总结现有特高压交、直流输电工程生产准备及运行经验基础上，为了进一步规范新（扩、改）建特高压直流换流站设备（设施）质量工艺监督工作，提高生产准备工作的针对性和有效性，提升新（扩、改）建特高压直流换流站生产管理水平，减少新（扩、改）建特高压直流换流站生产准备重复劳动，充分发挥集约化管理及人才优势，依据国家、电力行业、国家电网公司和省公司颁布的有关法规、规程和制度，并结合特高压直流换流站生产准备工作的实际要求，组织编写了《特高压直流换流站设备安装调试质量工艺监督手册》，为设备安全、可靠运行和精益化管理奠定了良好的基础。

本书作为设备安装调试阶段指导运维人员现场监督的技术指导规范，共分为4章和1个附录，主要内容包括：一次设备监督、二次设备监督、辅助设备监督和换流站设备安装和验收关键环节管控作业指导书，涵盖27类设备。每类设备监督分为到场监督、安装监督和试验监督三个环节，详细说明了监督项目、监督内容以及监督要求。

限于编者水平和经验，书中难免存在疏漏之处，敬请广大读者批评指正！

编　者

2017年6月

目录

前言

第一章　一次设备监督……1
第一节　换流变压器监督……1
第二节　换流阀监督……19
第三节　平波电抗器监督……24
第四节　直流滤波器监督……26
第五节　直流断路器监督……30
第六节　直流隔离开关监督……41
第七节　直流电流互感器监督……46
第八节　直流分压器监督……50
第九节　直流穿墙套管监督……54
第十节　直流阻波器监督……57
第十一节　直流避雷器监督……59
第十二节　直流绝缘子监督……62
第十三节　交流滤波器监督……65
第十四节　接地极设备监督……70
第二章　二次设备监督……75
第一节　直流控制系统监督……75
第二节　直流保护系统监督……92
第三节　阀控装置监督……108
第四节　阀冷控制保护系统监督……116
第五节　换流变压器非电量保护装置监督……133
第六节　交流滤波器保护装置监督……143
第七节　直流线路故障定位装置监督……156

第八节　站 SCADA 监控系统监督……163
第九节　调度自动化系统监督……171
第三章　辅助设备监督……179
第一节　内冷水系统监督……179
第二节　外冷水系统监督……186
第三节　空调系统监督……191
第四节　消防系统监督……194
第四章　换流站设备安装和验收关键 环节管控作业指导书……203

附录　设备监督作业指导卡……221

第一章

一次设备监督

第一节　换流变压器监督

一、到场监督

换流变压器到场监督主要目的是检查设备在装卸和运输过程中，是否发生碰撞、冲击、振动、进水、腐蚀、泄漏等设备损坏现象，检查设备到场情况并做好相应记录。

序号	监督项目	监督内容	等级	监　督　要　求
1	本体监督	气压表读数是否在正常范围	重要	1．拍照留存并做记录； 2．依据 GB 50776—2012《±800kV 及以下换流站换流变压器施工及验收规范》第 4.0.8 条，即： 2.1　记录气压表压力，了解变压器本体是否受潮，N_2 或干燥空气压力应为 0.01MPa～0.03MPa（相对压力），否则应立即汇报，并监督后续处理情况
		冲撞记录仪读数是否在正常范围	重要	1．依据 GB 50776—2012《±800kV 及以下换流站换流变压器施工及验收规范》第 4.0.1 条，即： 1.1　使用专门的仪器读取冲撞记录仪中的数据，了解在运输过程中是否受到不允许的冲击，生产厂家移交的数据要妥善保管，若是运输过程中受到的冲撞超过生产厂家规定（一般小于 3g），则应立即汇报，并监督后续处理情况
		开箱检查	重要	开箱检查时必须有本单位设备监督负责人全程在场监督
		外观检查	一般	1．了解外观有无损伤、脱漆、锈蚀情况，做好记录和汇报，并监督后续处理情况； 2．拍照留存并做记录
2	附件监督	查验铭牌	重要	核对铭牌与技术协议要求是否一致，抄录本体及附件铭牌参数并拍照片，编制设备清册
		技术文件	重要	采购技术协议或技术规范书、出厂试验报告、交接试验报告、运输记录、安装时器身检查记录、安装质量检验及评定报告、设备监造报告、设备评价报告、竣工图纸、设备使用说明书，合格证书、安装使用说明书等资料应齐全，扫描并存档

续表

序号	监督项目	监督内容	等级	监 督 要 求
2	附件监督	备品备件	重要	检查是否有相关备品备件，数量是否相符，做好相应记录
		专用工器具	重要	1．记录随设备到场的专用工器具，列出专用工器具清单妥善保管； 2．如施工单位需借用相关工器具，须履行借用手续
		检查套管、套管式电流互感器	重要	1．充气式套管运至现场后，应记录气压表压力，检查设备是否受潮，N_2 或干燥空气压力应为 0.01MPa～0.03MPa（相对压力）； 2．套管包装应完好，无渗油，瓷体无损伤； 3．套管装卸和存放应符合产品技术文件要求； 4. 充油或充干燥气体的套管式电流互感器及出线装置存放应采取防护措施，防止内部绝缘件受潮，不得倾斜或倒置存放； 5．依据《国家电网公司直流专业精益化管理评价规范》第二部分第 3 条，即： 5.1　套管油位或气体压力正常，油位计或压力计就地指示应清晰，便于观察，油套管垂直安装油位在 1/2 以上（非满油位），倾斜 15°安装应高于 2/3 至满油位； 5.2　绝缘子无碰损和开裂，法兰无开裂，单个缺釉不大于 $25mm^2$，釉面杂质总面不超过 $100mm^2$
		控制柜和端子箱、控制箱	重要	1．依据《±800kV 特高压直流输电工程南京换流站换流变压器技术协议》第 4.4 条，即： 1.1　控制柜和端子箱设计合理，防护等级为 IP55； 1.2　控制箱内的端子排应为阻燃、防潮型，控制柜应有足够的接线端子以便连接控制、保护、报警信号和电流互感器引线等的内部引线，并应留有 15%的备用端子。 2．依据《国家电网公司直流专业精益化管理评价规范》第二部分第 2 条，即： 2.1　驱潮装置和加热升温装置工作正常，温度设定正确，按规定投退； 2.2　箱门密封、内部封堵应良好，无进水、受潮、积灰现象，如使用荧光灯管门灯，应加装防护罩（运行人员后续关注）
		防雨罩	一般	1．依据《±800kV 特高压直流输电工程南京换流站换流变压器技术协议》第 4.4 条，即： 1.1　压力释放阀、气体继电器，油位指示计、油温表等表面应有防雨罩，防雨罩应能防止上方和侧面的喷水，防雨罩由运行单位统一负责购买安装，供应商不提供，但应保留安装空间，应考虑对顶部接线盒密封盖的设计，采用防进水措施，防止内部接点受潮故障； 1.2　户外端子箱等所有箱体，生产厂家需要提供防雨罩匹配尺寸设计文件，便于后续防雨罩的安装

续表

序号	监督项目	监督内容	等级	监 督 要 求
2	附件监督	其他	一般	1．依据Q/GDW 220—2008《±800kV换流站换流变压器施工及验收规范》第4.2.2条，即： 1.1 表计、风扇、潜油泵、气体继电器、气道隔板、测温装置以及绝缘材料等，应放置于干燥的室内； 1.2 散热器、冷却器、连通管、安全气道等应密封； 1.3 充油套管式电流互感器等应带油存放，绝不允许露天存放，严防内部绝缘件受潮，套管式电流互感器不允许倾斜或倒置存放； 1.4 附件底部应垫高、垫平，不得水淹； 1.5 浸油运输的附件应保持浸油保管，其油箱应密封； 1.6 与本体连在一起的附件可不拆下
3	绝缘油监督	绝缘油的验收与保管	一般	1．依据GB 50776—2012《±800kV及以下换流站换流变压器施工及验收规范》第5.0.4条，即： 1.1 每批到达现场的绝缘油都应有全分析试验报告（生产厂家提供），并现场取样进行全分析试验； 1.2 不同标号、不同牌号的绝缘油，应分别储存，并应有明显牌号标志； 1.3 放油时目测检查，各小桶绝缘油标识、气味应一致
		绝缘油的现场过滤	一般	1．依据Q/GDW 220—2008《±800kV换流站换流变压器施工及验收规范》第4.3条，即： 1.1 绝缘油应使用真空滤油机进行处理，真空滤油机应具有两级真空功能，运行油温应在20℃～75℃，应在滤油机出口油样阀取样进行油样试验，并满足电气试验要求； 1.2 现场油务系统所采用的储油罐及管道均应事先清理干净
4	现场保管监督	充干燥空气存放	一般	1．若产品未受潮可以充干燥气体进行短期存放，存放时间一般不超过3个月； 2．油箱内气体压力应保持在0.01MPa～0.03MPa范围内，并每天记录压力监视值，当压力低于规定值时，应及时补气
		注油存放	一般	1．依据Q/GDW 220—2008《±800kV换流站换流变压器施工及验收规范》第4.2.5条，即： 换流变压器到达现场后，当三个月内不能安装时，应在一个月内进行下列工作： 1.1 应安装储油柜及吸湿器，注入合格油至储油柜规定油位； 1.2 当不能及时注油时，应继续充与原气体相同的气体保管，且必须有压力监测装置，压力应保持为0.01MPa～0.03MPa，气体的凝露点应低于－40℃

二、安装监督

换流变压器安装过程中，监督人员要详细记录设备的铭牌参数、结构原理、操作维护方法及相关注意事项，并记录设备安装的具体内容、进度及存在的问题；并积极向现场安装人员和生产厂家技术人员咨询和交流，及时完成相关总结，积累运维经验。

序号	监督项目	监督内容	等级	监 督 要 求
1	基础	基础检查	重要	1．检查换流变压器基础是否平整； 2．检查换流变压器基础是否坚实、可靠； 3．检查换流变压器基础及套管是否发生了倾斜
2	器身	确认器身检查条件（必要时）	重要	1．依据 Q/GDW 220—2008《±800kV 换流站换流变压器施工及验收规范》第 4.5 条，即： 1.1 雨、雪、风（4 级以上）和相对湿度 80%以上的天气，不得进行器身内检，器身暴露在空气中的时间不得超过 8h； 1.2 本体内部的氧气含量应在 18%以上； 1.3 打开的检查孔应采取临时的防尘措施，检查孔旁应设专人进行信息传递； 1.4 进箱人员应穿戴专用服装，防止异物遗留； 1.5 场地周围应清洁和有防尘措施； 1.6 带入器身内部的工具应做好记录，内检后及时清点，严禁遗漏在器身内
		器身检查	重要	1．依据 Q/GDW 220—2008《±800kV 换流站换流变压器施工及验收规范》第 4.5 条，即： 1.1 运输支撑和器身检查各部位应无移动现象，运输用的临时防护装置及临时支撑应予拆除，并经过清点做好记录以备查； 1.2 所有螺栓应紧固，并有放松措施，绝缘螺栓应无损坏，放松绑扎完好； 1.3 铁心检查：应无变形，铁轭与夹件间的绝缘垫应良好，无多点接地等； 1.4 绕组检查：绝缘层应完整，无缺损、变位现象，各绕组应排列整齐，间隙均匀，油路无堵塞，压钉应紧固，放松螺母应锁紧； 1.5 绝缘围屏绑扎牢固，围屏上所有线圈引出处的封闭良好； 1.6 引出线绝缘包扎牢固，无破损、拧弯现象，引出线绝缘距离应合格，固定牢靠，固定支架紧固，引出线的裸露部分应无毛刺或尖角，其焊接应良好，引出线与套管的连接应牢靠，接线正确； 1.7 调压切换装置各分接头与线圈的连接应紧固正确，各分接头应清洁，接触紧密，弹力良好，转动盘应动作灵活，密封良好；

续表

序号	监督项目	监督内容	等级	监督要求
2	器身	器身检查	重要	1.8　所有屏蔽接地应良好，所有紧固件应无松动； 1.9　绝缘屏障应完好，且固定牢固，无松动现象； 1.10　检查强油循环管路与下轭绝缘接口部位的密封应完好； 1.11　各部位应无油泥、水滴和金属屑末等杂物； 1.12　箱壁上的阀门应开闭灵活、指示正确，导向冷却的换流变压器尚应检查和清理进油管接头和联箱； 1.13　器身内部检查后应及时填写检查记录并签证
3	本体及附件	安装本体及附件露空控制	重要	1．依据 Q/GDW 220—2008《±800kV 换流站换流变压器施工及验收规范》第 4.5.2 条，即： 1.1　环境相对湿度应小于 80%，在安装过程中必须向箱体内持续补充露点低于－40℃的干燥空气，补充干燥空气速率符合产品技术文件要求； 1.2　每次宜只打开一处，并用塑料薄膜覆盖，器身连续露空时间不宜超过 8h； 1.3　散热器、储油柜等不需要在露空状态下安装的附件应先行安装完成，且在散热器、油管的过程中不得搬动或打开本体油箱的任一阀门或密封板
4	本体及附件的密封面	安装本体及附件密封面的处理	一般	1．依据 Q/GDW 220—2008《±800kV 换流站换流变压器施工及验收规范》第 4.7.2 条，即： 1.1　所有法兰连接处应用耐油密封垫（圈）密封，密封垫（圈）必须无扭曲、变形、裂纹和毛刺，法兰连接面应平整、清洁； 1.2　现场安装位置应准确，其搭接处的厚度应与其原厚度相同，橡胶密封垫的压缩量不宜超过其厚度的 1/3
5	本体油枕和分接头油枕	气囊的安装	重要	1．依据 Q/GDW 220—2008《±800kV 换流站换流变压器施工及验收规范》第 4.7.5 条，即： 1.1　换流变压器储油柜内装有的密封胶囊或隔膜，必须严格按照生产厂家说明书规定的工艺要求进行注油，防止空气进入，并对胶囊和隔膜的完好性进行检查； 1.2　胶囊式储油柜中的胶囊或隔膜式储油柜中的隔膜应完整无破损，胶囊在缓慢充气胀开后检查应无漏气现象； 1.3　胶囊沿长度方向应与储油柜的长轴保持平行，不应扭偏，胶囊口的密封应良好，呼吸应通畅
		油位计的安装	重要	1．换流变压器所有表计的设计便于运行人员查看，特别是油位计需要考虑放置在油箱侧下部的方案； 2．油位表动作应灵活，油位表或油标管的指示必须与储油柜的真空油位相符，不得出现假油位

续表

序号	监督项目	监督内容	等级	监　督　要　求
5	本体油枕和分接头油枕	油位传感器的安装	重要	安装正确、牢固
		储油柜的安装	重要	1．储油柜安装方向应正确； 2．依据《国家电网公司直流专业精益化管理评价规范》第二部分第2条，即： 2.1　油位指示应符合“油温—油位曲线”（有标准时，生产厂家应按标准执行；无标准时按油位应在标准曲线－10%～10%范围内）； 2.2　应配置有两套基于不同原理的储油柜油位监测装置； 2.3　油位计显示清晰，可在运行中就地读取，防护等级不小于IP55，并加强防雨措施； 2.4　应配置现场油位机械指示表
		呼吸器的安装	重要	1．掌握呼吸器硅胶更换方法； 2．呼吸器与储油柜间的连接管的密封应良好，管道应通畅，呼吸器颜色应正常，油封油位应在油面线处或符合产品的技术要求； 3．依据《国家电网公司直流专业精益化管理评价规范》第一部分第4条，即： 3.1　玻璃罩杯无破损，密封完好无进水，呼或吸状态下，内油面或外油面应高于呼吸管口； 3.2　使用变色硅胶，罐装至顶部1/6～1/5处，受潮硅胶不超过2/3，并标识2/3位置； 3.3　免维护吸湿器电源应完好，加热器工作正常启动定值小于RH60%或按生产厂家规定
6	套管	外观检查	一般	1．套管应经试验合格； 2．检查瓷套表面清洁有无裂缝、伤痕，硅橡胶套管有无破损； 3．充油套管有无渗油，油位指示是否正常，油位是否面朝向运行巡视侧； 4．充气套管有无渗漏； 5．做好记录，发现问题应立即汇报，并监督后续处理情况
		套管的安装	重要	1．掌握干燥空气发生器的使用方法； 2．采取图文并茂的形式详细说明套管的安装方法； 3．依据Q/GDW 220—2008《±800kV及以下换流站换流变压器施工及验收规范》第4.7.7条，即： 3.1　瓷套表面应无裂缝、伤痕，套管固定可靠、各螺栓受力均匀；均压环表面光滑无划痕，均压环易积水部位最低点应钻排水孔；

续表

序号	监督项目	监督内容	等级	监 督 要 求
6	套管	套管的安装	重要	3.2 套管应经试验合格； 3.3 套管顶部结构的密封垫应安装正确，密封应良好，引线连接可靠、松紧适当，对地和相间距离符合要求，并不应使顶部结构松扣； 3.4 SF_6 气体绝缘套管，应检测气体微水和泄漏率符合要求，充注气体过程中应检查各压力节点动作正确，安装后必须全面检查套管油气分离室设置的压力释放处不出现渗油或漏气； 3.5 套管的起吊要严格按照安装作业指导书进行（高压套管的吊装尤为重要）； 3.6 垂直起立后油压表的压力应在正常范围内（保证套管内油压正常）； 3.7 阀侧套管严禁攀爬。 4．依据《国家电网公司直流专业精益化管理评价规范》第二部分第3条，即： 4.1 套管顶部结构的密封垫安装应正确，密封应良好，当连接引线时，不应使顶部结构松扣，不应使用铜铝对接过渡线夹；铜铝线夹应制定更换计划，铜铝过渡应加装铜铝过渡复合片，引线应无散股、扭曲、断股现象。 5．SF_6气体绝缘套管应配置气体密度监视装置； 6．依据《国家电网公司十八项电网重大反事故措施》第8.2.2.6条，即： 6.1 应在设备投运前检查套管末屏接地良好； 6.2 污秽等级不满足要求时，应喷涂 RTV 涂料且涂料状态良好
		套管电流互感器接线检查	重要	1．检查套管电流互感器二次引出端正确性，变比与实际相符； 2. 检查套管电流互感器每个二次绕组必须有一点可靠接地，并且只能有一点接地； 3．二次备用绕组经短接后可靠接地
7	分接开关	外观检查	一般	检查分接开关油道畅通，外部密封无渗油，进出油管标志明显
		操动机构检查	重要	1．依据 Q/GDW 220—2008《±800kV 及以下换流站换流变压器施工及验收规范》第4.7.3条，即： 1.1 齿轮盒无受潮进水现象，传动机构中的操动机构、电动机、传动齿轮和杠杆应固定牢靠，连接位置正确，且操作灵活，无卡阻现象，传动机构的摩擦部分应涂以适合当地气候条件的润滑脂； 1.2 切换开关的触头及其连接线应完整无损，且接触良好；

续表

序号	监督项目	监督内容	等级	监 督 要 求
7	分接开关	操动机构检查	重要	1.3 绝缘油应经试验合格方可注入油箱； 1.4 位置指示器应动作正确，指示正确
		在线滤油机安装	重要	1．掌握在线滤油机滤芯更换方法（若滤芯在现场安装的话）； 2．采取图文并茂的形式详细说明分接开关的安装方法； 3．依据 Q/GDW 220—2008《±800kV 及以下换流站换流变压器施工及验收规范》第 4.7.3.5 条，即： 3.1 在线滤油装置应符合产品技术规定，管道及滤网应清洗干净，试运正常
8	冷却器	外观检查	一般	1. 冷却装置在安装前应按生产厂家规定的压力值用气压或油压进行密封试验，散热器、强迫油循环风冷却器，持续 30min 应无渗漏； 2．安装前应用合格的绝缘油经净油机循环冲洗干净，并将残油排尽； 3．检查散热翅片应无变形、破损
		冷却器的安装	重要	1．掌握冷却器装置的手动操作方法； 2．采取图文并茂的形式详细说明冷却器的安装方法； 3．依据 Q/GDW 220—2008《±800kV 及以下换流站换流变压器施工及验收规范》第 4.7.4 条，即： 3.1 风扇电动机及叶片应安装牢固，并应转动灵活，无卡阻；试转时应无振动、过热；叶片应无扭曲变形或与风筒碰擦等情况，转向应正确；电动机的电源配线应采用具有耐油性能的绝缘导线； 3.2 管路中的阀门应操作灵活，开闭位置应正确，阀门及法兰连接处应密封良好； 3.3 外接油管路在安装前，应进行彻底除锈并清洗干净； 3.4 油泵转向应正确，转动时应无异常噪声、振动或过热现象；其密封应良好，无渗油或进气现象； 3.5 流速继电器应经校验合格，且密封良好，动作可靠； 3.6 冷却器安装完毕后应即注满油。 4．依据《国家电网公司十八项电网重大反事故措施》第 9.6.1.2 条，即： 4.1 油泵应密封良好，无渗油或进气现象，转向应正确，无异常噪声、振动或过热现象。潜油泵的轴承应采取 E 级或 D 级，禁止使用无铭牌、无级别的轴承； 4.2 潜油泵转速应在 1500r/min 以下； 4.3 应有独立的两个电源且能实现自动切换，电源应有三相电压监视

续表

序号	监督项目	监督内容	等级	监督要求
9	升高座	升高座的安装	重要	1．依据Q/GDW 220—2008《±800kV换流站换流变压器施工及验收规范》第4.7.6条，即： 1.1　升高座安装前，应先完成电流互感器的交接试验； 1.2　电流互感器出线端子板应绝缘良好，其接线螺栓和固定件的垫块应紧固，端子板密封良好，无渗油现象； 1.3　电流互感器和升高座的中心应一致； 1.4　安装升高座时，放气塞位置应在升高座最高处； 1.5　绝缘筒应安装牢固，其安装位置不应使变压器引出线与之相碰； 1.6　套管型电流互感器二次备用绕组经短接后接地，检查二次极性的正确性，变比与实际相符
10	非电量保护装置	外观检查	一般	外观检查无破损、渗油现象
		非电量保护装置的安装	重要	1．变压器上所有指示表计应朝向运行巡视过道； 2．掌握非电量保护装置（气体继电器、压力继电器、涌流继电器、SF_6密度继电器、压力释放阀、温度测量装置）的原理、安装方法及工艺要求，收集影像资料； 3. 采取图文并茂的形式详细说明各非电量保护装置的安装方法； 4．各操作箱、控制箱等考虑运行维护方便；所有外部接线端子包括备用端子均为线夹式。控制跳闸的接线端子之间及与其他端子间均留有一个空端子，或采用其他隔离措施，以免因短接而引起误跳闸； 5．保护测量元件，如气体和压力继电器、压力释放装置等检查整定值，绕组温度计按照温升试验结果进行校正； 6. 作用于跳闸非电量元件包括瓦斯继电器、SF_6密度计、分接开关压力继电器等设置三副独立的跳闸节点，按照“三取二”原则出口，三个开入回路要独立，“三取二”出口判断逻辑装置及其电源冗余配置； 7．温度计安装前应进行校验，信号接点应动作正确，导通良好，绕组温度计应根据制造厂的规定进行整定； 8．顶盖上的温度计座内应注以变压器油，密封应良好，无渗油现象；闲置的温度计座也应密封，不得进水； 9. 膨胀式信号温度计的细金属软管不得有压扁或急剧扭曲，其弯曲半径不得小于50mm
		非电量保护装置的二次接线盒检查	重要	1．依据《国家电网公司直流专业精益化管理评价规范》第二部分第6条，即： 1.1　二次元件标识应清晰、准确； 1.2　二次电缆浪管（穿管）不应有积水弯和高挂低用现象。

续表

序号	监督项目	监督内容	等级	监 督 要 求
10	非电量保护装置	非电量保护装置的二次接线盒检查	重要	2．依据《国家电网公司防止直流换流站单双极强迫停运二十一项反事故措施》第18.2.4条，即： 2.1 户外端子箱、汇控柜底座和箱体之间有足够的敞开通风空间
11	油务处理	注意事项	重要	1．掌握抽真空、真空注油、热油循环管路与专用工器具的连接方式，阀门位置，收集影像资料； 2．掌握抽真空时间及真空度、注油速度和温度、热油循环温度和时间、静放时间等工艺要求； 3．编制油务处理作业指导书； 4．掌握真空泵、真空滤油机的使用方法及对电源的要求； 5．采取图文并茂的形式详细说明油务处理方法、管道接法、注油速度、油温； 6．依据Q/GDW 220—2008《±800kV换流站换流变压器施工及验收规范》第4.8条，即： 6.1 注油全过程应保持真空。注入油的油温宜高于器身温度。油面距油箱顶的空隙不得少于200mm或按生产厂家规定执行； 6.2 在抽真空时，必须将在真空下不能承受机械强度的附件，如储油柜、安全气道等与油箱隔离；对允许抽同样真空度的部件，应同时抽真空； 6.3 热油循环可在真空注油到储油柜的额定油位后的满油状态下进行，此时变压器或电抗器不抽真空，当注油到离器身顶盖200mm处时，热油循环需抽真空，真空度应满足生产厂家的规定； 6.4 滤油机出口平均油温40℃～60℃
		本体抽真空	重要	1．依据Q/GDW 220—2008《±800kV换流站换流变压器施工及验收规范》第4.8条，即： 1.1 注油前本体必须进行真空干燥处理； 1.2 真空残压不应大于13Pa或达到产品技术文件规定值，真空保持时间不应少于48h； 1.3 在抽真空时，必须将在真空下不能承受机械强度的附件，如产品技术文件规定不能抽真空的储油柜、气体继电器等于油箱隔离，对允许抽同样真空的部件，应同时抽真空； 1.4 抽真空时，应监视并记录油箱的变形，最大值不得超过油箱壁厚的两倍
		真空注油	重要	1．依据Q/GDW 220—2008《±800kV换流站换流变压器施工及验收规范》第4.8条，即： 1.1 真空注油前，应对绝缘油进行脱气和过滤处理；

续表

序号	监督项目	监督内容	等级	监 督 要 求
11	油务处理	真空注油	重要	1.2 真空注油前，设备各接地点及油管道必须可靠接地； 1.3 注油全过程应持续抽真空，注入油的油温宜高于器身温度，滤油机出口油温40℃～60℃； 1.4 注油时宜从下部油阀以4～6t/h注油速度进油；真空注油全过程真空滤油机进、出油管不得在露空状态切换
		热油循环与静置	重要	1．依据Q/GDW 220—2008《±800kV换流站换流变压器施工及验收规范》第4.9条，即： 1.1 热油循环时，油温、油速以及热油循环的时间，应严格按照产品技术文件要求进行，当无明确要求时：热油循环时间不少于48h且热油循环油量不少于3倍换流变压器总油量/通过滤油机每小时的油量； 1.2 应对换流变压器本体及冷却器同时进行热油循环； 1.3 热油循环过程中滤油机加热脱水缸中的温度应控制在（65±5）℃，当环境温度全天平均低于15℃时，应对油箱采取保温措施； 1.4 热油循环结束后，应关闭注油阀门，开启变压器所有组件、附件及管路的放气阀多次排气，当有油溢出时，立即关闭放气阀； 1.5 加注补充油时，应通过储油柜上专用的添油阀，并经净油机注入，注油时应排放本体及附件内的空气，少量空气可自储油柜排尽，注油完毕后，在施加电压前，静止时间不应少于96h； 1.6 静置完毕后，应从变压器、电抗器的套管、升高座、冷却装置、气体继电器及压力释放装置等有关部位进行多次放气，并启动潜油泵直至残余气体排尽
12	压力释放装置	压力释放装置安装	重要	1．依据QB/GDW 50776—2012《±800kV及以下换流站换流变压器施工及验收规范》第7.0.10条，即： 1.1 压力释放装置的安装方向符合产品技术规定； 1.2 阀盖和升高座内部清洁，密封良好； 1.3 电接点动作应准确、绝缘应良好。 2．依据《国家电网公司直流专业精益化管理评价规范》第二部分第6条，即： 2.1 二次回路绝缘电阻≥1MΩ； 2.2 防护等级不小于IP55，并加强防雨措施，加装防雨罩，本体及二次电缆进线50mm^{2}应被遮蔽，45°向下雨水不能直淋（box-in除外）； 2.3 本体压力释放阀导向管方向不应直喷巡视通道，威胁到运维人员的安全

续表

序号	监督项目	监督内容	等级	监督要求
13	气体继电器	气体继电器安装	重要	1．依据 Q/GDW 220—2008《±800kV 换流站换流变压器施工及验收规范》第 4.7.8 条，即： 1.1　气体继电器安装前应经检验合格，并检查是否已解除运输用的固定件； 1.2　集气盒内应充满绝缘油且密封良好； 1.3　气体继电器应水平安装，顶盖上箭头标志指向储油柜，连接密封良好； 1.4　电缆引线在接入气体继电器处应有滴水弯，进线孔封堵严密； 1.5　观察窗的挡板应处于打开位置； 1.6　气体继电器应装防雨罩，具备防潮和防进水功能。 2．依据《国家电网公司直流专业精益化管理评价规范》第二部分第 6 条，即： 2.1　二次回路绝缘电阻≥1MΩ； 2.2　防护等级不小于 IP55，并加强防雨措施，加装防雨罩，本体及二次电缆进线 $50mm^2$ 应被遮蔽，45° 向下雨水不能直淋（box-in 除外）； 2.3　独立油室应将气体汇集至同一气体继电器，不应选用独立不能汇集气体的继电器； 2.4　气体继电器连接管向上倾斜角度应符合生产厂家规定
14	温度计	温度计安装	重要	1．依据 QB/GDW 50776—2012《±800kV 及以下换流站换流变压器施工及验收规范》第 7.0.12 条，即： 1.1　安装前应进行校验，信号接点应根据相关规定进行整定并动作正确，导通应良好； 1.2　顶盖上的温度计温包座内应注入绝缘油，密封应良好，无渗漏油，闲置的温度计座应密封，不得进水； 1.3　膨胀式信号温度计的细金属软管不得压扁和急剧扭曲，其弯曲半径不得小于 50mm。 2．依据《国家电网公司直流专业精益化管理评价规范》第二部分第 2 条，即： 2.1　温度计刻板指示（指示清晰，无锈蚀、进水现象，历史最高温度指示正确，表盘定值位置与定值单整定一致）； 2.2　至少配置一台现场温度机械指示表； 2.3　温度传感器应长轴两侧分别布置，网侧和阀侧温度差别不应超过 5K； 2.4　温度计引出线固定（从本体引出线固定良好，绕线盘半径不小于 50mm）； 2.5　防护等级不小于 IP55，并加强防雨措施，加装防雨罩（生产厂家需提供防雨罩尺寸），本体及二次电缆进线 $50mm^2$ 应被遮蔽，45°向下雨水不能直淋（box-in 除外）； 2.6　二次回路绝缘电阻≥1MΩ

续表

序号	监督项目	监督内容	等级	监 督 要 求
15	风冷控制柜	风冷控制柜安装	重要	1．冷却系统控制箱必须有两路交流电源，且自动互投传动正确、可靠，监控后台应监视主变压器冷却装置运行情况，冷却器全停后能够正确上传信号； 2．控制回路接线应排列整齐、清晰、美观，绝缘良好无损伤，接线应采用铜质或有电镀金属防锈层的螺栓紧固，且应有防松装置； 3．内部断路器、接触器动作应灵活、无卡涩，触头接触应紧密可靠，无异常响声； 4．控制箱接地应牢固、可靠； 5．控制箱密封良好，内外清洁无锈蚀，端子排清洁无异物
16	本体间电缆	本体间电缆安装	重要	1．电缆应用软性电缆保护管套装，布置排列应整齐，接头密封应良好； 2．二次电缆浪管不应有积水弯和高挂低用现象，如有应临时做好封堵并开排水孔
17	整体密封性	整体密封检查	重要	1．依据 Q/GDW 220—2008《±800kV 换流站换流变压器施工及验收规范》第 4.10 条，即： 1.1　对换流变压器连同气体继电器及储油柜采用油注或氮气进行密封试验，在油箱顶部加压 0.03MPa，持续 24h，无渗漏； 1.2　密封试验前擦拭干净油箱及部件如冷却油管、阀门、升高座、套管、储油柜等的外表面，以便密封实验过程中检查渗漏情况； 1.3　密封试验时，为避免压力释放阀误动作，应在压力释放阀上安装临时闭锁压板； 1.4　密封试验充气过程中应密切监视承压部件变形情况和压力表读数，发现异常应停止充气，并进行处理
18	其他	铁心夹件泄漏电流测量	重要	1．变压器铁心和夹件应通过专用接地线从变压器底部进行接地； 2．依据《国家电网公司直流专业精益化管理评价规范》第二部分第 2 条，即： 2.1　铁心及夹件应分别引出，运行中应能测量； 2.2　铁心及夹件引出线应分别标识
		表计安装检查	重要	1．表计应加装防雨罩（生产厂家提供防雨罩设计尺寸）； 2．表计安装位置、方式应便于运维检修查验
		防爆膜检查	重要	防爆膜安装位置朝向不应朝向道路、设备，且应做好防雨措施

续表

序号	监督项目	监督内容	等级	监　督　要　求
18	其他	二次电缆槽盒检查	重要	1．线槽布置走向应美观、得当，槽盒安装应牢固，有抗震、防锈措施； 2．不同段槽盒间应设置等电位连线
		接地装置检查	重要	1. 中性点必须有 2 根与主接地网不同干线连接的接地引下线，规格符合设计要求； 2. 铁心和夹件的接地引出套管均应单独引下与主接地网连接，且接地良好； 3. 铁心和夹件的接地引出套管与接地排连接时应采用软连接过渡； 4．接地装置色标应符合规范要求
		在线监测装置安装检查	重要	1．装置接口法兰盘应与放油阀连接可靠，无渗油现象； 2．装置本身应具备可靠的防潮、防锈、抗震措施； 3．装置的电源及信号电缆宜采用电缆保护管布置； 4．配备气体在线监测装置，该装置的监测值能在主控室内看到，当出现异常时能给出报警信号
		巡检通道	重要	变压器事故油池鹅卵石层面上，应铺设格栅板，方便运行人员巡视设备，对于需要检查表计处，应设置巡检台阶
		防止人身伤害	重要	为了避免运行人员巡视设备时意外受伤，变压器区域消防喷头不得安装在运行人员巡视过道处

三、试验监督

试验监督过程阶段要求掌握试验方法和工艺要求、试验所需仪器仪表的使用方法、试验数据异常后的处理方法，使用照片和画图的方式记录试验过程，做好相应记录。

<table>
<tr><th>序号</th><th>监督项目</th><th>监督内容</th><th>等级</th><th>监　督　要　求</th></tr>
<tr><td>1</td><td>绝缘油</td><td>绝缘油试验</td><td>重要</td><td>1．依据 GB 50150—2006《电气装置安装工程电气设备交接试验标准》第 20.0.1 条和 20.0.2 条，即：
表 20.0.1
<table>
<tr><th>试验类别</th><th>适用范围</th></tr>
<tr><td>击穿电压</td><td>6kV 以上电气设备内的绝缘油或新注入上述设备前、后的绝缘油</td></tr>
<tr><td>简化分析</td><td>准备注入变压器的新油，应按表 2 中的第 2～9 项规定进行</td></tr>
<tr><td>全分析</td><td>对油的性能有怀疑时，应按表 20.0.1 中的全部项目进行</td></tr>
</table>
</td></tr>
</table>

续表

<table>
<tr><th>序号</th><th>监督项目</th><th>监督内容</th><th>等级</th><th>监　督　要　求</th></tr>
<tr><td>1</td><td>绝缘油</td><td>绝缘油试验</td><td>重要</td><td>表 20.0.2
<table>
<tr><th>序号</th><th>项　　目</th><th colspan="4">标　　　准</th></tr>
<tr><td>1</td><td>外状</td><td colspan="4">透明，无杂质或悬浮物</td></tr>
<tr><td>2</td><td>水溶性酸（pH 值）</td><td colspan="4">>5.4</td></tr>
<tr><td>3</td><td>酸值（mgKOH/g）</td><td colspan="4">≤0.03</td></tr>
<tr><td rowspan="2">4</td><td rowspan="2">闪点（闭口）（℃）</td><td rowspan="2">不低于</td><td>DB-10</td><td>DB-25</td><td>DB-45</td></tr>
<tr><td>140</td><td>140</td><td>135</td></tr>
<tr><td>5</td><td>水分（mg/L）</td><td colspan="4">500kV：≤10
20～30kV：≤15
110kV 及以下电压等级：≤20</td></tr>
<tr><td>6</td><td>界面张力（25℃），m·N/m</td><td colspan="4">≥35</td></tr>
<tr><td>7</td><td>介质损耗因数 tanδ（%）</td><td colspan="4">90℃时，
注入电气设备前≤0.5
注入电气设备后≤0.7</td></tr>
<tr><td>8</td><td>击穿电压</td><td colspan="4">500kV：≥60kV
330kV：≥50kV
60～220kV：≥40kV
35kV 及以下电压等级：≥35kV</td></tr>
<tr><td>9</td><td>体积电阻率（90℃）（Ω·m）</td><td colspan="4">≥6×1010</td></tr>
<tr><td>10</td><td>油中含气量（%）（体积分数）</td><td colspan="4">330～500kV：≤1</td></tr>
<tr><td>11</td><td>油泥与沉淀物（%）（质量分数）</td><td colspan="4">≤0.02</td></tr>
<tr><td>12</td><td>油中溶解气体组分含量色谱分析</td><td colspan="4">新装换流变压器油中 H_2 与烃类气体含量（μL/L）任一项不宜超过下列数值：
总烃：20
H_2：10
C_2H_2：0</td></tr>
</table>
</td></tr>
</table>

续表

序号	监督项目	监督内容	等级	监 督 要 求
2	绕组连同套管的直流电阻	测量绕组连同套管的直流电阻	重要	1. 依据 Q/GDW 275—2009《±800kV 直流系统电气设备交接验收试验》第 4.2 条，即： 1.1 应在所有分接头所有位置进行测量； 1.2 各相相同绕组（网侧绕组、阀侧Y绕组、阀侧△绕组）测量值的相互差值应小于平均值的 2%； 1.3 与同温度下产品出厂实测值比较，变化不应大于 2%
3	分接开关变压比	分接开关变压比试验	重要	1. 依据 Q/GDW 275—2009《±800kV 直流系统电气设备交接验收试验》第 4.3 条，即： 1.1 应在所有分接头所有位置进行测量； 1.2 实测电压比与生产厂家铭牌数据相比应无明显差别，且应符合电压比的规律； 1.3 变压比的允许误差在额定分接头位置时为±0.5%，其他分接头位置±1%
4	引出线的极性	引出线的极性检查	重要	1. 依据 Q/GDW 275—2009《±800kV 直流系统电气设备交接验收试验》第 4.4 条，即： 1.1 换流变压器的三相联结线组别和单相换流变压器引出线的极性，必须与设计要求及铭牌上的标记和外壳上的符号相符
5	铁心及夹件绝缘电阻	铁心及夹件绝缘电阻测量	重要	1. 依据 Q/GDW 275—2009《±800kV 直流系统电气设备交接验收试验》第 4.6 条，即： 1.1 用 2500V 绝缘电阻表测量； 1.2 测量值应不小于 500MΩ。 2. 依据《国家电网公司直流专业精益化管理评价规范》第二部分第 2 条，即： 2.1 新投运设备铁心及夹件绝缘电阻应≥1000MΩ
6	有载调压切换装置	有载调压切换装置的检查和试验	重要	1. 依据 Q/GDW 275—2009《±800kV 直流系统电气设备交接验收试验》第 4.14 条，即： 1.1 在换流变压器不带电、操作电源电压为额定电压的 85%及以上时，操作 10 个循环，在全部切换过程中应无开路和异常，电气和机械限位动作正确且符合产品要求； 1.2 切换过程中，切换触头的全部动作顺序应符合产品技术条件的规定； 1.3 注入切换装置的油应符合相关规定； 1.4 操作系统应能耐受 2kV、1min 工频耐压试验； 1.5 对切换装置油箱进行泄漏试验； 1.6 制造商安装及使用说明书中规定的其他试验，应符合产品说明书的规定

续表

序号	监督项目	监督内容	等级	监 督 要 求
7	绕组连同套管的绝缘电阻、吸收比及极化指数	绕组连同套管的绝缘电阻、吸收比及极化指数测量	重要	1．依据 Q/GDW 275—2009《±800kV 直流系统电气设备交接验收试验》第 4.5 条，即： 1.1 用 5000V 绝缘电阻表测量每一个绕组的绝缘电阻，测量时非被试绕组接地； 1.2 实测绝缘电阻值与出厂试验值相比，同温时一般情况下不应小于出厂值的 70%； 1.3 当现场测量温度与出厂试验时的温度不相同时，可按式（1）换算到同一温度的数值进行比较 $R_2=R_1\times1.5^{(t_1-t_2)/10}$ （1） 式中，R_1，R_2 分别为温度 t_1 和 t_2 时的绝缘电阻值，MΩ。 1.4 极化指数不进行温度换算，其实测值与出厂试验值相比，应无明显差别
8	绕组连同套管的介质损耗因数（tanδ）	绕组连同套管的介质损耗因数（tanδ）测量	重要	1．依据 Q/GDW 275—2009《±800kV 直流系统电气设备交接验收试验》第 4.7 条，即： 1.1 非被试绕组接地，被试绕组的 tanδ 与同温度下出厂试验数据相比应无显著差别，最大不应大于出厂试验值的 130%； 1.2 当现场测量温度与出厂试验时的温度不相同时，可按式（2）换算到同一温度的数值进行比较 $\tan\delta_2=\tan\delta_1\times1.3^{(t_2-t_1)/10}$ （2） 式中，tanδ_1 和 tanδ_2 分别为温度 t_1 和 t_2 时的介质损耗因数
9	绕组连同套管的直流耐压	绕组连同套管的直流耐压试验	重要	1．依据 Q/GDW 275—2009《±800kV 直流系统电气设备交接验收试验》第 4.8 条，即： 1.1 应对每一个阀绕组进行直流耐压试验，非被试绕组应短接并与换流变压器外壳一起可靠接地； 1.2 按出厂试验电压的 85%（或合同规定值）加压，持续时间 60min； 1.3 加压过程中进行局部放电量测量，在最后 10min 内，超过 2000pC 的放电脉冲次数应不超过 10 个； 1.4 试验时，不准预加压
10	绕组变形	绕组变形试验	重要	1．依据 GB 50150—2006《电气装置安装工程电气设备交接试验标准》第 7.0.12 条，即： 1.1 对于 66kV 及以上电压等级变压器，宜采用频率响应法测量绕组特征图谱
11	绕组连同套管的交流耐压	绕组连同套管的交流耐压试验	重要	1．依据 Q/GDW 275—2009《±800kV 直流系统电气设备交接验收试验》第 4.9 条，即： 1.1 应对网侧中性点进行外施交流电压试验，试验时绕组应短接，并将非被试绕组与换流变压器外壳一起可靠接地；

续表

序号	监督项目	监督内容	等级	监 督 要 求
11	绕组连同套管的交流耐压	绕组连同套管的交流耐压试验	重要	1.2 按出厂试验电压的80%（或合同规定值）加压，持续时间为60s； 1.3 在阀绕组加压过程中进行局部放电量测量，局部放电量应不超过300pC
12	绕组连同套管的长时感应电压试验带局部放电	绕组连同套管的长时感应电压试验带局部放电测量	重要	1．依据Q/GDW 275—2009《±800kV直流系统电气设备交接验收试验》第4.10条，即： 1.1 应对网侧绕组进行感应耐压试验和局部放电试验； 1.2 试验程序：试验电压和持续时间按满足GB 1094.3—2003《电力变压器 第3部分：绝缘水平、绝缘试验和外绝缘空气间隙》中要求进行，当试验电压频率等于或小于2倍额定频率时，其全电压下的试验时间应为60s；当试验频率超过两倍额定频率时，试验时间应为120×（额定频率/试验频率）s，但不小于15s。对于设备最高电压U_m＝550kV的换流变压器，感应耐压试验电压应为680kV（方均根值），局部放电试验电压应降到1.2U_m； 1.3 在$1.3U_m/\sqrt{3}$电压下进行局部放电量测量，视在放电量应不大于300 pC
13	额定电压下对变压器的冲击合闸	额定电压下对变压器的冲击合闸试验	重要	1．依据Q/GDW 275—2009《±800kV直流系统电气设备交接验收试验》第4.15条，即： 1.1 在额定电压下对变压器的冲击合闸试验，应进行5次，每次间隔时间宜为5min，应无异常现象
14	套管	套管试验	重要	1．依据Q/GDW 275—2009《±800kV直流系统电气设备交接验收试验》第4.12条，即： 套管在安装前进行下列试验： 1.1 绝缘电阻测量； 1.2 介质损耗因数及电容量测量； 1.3 必要时，对充油套管进行油的色谱分析试验； 1.4 检查SF_6气体压力； 1.5 检测SF_6气体微水含量； 1.6 末屏的绝缘电阻测量； 以上测量值与出厂试验值相比应无明显差别
15	套管式电流互感器	套管式电流互感器试验	重要	1．依据Q/GDW 275—2009《±800kV直流系统电气设备交接验收试验》第4.13条，即： 1.1 绝缘电阻测量：采用2500V绝缘电阻表，对各绕组间及其对外壳和末屏对地的绝缘电阻进行测量，绝缘电阻值不小于1000MΩ； 1.2 变比测量； 1.3 极性检查； 1.4 绕组直流电阻测量； 1.5 伏安特性测量；

续表

序号	监督项目	监督内容	等级	监 督 要 求
15	套管式电流互感器	套管式电流互感器试验	重要	1.6 二次绕组间及其对外壳的工频耐压试验，试验电压2kV，持续时间1min。 以上测量结果与出厂试验值相比，应无明显差别
16	温升	温升测量	重要	1．依据Q/GDW 275—2009《±800kV直流系统电气设备交接验收试验》第4.17条，即： 1.1 在端对端系统调试中，在进行额定功率持续运行和过负荷试验时，记录换流变压器油和铁心温度，（如有传感器），用红外检测仪测量油箱表面温度分布，其温升值应符合产品订货合同的规定
17	阻抗	阻抗测量	重要	1．依据Q/GDW 275—2009《±800kV直流系统电气设备交接验收试验》第4.18条，即： 1.1 与出厂试验值相比，阻抗值变化不应大于±2%

第二节 换流阀监督

一、到场监督

换流阀到场监督主要目的是检查设备在装卸和运输过程中，是否发生碰撞、进水、腐蚀等设备损坏现象，检查设备到场情况并做好相应记录。

序号	监督项目	监督内容	等级	监 督 要 求
1	本体监督	外观检查	重要	包装及密封应良好，无进水、碰撞等痕迹
		开箱检查	重要	主体及支架是否有弯曲现象
2	附件监督	查验铭牌	重要	核对铭牌与技术协议要求是否一致，抄录本体及附件铭牌参数并拍照片，编制设备清册
		备品备件	重要	检查是否有相关备品备件，数量是否相符，做好相应记录
		专用工器具	重要	1．记录随设备到场的专用工器具，列出专用工器具清单妥善保管； 2．如施工单位需借用相关工器具，须履行借用手续

二、安装监督

换流阀安装过程中，监督人员要详细记录设备的铭牌参数、结构原理、操作维护方法及相关注意事项，并记录设备安装的具体内容、进度及存在的问题；并积极向现场安装人员和厂家技术人员咨询和交流，及时完成相关总结，积累运维经验。

<table>
<tr><th>序号</th><th>监督项目</th><th>监督内容</th><th>等级</th><th>监 督 要 求</th></tr>
<tr><td rowspan="3">1</td><td rowspan="3">安装应具备的条件</td><td>阀厅土建施工全部结束</td><td>重要</td><td>阀厅结构施工经验收合格</td></tr>
<tr><td>阀厅空调施工结束</td><td>重要</td><td>阀厅空调系统经验收合格，投入运行正常</td></tr>
<tr><td>照明设施和检修电源配置</td><td>重要</td><td>照明设施已投入使用，检修电源配置到位</td></tr>
<tr><td>2</td><td>元器件外观</td><td>安装前外观检查</td><td>重要</td><td>1. 依据 GB/T 50775—2012《±800kV 及以下换流站换流阀施工及验收规范》第 5.0.1 条，即：
1.1 元器件的内包装应无破损；
1.2 所有元件、附件及专用工器具应齐全，无损伤、变形及锈蚀；
1.3 各连接件、附件及装置性材料的材质、规格、数量及安装编号应符合产品的技术规定；
1.4 电子元件及电路板应完整，无锈蚀、松动、脱落；
1.5 光纤的外护层完好，无破损；光纤端头应清洁，无杂物，临时端套应齐全；
1.6 均压环及屏蔽罩表面应光滑，色泽均匀一致，无凹陷、裂纹、毛刺及变形；
1.7 瓷件及绝缘件表面应光滑，无裂纹及破损，胶合处填料应完整，结合应牢固，试验应合格；
1.8 阀组件的紧固螺栓应齐全，无松动；
1.9 冷却水管的临时封堵件应齐全</td></tr>
<tr><td>3</td><td>晶闸管配置</td><td>晶闸管配置检查</td><td>重要</td><td>1. 依据《国家电网公司十八项电网重大反事故措施》第 8.1.1.3 条，即：
1.1 各单阀中的冗余晶闸管数，应不小于 12 个月运行周期内损坏的晶闸管数的期望值的 2.5 倍，也不应少于 2～3 个晶闸管。
2. 晶闸管组件开箱检查，晶闸管组件外观完好，无破损现象，组件内部冷却管道连接良好，了解晶闸管的内部结构，收集影像资料</td></tr>
<tr><td>4</td><td>换流阀阀塔框架</td><td>换流阀阀塔框架安装</td><td>重要</td><td>1. 对阀塔内所有紧固螺丝经标准力矩扭紧后，应用记号笔等标识工具标记；
2. 掌握换流阀阀塔框架材质及相关技术参数</td></tr>
<tr><td>5</td><td>晶闸管组件</td><td>晶闸管组件吊装</td><td>重要</td><td>1. 换流阀安装前，沿阀厅的钢屋架、墙面和地面布置的内冷却管道和光缆盒宜安装到位；阀悬吊结构应安装完毕，螺栓紧固，接地良好；
2. 依据 GB/T 50775—2012《±800kV 及以下换流站换流阀施工及验收规范》第 5.0.2～5.0.7 条，即：</td></tr>
</table>

续表

序号	监督项目	监督内容	等级	监 督 要 求
5	晶闸管组件	晶闸管组件吊装	重要	2.1 换流阀安装前应按照生产厂家的装配图、产品编号和规定的程序进行，并核查其电气主回路的电流方向应符合产品的技术规定； 2.2 悬吊绝缘子的挂环、挂板及锁紧销之间应相互匹配；连接金具的放松螺母应紧固，闭口销应分开； 2.3 均压环及屏蔽罩的搬运、安装应防止磕碰、挤压而造成均压环及屏蔽罩表面凹陷、变形并产生裂纹； 2.4 要求施工单位提供阀架的水平度和上下阀组件的间距的检查报告； 2.5 导体和电器的接线端子的接触表面应平整、清洁、无氧化膜，并涂以薄层电力复合脂；镀银部分不得锉磨；载流部分应无凹陷及毛刺；连接螺栓受力应均匀，不应使导体和电器接线端子受到额外应力； 2.6 阀电抗器组件的等电位连接应符合产品的技术规定。 3．掌握晶闸管组件吊装及更换方法，收集影像资料； 4．掌握晶闸管元件、晶闸管控制单元等元器件的更换方法和专用工器具的使用方法
6	阀避雷器	阀避雷器安装	重要	1．依据 GB/T 50775—2012《±800kV 及以下换流站换流阀施工及验收规范》第 6 条，即： 1.1 各连接处的金属接触表面应清洁，无氧化膜及油漆，并应涂以均匀薄层电力复合脂； 1.2 避雷器组装时，各节位置应符合产品出厂标志的编号；避雷器的排气通道应通畅，并不得喷及其他电气设备； 1.3 均压环安装应水平，与伞裙间隙应均匀一致； 1.4 动作计数器与阀避雷器的连接应符合产品的技术规定； 1.5 连接螺栓应按生产厂家技术要求进行力矩紧固，并应做好标记； 1.6 设备接地应可靠
7	冷却水管安装方法	阀塔连接水管及接头	重要	1．换流阀安装期间，阀塔内部各水管接头应用力矩扳手紧固，并做好标记。 2．依据 Q/GDW 217—2008《±800kV 换流站施工质量检验及验收规范》，即： 2.1 管道内壁及相关联接件检查清洁，无杂物； 2.2 密封垫（圈）检查完好、清洁，无变形； 2.3 管接头安装严密无渗漏。 3．掌握水管接头连接方法及安装工艺标准，确保所有接头连接可靠。 4．掌握晶闸管的冷却方式，串联方式还是并联方式

续表

序号	监督项目	监督内容	等级	监督要求
7	冷却水管安装方法	均压电极	重要	阀组件均压电极连接杆不宜采用弹簧等电位连接方式，防止运行过程中振动导致磨损，使接头发热
		阀门的安装	重要	阀门限位装置可靠，避免阀门误合
8	换流阀漏水检测装置	换流阀漏水检测装置安装	重要	1．依据《国家电网公司防止直流换流站单、双极强迫停运二十一项反事故措施》第6.2.2条，即： 1.1　换流阀阀塔漏水检测装置动作宜投报警，不投跳闸。若生产厂家设计要求必须投跳闸，则其传感器、跳闸回路及逻辑应按照“三取二”原则设计。 2．掌握漏水检测装置工作原理及动作后果
9	光纤	光纤的安装	重要	1．依据GB/T 50775—2012《±800kV及以下换流站换流阀施工及验收规范》第5.0.10条，即： 1.1　光纤槽盒切割、安装应在光纤敷设前进行，切割后的锐边应处理； 1.2　光纤接入设备前，临时端套不得拆卸； 1.3　光纤端头应按传输触发脉冲和回报指示脉冲两种型式用不同标识区别，光纤与晶闸管的编号应一一对应，光纤接入设备的位置及敷设路径应符合产品的技术规定； 1.4　光纤敷设前核对光纤的规格、长度和数量，外观应完好、无损伤； 1.5　光纤敷设沿线应按照产品的技术规定进行包扎保护和绑扎固定，绑扎力度应适中，槽盒出口应采用阻燃材料封堵； 1.6　阻燃材料在光纤槽盒内应固定牢靠，距离光纤槽盒的固定螺栓及金属连接件不应小于40mm。 2．光纤槽及光纤，等电位线安装是否按图施工。 3．光缆铺设转弯半径为光纤截面直径的20倍，最小为50mm； 4．光纤接头接触是否良好，是否按规定进行检查，设备是否有激光安全标志，光纤与晶闸管的编号应一一对应； 5．如果阀厅光/电缆桥架到达控制楼前需穿越巡视走道顶部屏蔽网，应在屏蔽网上预留孔洞； 6．掌握备用光纤的更换方法
10	阀厅防火	防火措施	重要	1．依据《国家电网公司十八项电网重大反事故措施》第8.1.1.4条，即： 1.1　在换流阀的设计和制造中应采用阻燃材料，并消除火灾在换流阀内蔓延的可能性。阀厅应安装响应时间快、灵敏度高的火情早期检测报警装置。

续表

序号	监督项目	监督内容	等级	监 督 要 求
10	阀厅防火	防火措施	重要	2. 换流阀塔内的非金属材料应为阻燃材料，并具有自熄灭性能，所有塑料材料中应添加足够的阻燃剂，但不应降低材料的机械强度和电气绝缘特性等必备物理特性。电容器不应选择电解电容。 3.《特高压直流保护风险辨识库》第53条，即： 3.1 阀厅火灾报警系统出口由报警改投跳闸； 3.2 后续直流工程换流阀要研究增加纵向、横向防火措施，加强元器件质量控制，严格控制阻燃性能及各方面性能要求
11	阀厅内设备接地点	阀厅内接地点检查	重要	预留阀厅悬吊绝缘子和换流阀的设备接地位置按图纸检查是否合适
12	阀厅作业车	阀厅作业车使用	重要	掌握阀厅作业车使用方法、日常维护项目及方法，收集影像资料

三、试验监督

试验监督过程阶段要求掌握试验方法和工艺要求、试验所需仪器仪表的使用方法、试验数据异常后的处理方法，使用照片和画图的方式记录试验过程，做好相应记录。

序号	监督项目	监督内容	等级	监 督 要 求
1	冷却管道加压试验	换流阀冷却管道加压试验	重要	1. 按照换流阀生产厂家要求进行加压试验； 2. 掌握加压试验方法； 3. 加压试验过程中，应无任何漏水、变形等异常现象
2	阀漏水检测装置功能试验	阀漏水检测功能试验	重要	掌握阀漏水检测功能试验方法
3	晶闸管试验	晶闸管试验包括： 1. 短路试验； 2. 阻抗试验； 3. 触发试验； 4. 保护性触发试验等	重要	1. 掌握晶闸管试验项目及方法； 2. 掌握晶闸管试验仪器的使用方法； 3. 试验无任何异常，如发现异常，应予以处理
4	换流阀低压加压试验	1. 换流阀低压加压试验； 2. 检查换流变压器一次接线的正确性；	重要	1. 了解换流阀低压加压试验方法； 2. 试验过程中，换流阀能够正常触发和导通，无任何异常

续表

序号	监督项目	监督内容	等级	监 督 要 求
4	换流阀低压加压试验	3．换流阀触发同步电压的正确性； 4．换流阀触发控制电压的正确性； 5．检查一次电压的相序及阀组触发顺序关系	重要	1．了解换流阀低压加压试验方法； 2．试验过程中，换流阀能够正常触发和导通，无任何异常

第三节 平波电抗器监督

一、到场监督

平波电抗器到场监督主要目的是检查设备在装卸和运输过程中，是否发生碰撞、冲击、振动、进水、腐蚀、泄漏等设备损坏现象，检查设备到场情况并做好相应记录。

序号	监督项目	监督内容	等级	监 督 要 求
1	本体监督	外观检查	重要	1．设备到场后，负责项目管理的运检部门应组织制造厂、运输部门、施工单位、运维检修人员共同进行到货验收； 2．检查外观有无损伤、脱漆、锈蚀情况，做好记录和汇报，并监督后续处理情况
		开箱检查	重要	1．开箱检查时必须有本单位设备监督负责人全程在场监督； 2．检查设备本体外表和包装箱是否完好、有无磕碰伤； 3．检查电抗器实物、各部分组件及资料是否与装箱单相符，产品与技术规范书中生产厂家、型号、规格一致，且无破损、异物； 4．设备运输时如带冲撞仪应检查分析数值； 5．根据运输单详细清点设备数量，做好记录和汇报
2	附件监督	铭牌检查	重要	核对铭牌与技术协议要求是否一致，抄录本体及附件铭牌参数并拍照片存档，编制设备清册
		技术文件	重要	采购技术协议或技术规范书、出厂试验报告、交接试验报告、运输记录、安装时器身检查记录、安装质量检验及评定报告、设备监造报告、设备评价报告、竣工图纸、设备使用说明书，合格证书、安装使用说明书、出厂试验报告、运输记录等资料应齐全，扫描并存档
		备品备件	重要	检查是否有相关备品备件，数量是否相符，做好相应记录

二、安装监督

平波电抗器安装过程中，监督人员要详细记录设备的铭牌参数、结构原理、操作维护方法及相关注意事项，并记录设备安装的具体内容、进度及存在的问题；并积极向现场安装人员和厂家技术人员咨询和交流，及时完成相关总结，积累运维经验。

序号	监督项目	监督内容	等级	监 督 要 求
1	电抗器本体	电抗器本体安装	重要	1．掌握电抗器的安装方法、电感值的调整方法、工艺要求及工作原理，收集影像资料，学习并整理相应安装、消缺记录； 2．电抗器支持管内接地线连接良好、可靠； 3．检查电抗器基础是否平整、坚实、可靠
2	避雷器	避雷器本体安装	重要	1．检查瓷套表面清洁、有无裂缝、伤痕情况；做好记录，发现问题应立即汇报，并监督后续处理情况； 2．检查微正压，检测孔盖齐全； 3．掌握避雷器本体安装方法、工艺要求及工作原理，收集影像资料
		避雷器均压环安装	重要	1．检查均压环有无变形、毛刺；做好记录，发现问题应立即汇报，并监督后续处理情况； 2．检查微正压，检测孔盖齐全； 3．掌握避雷器均压环安装方法、工艺要求及工作原理，收集影像资料
		避雷器计数器安装	重要	1．检查计数器无损伤；发现问题应立即汇报，并监督后续处理情况； 2．掌握避雷器计数器安装方法、工艺要求及工作原理，收集影像资料
		避雷器引线安装	重要	掌握引线的安装方法及工艺要求

三、试验监督

试验监督过程阶段要求掌握试验方法和工艺要求、试验所需仪器仪表的使用方法、试验数据异常后的处理方法，使用照片和画图的方式记录试验过程，做好相应记录。

序号	监督项目	监督内容	等级	监 督 要 求
1	绕组直流电阻测量	测量绕组的直流电阻	重要	1．依据Q/GDW 275—2009《±800kV直流系统电气设备交接验收试验》第7.2条，即： 1.1　实测直流电阻值与同温下出厂试验值比较，其变化不应大于±2%
2	电感测量	测量电抗器的电感	重要	根据设备招投标文件要求，电感量的实测值与出厂值比较，其变化不应大于±2%

续表

序号	监督项目	监督内容	等级	监 督 要 求
3	金属附件对本体的电阻测量	测量金属附件对本体的电阻	重要	1．依据 DL/T 274—2012《±800kV 高压直流设备交接试验》第 8.4 条，即： 1.1 用万用表测量金属附件与电抗器本体间的电阻值，电阻值应小于 1Ω
4	噪声测量	测量电抗器投运后噪声	重要	根据设备招投标文件要求，电抗器投运后，在平波电抗器轮廓线 5m 远、距地面 2m 高的地方进行噪声测量，测量的噪声（声压级）水平应不大于 75dB
5	避雷器试验	对避雷器进行试验	重要	参考直流避雷器监督试验部分

第四节 直流滤波器监督

一、到场监督

直流滤波器到场监督主要目的是检查设备在装卸和运输过程中，是否发生碰撞、冲击、振动、进水、腐蚀、泄漏等设备损坏现象，检查设备到场情况并做好相应记录。

序号	监督项目	监督内容	等级	监 督 要 求
1	本体监督	外观检查	重要	1．设备到场后，负责项目管理的运检部门应组织生产厂家、运输部门、施工单位、运维检修人员共同进行到货验收； 2．检查外观有无损伤、脱漆、锈蚀情况，做好记录和汇报，并监督后续处理情况
		开箱检查	重要	1. 开箱检查时必须有本单位设备监督负责人全程在场监督； 2．检查设备本体外表和包装箱是否完好、有无磕碰伤； 3. 检查直流滤波器实物、各部分组件及资料是否与装箱单相符，产品与技术规范书中厂家、型号、规格一致，且无破损、异物； 4．设备运输时如带冲撞仪，应检查分析数值； 5．根据运输单详细清点设备数量，做好记录和汇报
2	附件监督	铭牌检查	重要	核对铭牌与技术协议要求是否一致，抄录本体及附件铭牌参数并拍照片存档，编制设备清册
		技术文件	重要	采购技术协议或技术规范书、出厂试验报告、交接试验报告、运输记录、安装时器身检查记录、安装质量检验及评定报告、设备监造报告、设备评价报告、竣工图纸、设备使用说明书、合格证书、安装使用说明书、出厂试验报告、运输记录等资料应齐全，扫描并存档

续表

序号	监督项目	监督内容	等级	监 督 要 求
2	附件监督	备品备件	重要	检查是否有相关备品备件，数量是否相符，做好相应记录
		专用工器具	重要	1．记录随设备到场的专用工器具，列出专用工器具清单并妥善保管； 2．如施工单位需借用相关工器具，须履行借用手续

二、安装监督

直流滤波器安装过程中，监督人员要详细记录设备的铭牌参数、结构原理、操作维护方法及相关注意事项，并记录设备安装的具体内容、进度及存在的问题；并积极向现场安装人员和生产厂家技术人员咨询和交流，及时完成相关总结，积累运维经验。

序号	监督项目	监督内容	等级	监 督 要 求
1	电容器	电容本体器安装	重要	1．掌握电容器的安装方法及工艺要求，收集影像资料； 2．掌握电容器调平衡的方法； 3．掌握电容器接线方式； 4．采取图文并茂的形式详细说明单只电容器安装方法
		安装技术要点	重要	1．电容器的连接应使用多股软连接线，不要使用硬铜棒连接，防止导线硬度太大造成接触不良，铜棒发热膨胀使绝缘子受力损伤； 2．从管母引至高压塔电容器的连接线应有足够的安全距离，连接线应有足够的硬度（铜棒或者铜排），防止连接线因变形、下垂导致和电容器的绝缘距离发生变化，使连接线与电容器外壳放电； 3．连接电容器的多股软连接线、接头应有防鸟害的措施
2	电阻器	电阻器安装	重要	掌握电阻器的安装方法及工艺要求，收集影像资料
3	避雷器	避雷器本体安装	重要	1．检查瓷套表面是否清洁、有无裂缝、伤痕情况；做好记录，发现问题应立即汇报，并监督后续处理情况； 2．检查微正压检测孔盖齐全； 3．掌握避雷器本体安装方法、工艺要求及工作原理，收集影像资料
		避雷器均压环安装	重要	1．检查均压环有无变形、毛刺；做好记录，发现问题应立即汇报，并监督后续处理情况； 2．检查微正压检测孔盖齐全； 3．掌握避雷器均压环安装方法、工艺要求及工作原理，收集影像资料
		避雷器计数器安装	重要	1．检查计数器有无损伤；发现问题应立即汇报，并监督后续处理情况； 2．掌握避雷器计数器安装方法、工艺要求及工作原理

续表

序号	监督项目	监督内容	等级	监 督 要 求
3	避雷器	避雷器引线安装	重要	掌握避雷器引线的安装方法及工艺要求
4	电抗器	电抗器本体安装	重要	掌握电抗器的安装方法、电感值的调整方法、工艺要求及工作原理，收集影像资料
		其他	重要	1．电抗器支持管内接地线连接良好、可靠，检查电抗器基础是否平整、坚实、可靠； 2．学习并整理相应安装、消缺记录，收集影像资料
5	电流互感器	电流互感器安装前检查	重要	1．参数检查，电流互感器的变比和极性应符合技术规范的规定； 2．二次接线板检查，二次接线板应完整，接线端子应连接牢固，绝缘良好，标志清晰
		电流互感器本体安装	重要	1．掌握电流互感器的安装方法及工艺要求，收集影像资料； 2．电流互感器呼吸孔的塞子带有垫片时应将垫片取下； 3．各组件连接处的接触面应除去氧化层，并涂以电力复合脂；装在室外的端子盒应有防雨、防潮措施
		接地装置安装	重要	1．电容型绝缘的电流互感器，其一次绕组末屏的引出端子、铁心引出接地端子应良好接地； 2．电流互感器的外壳应良好接地

三、试验监督

试验监督过程阶段要求掌握试验方法和工艺要求、试验所需仪器仪表的使用方法、试验数据异常后的处理方法，使用照片和画图的方式记录试验过程，做好相应记录。

序号	监督项目	监督内容	等级	监 督 要 求
1	电容器试验	电容量测量	重要	1．依据 DL/T 274—2012《±800kV 高压直流设备交接试验》第 9.2.1 条，即： 1.1　应对每一台电容器、每一个电容器桥臂和整组电容器的电容量进行测量； 1.2　实测电容量应符合设计规范书的要求
		绝缘电阻测量	重要	1．依据 DL/T 274—2012《±800kV 高压直流设备交接试验》第 9.2.2 条，即： 1.1　应用 2500V 绝缘电阻表测量每台电容器端子对外壳的绝缘电阻； 1.2　每只电容器极对壳绝缘电阻一般应不低于 5000MΩ
		端子间电阻的测量	重要	对装有内置放电电阻的电容器，进行端子间电阻的测量，测量结果与出厂值相比应无明显差别

续表

序号	监督项目	监督内容	等级	监督要求
1	电容器试验	支柱绝缘子绝缘电阻测量	重要	1．依据DL/T 274—2012《±800kV高压直流设备交接试验》第9.2.4条，即： 1.1 应用2500V绝缘电阻表测量层间支柱绝缘子和底座对地支柱绝缘子的绝缘电阻； 1.2 绝缘电阻值不应低于5000MΩ
2	电抗器试验	绕组直流电阻测量	重要	1．依据DL/T 274—2012《±800kV高压直流设备交接试验》第9.3.1条，即： 1.1 实测直流电阻值与同温下出厂试验值相比，变化不应大于2%
		电感测量	重要	实测电感值与出厂试验值相比，应无明显差别
		支柱绝缘子绝缘电阻测量	重要	1．依据DL/T 274—2012《±800kV高压直流设备交接试验》第9.3.3条，即： 1.1 应用2500V绝缘电阻表测量支柱绝缘子的绝缘电阻； 1.2 绝缘电阻值不应低于5000MΩ
3	电阻器试验	直流电阻测量	重要	1．依据DL/T 274—2012《±800kV高压直流设备交接试验》第9.4.1条，即： 1.1 实测直流电阻值与同温下出厂试验值相比，变化不应大于±5%
		绝缘电阻测量	重要	实测绝缘电阻值与出厂试验值相比，应无明显差别
4	电流互感器试验	电流互感器试验	重要	1．依据DL/T 274—2012《±800kV高压直流设备交接试验》第9.5条，即： 1.1 测量一次绕组对二次绕组及外壳、各二次绕组间及其对外壳的绝缘电阻，实测绝缘电阻值与出厂试验值比较，应无明显差别； 1.2 一次绕组工频耐压试验，试验电压为出厂试验电压值的80%，持续时间为1min； 1.3 二次绕组之间及其对外壳的工频耐压试验，试验电压为2kV，持续时间为1min； 1.4 测量一次绕组的介质损耗因素（$\tan\delta$），实测值与出厂试验值比较，应无明显差异； 1.5 变比测量，实测值应与铭牌值相符； 1.6 极性检查，应与标志相符
5	滤波器调谐试验	测量绕组的绝缘电阻	重要	1．依据DL/T 274—2012《±800kV高压直流设备交接试验》第9.6条，即： 1.1 直流滤波器和交流滤波器安装后应进行调谐试验； 1.2 测量滤波器的调谐频率，应符合设计的要求

续表

序号	监督项目	监督内容	等级	监 督 要 求
6	滤波器冲击合闸试验	滤波器冲击合闸试验	重要	1．依据 DL/T 274—2012《±800kV 高压直流设备交接试验》第 9.7 条，即： 1.1　应在额定电压下冲击合闸 3 次，各部件应无异常现象

第五节　直流断路器监督

一、到场监督

直流断路器到场监督主要目的是检查设备在装卸和运输过程中，是否发生碰撞、冲击、振动、进水、腐蚀、泄漏等设备损坏现象，检查设备到场情况并做好相应记录。

序号	监督项目	监督内容	等级	监 督 要 求
1	本体监督	气压表读数是否在正常范围	一般	了解充气运输件是否受潮，N_2 或干燥空气压力应为 0.02MPa（相对压力），否则应立即汇报，并监督后续处理情况
		外观检查	一般	了解外观有无损伤、脱漆、锈蚀情况，做好记录和汇报，并监督后续处理情况
		操动机构、控制柜检查	一般	1．操动机构箱、控制柜的防护等级应不低于 IP55； 2．操动机构箱的通风孔应能防尘、雨、雪、小虫和小动物的侵入，箱底部导线管和气管的入口处应设有遮板； 3．操动机构箱、控制柜须设置独立的斜坡式防雨罩，如压力表和密度继电器设置在控制柜外，则须设置独立的斜坡式防雨罩； 4．操动机构，包括选择开关、控制继电器和辅助开关、端子箱和出线箱和自动温控器等必须装在防雨罩内； 5．控制柜内应装配一台加热器，并带有可调温湿度继电器，控制开关和保护熔丝，控制柜内应有防潮及防止过热和燃烧的保护措施，应不使所产生的热量危及邻近的设备； 6．依据《国家电网公司直流专业精益化管理评价规范》第十部分第 7 条，即： 6.1　机构箱门密封良好，箱内无积水； 6.2　机构操作电源与加热器电源应具有各自独立电源或独立空气开关； 6.3　机构箱内加热器应正常工作且具有驱潮加热功能； 6.4　机构箱通风滤网应清洁、完好； 6.5　电缆孔处防火泥封堵正常

续表

序号	监督项目	监督内容	等级	监督要求
2	附件监督	铭牌	一般	核对铭牌与技术协议要求是否一致，抄录本体及附件铭牌参数，并拍照片，编制设备清册
		技术文件	重要	采购技术协议或技术规范书、出厂试验报告、交接试验报告、设备监造报告、安装质量检验及评定报告、工程竣工图纸、设备说明书等资料，扫描并存档
		备品备件	重要	检查是否有相关备品备件、数量及型号是否相符，做好相应记录
		专用工器具	重要	1．记录随设备到场的专用工器具，列出专用工器具清单妥善保管； 2．如施工单位需借用相关工器具，须履行借用手续
		其他	一般	1．卖方应详细说明辅助和控制回路中所采用的主要二次配套元件，如阀门、辅助和控制开关、压力表、密度继电器、接线端子、熔断器、电动机、保护继电器、接触器、低压开关、监视和测量仪表及二次电缆等元件的型号和生产厂家； 2．SF_6 断路器均应装设动作计数器，其位置应便于读数
3	保管	现场保管	一般	1．设备应按原包装放置于平整、无积水、无腐蚀性气体的场地，并按编号分组保管，在室外应垫上枕木并加盖篷布遮盖； 2．充有 SF_6 等气体的灭弧室和绝缘支柱，施工单位应定期检查其预充压力值，并做好记录，有异常时应及时采取措施； 3．绝缘部件、专用材料、专用小型工器具及备品、备件等应置于干燥的室内保管； 4．瓷件应妥善安置，不得倾倒、互相碰撞

二、安装监督

直流断路器安装过程中，监督人员要详细记录设备的铭牌参数、结构原理、操作维护方法及相关注意事项，并记录设备安装的具体内容、进度及存在的问题；并积极向现场安装人员和厂家技术人员咨询和交流，及时完成相关总结，积累运维经验。

序号	监督项目	监督内容	等级	监督要求
1	安装前检查	零部件检查	一般	断路器零部件应齐全、清洁、完好，发现异常应立即汇报，并监督后续处理情况

续表

序号	监督项目	监督内容	等级	监督要求
1	安装前检查	绝缘部件检查	一般	绝缘部件表面应无裂缝、无剥落或破损，绝缘应良好，绝缘拉杆端部连接部件应牢固可靠，发现异常应立即汇报，并监督后续处理情况
		瓷套检查	一般	瓷套表面应光滑无裂纹、缺损，外观检查有疑问时要求施工单位进行探伤检验；瓷套与法兰的接合面黏合应牢固，法兰结合面应平整，无外伤和铸造砂眼，发现异常应立即汇报，并监督后续处理情况
		传动机构检查	一般	传动机构零件应齐全，轴承光滑无刺，铸件无裂纹或焊接不良，发现异常应立即汇报，并监督后续处理情况
		耗材检查	一般	组装用的螺栓、密封垫、密封脂、清洁剂和润滑脂等的规格必须符合产品技术文件的要求
		附件检查	重要	密度继电器和压力表应经检验且合格
2	断路器安装	安装天气及施工条件检查	一般	装配工作应在无风沙、无雨雪、空气相对湿度小于80%的条件下进行，并采取防尘、防潮措施
		引线及线夹	重要	1．依据《国家电网公司直流专业精益化管理评价规范》第十部分第14条，即： 1.1　引线无散股、扭曲、断股现象； 1.2　线夹无裂纹、破损现象； 1.3　设备与引线连接应可靠，各电气连接处力矩检查合格
		基础及构架	重要	1．依据《国家电网公司直流专业精益化管理评价规范》第十部分第15条，即： 1.1　基础无沉降或损坏； 1.2　振荡回路绝缘平台及构架表面清洁无杂物； 1.3　构架表面油漆应完好，无锈蚀、变形； 1.4　构架金具和螺栓连接牢固； 1.5　接地引下线无锈蚀、无松动，接地标识明显、清晰、无脱落
		支架与底座安装	重要	断路器的固定应牢固可靠，支架或底架与基础的垫片不宜超过3片，其总厚度不应大于10mm；各片间应焊接牢固
		操动机构安装	重要	1．依据《国家电网公司十八项电网重大反事故措施》第12.1.1.6条，即： 1.1　断路器出厂试验时应进行不少于200次的机械操作试验，以保证触头充分磨合。200次操作完成后应彻底清洁壳体内部，再进行其他出厂试验。

续表

序号	监督项目	监督内容	等级	监 督 要 求
2	断路器安装	操动机构安装	重要	2. 操动机构固定应牢靠，底座或支架与基础间的垫片不宜超过 3 片，总厚度不应超过 20mm，并与断路器底座标高相配合，各片间应焊牢。 3. 操动机构的零部件应齐全，各转动部分应涂以适合当地气候条件的润滑脂。 4. 电动机转向应正确。 5. 各种接触器、继电器、微动开关、压力开关和辅助开关的动作应准确可靠，接点应接触良好，无烧损或锈蚀。 6. 分、合闸线圈的铁心应动作灵活，无卡阻。 7. 加热装置的绝缘及控制元件的绝缘应良好。 8. 弹簧机构。 8.1 合闸弹簧储能完毕后，辅助开关应立即将电动机电源切除，合闸完毕辅助开关应将电动机电源接通； 8.2 合闸弹簧储能后，牵引杆的下端或凸轮应与合闸锁扣可靠地锁住； 8.3 分、合闸闭锁装置动作应灵活，复位应准确而迅速，并应扣合可靠； 8.4 机构合闸后，应能可靠地保持在合闸位置； 8.5 弹簧机构缓冲器的行程，应符合产品的技术规定。 9. 储能装置： 9.1 液压机构油压正常，无渗漏油； 9.2 操动机构储能指示正常； 9.3 储能装置无变形、无锈蚀； 9.4 储能电机外观正常； 9.5 储能电机“电动/手动”切换把手外观正常，操作功能正常； 9.6 现场具备手动储能摇把； 9.7 动力电缆接线布置整齐、无松动；电缆绝缘层无变色、老化、损坏现象；电缆接地线完好；电缆号头、走向标示牌无缺失现象； 9.8 储能电机及动力电缆绝缘正常（绝缘电阻测量基准周期 3 年，500V 或 1000V 电压下测量储能电机及动力电缆绝缘电阻应≥10MΩ）。 10. 二次回路： 10.1 “远方/就地”、“合闸/分闸”控制把手外观无异常，操作功能正常； 10.2 计数器正常，数值清晰可见； 10.3 端子排无松动、锈蚀、破损现象，运行及备用端子均有编号； 10.4 辅助接点无松动、锈蚀、破损现象，运行及备用接点均有编号； 10.5 辅助开关转动灵活，接点到位，功能正常；

续表

序号	监督项目	监督内容	等级	监督要求
2	断路器安装	操动机构安装	重要	10.6 由断路器至就地端子箱之间的二次电缆的屏蔽层应在就地端子箱处可靠连接至等电位接地网的铜排上，在机构箱内不接地； 10.7 二次电缆接线布置整齐、无松动；电缆绝缘层无变色、老化、损坏现象；电缆号头、走向标示牌无缺失现象； 10.8 二次回路电缆绝缘良好（500V 或 1000V 电压下测量二次回路电缆绝缘电阻≥2MΩ）； 10.9 从控制系统到断路器分合闸线圈的分合闸操作回路应相互独立，采用两路分闸、两路合闸回路设计； 10.10 断路器闭锁回路可靠，闭锁回路中不能采用重动继电器的触点； 10.11 断路器合闸回路应装设防跳装置，防止断路器反复分闸和合闸； 10.12 进入不同保护的辅助接点和电源均应相互独立；进入同一保护启动回路和动作回路的辅助接点及电源应分开。 11．依据《国家电网公司十八项电网重大反事故措施》第 12.1.1.9 条，即： 11.1 断路器二次回路不应采用 RC 加速设计
		断路器组装	重要	1．掌握断路器的组装方法及工艺要求，收集影像资料； 2．组装用的螺栓、密封垫、密封脂、清洁剂和润滑脂等的规格必须符合产品的技术规定； 3．应按制造厂的部件编号和规定的程序进行装配，不得混装； 4．同相各支柱瓷套的法兰面宜在同一水平面上，各支柱中心线间距离的误差不应大于 5mm，相间中心距离的误差不应大于 5mm； 5．所有部件的安装位置正确，并按制造厂规定要求保持其应有的水平或垂直位置； 6．密封槽面应清洁无划伤痕迹，已用过的密封垫（圈）不得使用，涂密封脂时，不得使其流入密封垫（圈）内侧而与六氟化硫气体接触； 7．应按产品的技术规定更换吸附剂； 8．密封部位的螺栓应使用力矩扳手紧固，其力矩值应符合产品的技术规定； 9．设备接线端子的接触表面应平整、清洁、无氧化膜，不应使用铜铝对接过渡线夹，并涂以薄层电力复合脂，镀银部分不得锉磨，载流部分的可绕连接不得有折损、表面凹陷及锈蚀； 10．按生产厂家的部件编号和规定顺序进行组装，不可混装；

续表

序号	监督项目	监督内容	等级	监督要求
2	断路器安装	断路器组装	重要	11．依据《国家电网公司十八项电网重大反事故措施》第12.1.2.5条，即： 11.1　断路器安装后必须对其二次回路中的防跳继电器、非全相继电器进行传动，并保证在模拟手合于故障条件下断路器不会发生跳跃现象
		接线端子安装	重要	1．设备接线端子的接触表面应平整、清洁、无氧化膜，并涂以薄层电力复合脂；镀银部分不得锉磨；载流部分的可挠连接不得有折损、表面凹陷及锈蚀；连接螺栓应齐全紧固； 2．高压引线及端子板连接应无松动、无变形、无开裂现象，无异常发热、放电现象
		抽真空、充SF_6气体	重要	1．掌握抽真空、充SF_6气体方法及工艺流程，收集影像资料； 2．掌握SF_6气体回收装置及充气小推车的使用方法； 3．真空充气装置连接管道应清洁，抽真空达到产品要求的残压和抽真空时间（产品安装过程能维持SF_6气体预充压力可以不抽真空，由产品安装说明书确定）； 4．现场测量SF_6钢瓶气体含水量符合要求，充气到额定压力，充气过程应实施密度继电器报警、闭锁接点压力值检查，24h后进行检漏和微水含量测量； 5．SF_6气体或操动液第一次灌注时，应随断路器供给第一次灌注用的SF_6气体和任何所规定的操动液。供第一次充气用的SF_6气体应符合GB/T 12022《工业六氟化硫》的规定，新气含水量不大于64×10^{-6}（体积比）；在气体交货之前，应向买方提交气体通过毒性试验的合格证书，所用气体必须经买方复检合格后方可使用； 6．依据《国家电网公司十八项电网重大反事故措施》第12.1.2条，即： 6.1　SF_6气体必须经SF_6气体质量监督管理中心抽检合格，并出具检测报告后方可使用； 6.2　SF_6气体注入设备后必须进行湿度试验，且应对设备内气体进行SF_6纯度检测，必要时进行气体成分分析； 6.3　SF_6开关设备现场安装过程中，在进行抽真空处理时，应采用出口带有电磁阀的真空处理设备，且在使用前应检查电磁阀动作可靠，防止抽真空设备意外断电造成真空泵油倒灌进入设备内部；并且在真空处理结束后应检查抽真空管的滤芯是否有油渍；为防止真空度计水银倒灌进行设备中，禁止使用麦氏真空计
		绝缘子	重要	1．依据《国家电网公司直流专业精益化管理评价规范》第十部分第5条，即：

续表

序号	监督项目	监督内容	等级	监 督 要 求
2	断路器安装	绝缘子	重要	1.1 绝缘子爬电比距与所处地区的污秽等级是否适应； 1.2 绝缘子应表面清洁，无破损、裂纹、放电痕迹，法兰无开裂现象； 1.3 金属法兰与瓷件胶装部位黏合应牢固，防水胶应完好； 1.4 伞裙、防污涂料完好，伞裙应无塌陷变形，表面无击穿，黏接界面牢固； 1.5 PRTV涂层不应存在剥离、破损
		振荡回路安装	重要	一、电抗器 1. 依据《国家电网公司直流专业精益化管理评价规范》第十部分第10条，即： 1.1 电抗器表面应无破损、脱落或龟裂； 1.2 包封与支架间紧固带应无松动、断裂，撑条应无脱落； 1.3 线圈无异味及烧焦、流质现象。 二、电容器 1. 依据《国家电网公司直流专业精益化管理评价规范》第十部分第11条，即： 1.1 套管完好，无破损、漏油； 1.2 套管接头处引线及线夹按标准力矩进行紧固，无松动、脱落现象； 1.3 电容器外壳应无明显变形，外表无锈蚀，所有接缝不应有裂缝或渗油。 三、非线性电阻（避雷器） 1. 依据《国家电网公司直流专业精益化管理评价规范》第十部分第12条，即： 1.1 避雷器密封结构金属件和法兰盘应无裂纹和锈蚀； 1.2 避雷器瓷套无裂纹（硅橡胶复合绝缘外套的伞裙不应有破损、变形）及放电痕迹，外观清洁； 1.3 避雷器喷口无损伤，喷口盖板完整； 1.4 避雷器与振荡回路绝缘平台底座连接良好，连接引线无断裂及锈蚀。 四、充电装置（若有） 1. 依据《国家电网公司直流专业精益化管理评价规范》第十部分第13条，即： 1.1 绝缘子应无破损、无裂纹、法兰无开裂，没有放电、严重电晕现象； 1.2 油位正常，本体无渗漏油痕迹； 1.3 充电装置控制盒无锈蚀现象； 1.4 充电装置自动充电正常

三、试验监督

试验监督过程阶段要求掌握试验方法和工艺要求、试验所需仪器仪表的使用方法、试验数据异常后的处理方法，使用照片和画图的方式记录试验过程，做好相应记录。

序号	监督项目	监督内容	等级	监 督 要 求
1	断路器	测量绝缘拉杆的绝缘电阻	重要	1．依据 Q/GDW 275—2009《±800kV 直流系统电气设备交接验收试验》第 11.2 条，即： 1.1　在常温下测量的绝缘拉杆绝缘电阻不应低于 10000MΩ
		测量导电回路的电阻值	重要	实测导电回路的电阻值应符合产品技术条件的规定
		交流耐压试验	重要	1．依据《±800kV 直流系统电气设备交接验收试验》第 11.4 条，即： 1.1　SF_6 定开距断路器应进行断口交流耐压试验；SF_6 罐式断路器应进行断口交流耐压试验和对地交流耐压试验。耐压试验应在额定气压下进行，试验电压取出厂试验电压的 80%
		测量断路器的分、合闸速度	重要	1．必要时进行。应在额定操作电压、气压或液压下进行，实测数值应符合产品技术条件的规定。 2．分、合闸位置指示到位、无偏差，标识齐全、清晰可识别
		测量断路器的分、合闸时间	重要	1．应在额定操作电压、气压或液压下进行；实测数值应符合产品技术条件的规定。 2．合闸时间、分闸时间、合分时间符合制造厂规定值
		测量断路器分、合闸线圈的绝缘电阻值和直流电阻	重要	1．依据《±800kV 直流系统电气设备交接验收试验》第 11.7 条，即： 1.1　测量断路器分、合闸线圈的绝缘电阻值，不应低于 10MΩ，直流电阻值与产品出厂试验值相比应无明显差别。 2．依据《国家电网公司直流专业精益化管理评价规范》第十部分第 12 条，即： 2.1　断路器的“分”“合”状态量应双重化配置，分别接入冗余配置的两套控制系统； 2.2　应把断路器的分合闸辅助接点均接入控制保护系统，在直流保护中通过 RS 触发器等软件措施确定分合闸状态，避免单一辅助接点故障引起保护误动； 2.3　合闸线圈、分闸线圈绝缘正常（500V 或 1000V 电压下测量绝缘电阻应≥10MΩ）； 2.4　合闸线圈、分闸线圈直流电阻正常（直流电阻与初始值的偏差不超过±5%）； 2.5　合闸线圈在 30%及以下额定电压范围可靠不动作，在 85%～110%额定电压范围可靠动作； 2.6　分闸线圈在 30%及以下额定电压范围可靠不动作，在 65%～110%额定电压范围可靠动作

续表

序号	监督项目	监督内容	等级	监督要求
1	断路器	测量SF_6气体含水量	重要	1．依据《±800kV直流系统电气设备交接验收试验》第11.9条，即：测量断路器内SF_6的气体含水量（20℃的体积分数），应符合下列规定： 1.1　与灭弧室相通的气室，应小于150μL/L； 1.2　不与灭弧室相通的气室，应小于500μL/L； 1.3　SF_6气体含水量的测定应在断路器充气24h后进行
		密封性试验	重要	1．依据《±800kV直流系统电气设备交接验收试验》第11.10条，即： 1.1　采用灵敏度不低于1×10^{-6}（体积比）的检漏仪对断路器各密封部位、管道接头等处进行检测时，检漏仪不应报警； 1.2　必要时可采用局部包扎法进行气体泄漏测量，以24h的漏气量换算，每一个气室年漏气率不应大于1%； 1.3　泄漏值的测量应在断路器充气24h后进行
		SF_6气体密度继电器、压力表的检查	重要	1．在充气过程中检查气体密度继电器及压力动作阀的动作值，应符合产品技术条件的规定。压力表指示值的误差及其变差，均应在产品相应等级的允许误差范围内。 2．依据《国家电网公司直流专业精益化管理评价规范》，即： 2.1　SF_6气体压力显示正常，密度继电器外观无破损； 2.2　SF_6气体密度继电器与开关本体连接方式应满足不拆卸校验密度继电器的要求。 3．依据《国家电网公司十八项电网重大反事故措施》第十部分第6条，即： 3.1　SF_6密度继电器与开关设备本体之间的连接方式应满足不拆卸校验密度继电器的要求； 3.2　密度继电器应装设在与断路器或GIS本体同一运行环境温度的位置，以保证其报警、闭锁接点正确动作； 3.3　220kV及以上GIS分箱结构的断路器每相应安装独立的密度继电器； 3.4　户外安装的密度继电器应设置防雨罩，密度继电器防雨箱（罩）应能将表、控制电缆接线端子一起放入，防止指示表、控制电缆接线盒和充放气接口进水受潮
2	断路器操动机构	合闸操作	重要	1．依据《±800kV直流系统电气设备交接验收试验》第11.8条，即： 1.1　在产品规定的最低及最高气/液压下，（80%～110%）U_n操作电压范围内，操动机构应可靠地进行合操作
		脱扣操作	重要	1．依据《±800kV直流系统电气设备交接验收试验》第11.8条，即： 1.1　分闸电磁铁在其线圈端子处测得的电压大于额定值的65%时，操动机构应可靠地进行分操作。断路器的最

续表

<table>
<tr><th>序号</th><th>监督项目</th><th>监督内容</th><th>等级</th><th>监 督 要 求</th></tr>
<tr><td rowspan="2">2</td><td rowspan="2">断路器操动机构</td><td>脱扣操作</td><td>重要</td><td>低动作电压应大于 30%U_n；
1.2 附装失压脱扣器的，其动作特性应符合下表的规定：<table><tr><td>电源电压与额定电源电压的比值</td><td><35%</td><td>>65%</td><td>>大于 85%</td></tr><tr><td>失压脱扣器的工作状态</td><td>铁心应可靠地释放</td><td>铁心不得释放</td><td>铁心应可靠地吸合</td></tr></table>1.3 附装过流脱扣器的，其额定电流应不小于 2.5A，脱扣电流的等级范围及准确度应符合下表的规定：<table><tr><td>过流脱扣器的种类</td><td>延时动作的</td><td>瞬时动作的</td></tr><tr><td>脱扣电流等级范围（A）</td><td>2.5～10</td><td>2.5～15</td></tr><tr><td>每级脱扣电流的准确度（%）</td><td colspan="2">±10</td></tr><tr><td>同一脱扣器各级脱扣电流准确度（%）</td><td colspan="2">±5</td></tr></table></td></tr>
<tr><td>模拟操作</td><td>重要</td><td>1. 依据《±800kV 直流系统电气设备交接验收试验》第 11.8 条，即：
1.1 当具有可调电源时，可在不同电压、液压条件下，对断路器进行就地或远控操作，每次操作断路器均应正确、可靠地动作，其联锁及闭锁装置回路的动作应符合产品及设计要求；当无可调电源时只在额定电压下进行试验；
1.2 操动试验：液压机构的操动试验应按下表进行：<table><tr><td>操作类别</td><td>操作线圈端钮电压与额定电源电压的比值（%）</td><td>操作液压</td><td>操作次数</td></tr><tr><td>合、分</td><td>110</td><td>产品规定的最高操作压力</td><td>3</td></tr><tr><td>合、分</td><td>100</td><td>额定操作压力</td><td>3</td></tr><tr><td>合</td><td>85</td><td>产品规定的最低操作压力</td><td>3</td></tr></table></td></tr>
</table>

续表

<table>
<tr><th>序号</th><th>监督项目</th><th>监督内容</th><th>等级</th><th>监 督 要 求</th></tr>
<tr><td>2</td><td>断路器操动机构</td><td>模拟操作</td><td>重要</td><td>续表
<table><tr><th>操作类别</th><th>操作线圈端钮电压与额定电源电压的比值（%）</th><th>操作液压</th><th>操作次数</th></tr><tr><td>分</td><td>65</td><td>产品规定的最低操作压力</td><td>3</td></tr><tr><td>合、分、重合</td><td>100</td><td>产品规定的最低操作压力</td><td>3</td></tr></table></td></tr>
<tr><td rowspan="3">3</td><td rowspan="3">辅助回路</td><td>电容器试验</td><td>重要</td><td>1．依据《±800kV 直流系统电气设备交接验收试验》第8.2.1～8.2.4 条，即：
1.1　电容量测量：应对每一台电容器、每一个电容器桥臂和整组电容器的电容量进行测量；实测电容量应符合设计规范书的要求；
1.2　绝缘电阻测量：应用 2500V 绝缘电阻表测量每台电容器端子对外壳的绝缘电阻；每只电容器极对壳的绝缘电阻一般应不低于 5000MΩ；
1.3　端子间电阻的测量：对装有内置放电电阻的电容器，进行端子间电阻的测量，测量结果与出厂值相比应无明显差别；
1.4　支柱绝缘子绝缘电阻测量：应用 2500V 绝缘电阻表测量层间支柱绝缘子和底座对地支柱绝缘子的绝缘电阻；绝缘电阻值不应低于 5000MΩ</td></tr>
<tr><td>电抗器试验</td><td>重要</td><td>1．依据《±800kV 直流系统电气设备交接验收试验》第8.3.1～8.3.3 条，即：
1.1　绕组直流电阻测量：实测直流电阻值与同温下出厂试验值相比，应无明显差别；
1.2　电感测量：实测电感值与出厂试验相比，应无明显差别；
1.3　支柱绝缘子绝缘电阻测量：应用 2500V 绝缘电阻表测量层间支柱绝缘子和底座对地支柱绝缘子的绝缘电阻；绝缘电阻值不应低于 5000MΩ</td></tr>
<tr><td>非线性电阻试验</td><td>重要</td><td>1．依据《±800kV 直流系统电气设备交接验收试验》第13.2～13.4 条，即：
1.1　绝缘电阻测量：用 5000V 绝缘电阻表进行测量，绝缘电阻应不小于 30000MΩ；
1.2　参考电压测量：按生产厂家规定的直流参考电流值，对整只避雷器进行测量，其参考电压值不得低于合同规定值；
1.3　持续电流测量：在直流的持续运行电压下，测量整只或整节避雷器的直流电流。实测值与出厂试验值相比，无明显差别</td></tr>
</table>

第六节 直流隔离开关监督

一、到场监督

直流隔离开关到场监督主要目的是检查设备在装卸和运输过程中，是否发生碰撞、冲击、振动、进水、腐蚀、泄漏等设备损坏现象，检查设备到场情况并做好相应记录。

序号	监督项目	监督内容	等级	监督要求
1	本体监督	外观检查	一般	了解外观有无损伤、脱漆、锈蚀情况，瓷件有无裂纹，若有异常情况立即汇报，并监督后续处理情况
				1．直流隔离开关和接地开关都应采用单相型式； 2．直流滤波器高压直流隔离开关应配置招弧角
				隔离开关和接地开关应结构简单、金属零部件应防锈、防腐蚀，钢制件应热镀锌处理，螺纹连接部分应防锈、防松动和电腐蚀
				每相隔离开关均应配有平板式主接线端子板，并适合与买方供应的铝合金线夹相连接
				同型号同规格产品的安装尺寸应一致，零部件应具有互换性
		开箱检查	一般	1．设备本体外表或包装箱是否良好、有无磕碰伤； 2．主体及支架是否有弯曲现象； 3．设备运输时如带冲撞仪，应检查分析数值； 4. 设备应有明确标示辅助和控制回路中所采用的配套元件，如阀门、辅助和控制开关、保护继电器、接线端子、电动机、熔断器、接触器、低压开关、监视和测量仪表、二次电缆等元件的型号和制造商； 5．根据运输单详细清点设备数量和备品备件
2	附件监督	铭牌	一般	核对铭牌与技术协议要求是否一致，抄录本体及附件铭牌参数，并拍照片存档，编制设备清册
		技术文件	重要	采购技术协议或技术规范书、出厂试验报告、交接试验报告、设备监造报告、安装质量检验及评定报告、工程竣工图纸、设备说明书等资料应齐全，扫描并存档
		备品备件	重要	检查是否有相关备品备件，数量及型号是否相符，做好相应记录
		专用工器具	重要	1．记录随设备到场的专用工器具，列出专用工器具清单妥善保管； 2．如施工单位需借用相关工器具，须履行借用手续

续表

序号	监督项目	监督内容	等级	监 督 要 求
3	保管	现场保管	一般	1．设备应按其不同保管要求置于室内或室外平整、无积水的场地； 2．设备及瓷件应安置稳妥，不得倾倒损坏，触头及操动机构的金属传动部件应有防锈措施

二、安装监督

直流隔离开关安装过程中，监督人员要详细记录设备的铭牌参数、结构原理、操作维护方法及相关注意事项，并记录设备安装的具体内容、进度及存在的问题；并积极向现场安装人员和生产厂家技术人员咨询和交流，及时完成相关总结，积累运维经验。

序号	监督项目	监督内容	等级	监 督 要 求
1	操动机构	操动机构检查	一般	操动机构的零部件应齐全，所有固定连接部件应紧固
2	底座转动部分	底座转动部分检查	一般	隔离开关的底座转动部分应灵活，并应涂以适合当地气候的润滑脂
3	绝缘子	绝缘子检查	一般	1．绝缘子表面应清洁无裂纹、破损、焊接残留斑点等缺陷，瓷铁黏合应牢固，发现异常应立即汇报，并监督后续处理情况； 2．依据《国家电网公司直流专业精益化管理评价规范》第十一部分，即： 2.1　绝缘子爬电比距与所处地区的污秽等级是否适应； 2.2　金属法兰与瓷件胶装部位黏合应牢固，防水胶应完好； 2.3　伞裙、防污涂料完好，伞群应无塌陷变形，表面无击穿，黏接界面牢固；PRTV 涂层不应存在剥离、破损
4	接线端子及载流部分	接线端子及载流部分检查	重要	接线端子及载流部分应清洁且接触良好，触头镀银层无脱落，发现异常应立即汇报，并监督后续处理情况
5	引线及线夹	引线及线夹检查	重要	1．引线无散股、扭曲、断股现象； 2．线夹无裂纹、破损现象； 3．设备与引线连接应可靠，各电气连接处力矩检查合格
6	隔离开关	隔离开关组装	重要	1．隔离开关的相间距离的误差：110kV 及以下不应大于10mm，110kV 以上不应大于 20mm，相间连杆应在同一水平线上； 2．支柱绝缘子应垂直于底座平面（V 型隔离开关除外），且连接牢固；同一绝缘子柱的各绝缘子中心线应在同一垂直线上，同相各绝缘子柱的中心线应在同一垂直平面内；

续表

序号	监督项目	监督内容	等级	监督要求
6	隔离开关	隔离开关组装	重要	3．隔离开关的各支柱绝缘子间应连接牢固，安装时可用金属垫片校正其水平或垂直偏差，使触头相互对准、接触良好，其缝隙应用腻子抹平后涂以油漆； 4．均压环（罩）和屏蔽环（罩）应安装牢固、平正； 5．掌握隔离开关的组装方法及工艺要求，收集影像资料
7	传动装置	传动装置安装与调整	重要	1．拉杆应校直，其与带电部分的距离应符合现行国家标准 GB 50149《电气装置安装工程　母线装置施工及验收规范》的有关规定，当不符合规定时允许弯曲但应弯成与原杆平行； 2. 拉杆的内径应与操动机构轴的直径相配合两者间的间隙不应大于 1mm，连接部分的销子不应松动，当拉杆损坏或折断可能接触带电部分而引起事故时，应加装保护环； 3．延长轴、轴承、联轴器、中间轴、轴承及拐臂等传动部件，其安装位置应正确固定、牢靠，传动齿轮应咬合准确，操作轻便灵活； 4. 定位螺钉应按产品的技术要求进行调整，并加以固定； 5．所有传动部分应涂以适合当地气候条件的润滑脂，接地刀闸转轴上的扭力弹簧或其他拉伸式弹簧应调整到操作力矩最小，并加以固定，在垂直连杆上涂以黑色油漆； 6．掌握隔离开关传动装置的调整方法及工艺要求，收集影像资料
8	操动机构	操动机构安装调整	重要	1．操动机构应安装牢固，同一轴线上的操动机构安装位置应一致； 2．电动操作前，应先进行多次手动分、合闸，机构动作应正常； 3．电动机的转向应正确，机构的分、合闸指示应与设备的实际分、合闸位置相符； 4．机构动作应平稳，无卡阻、冲击等异常情况； 5．限位装置应准确可靠，到达规定分、合极限位置时，应可靠地切除电源或气源； 6．机构箱密封垫应完整； 7. 由隔离开关本体机构箱至就地端子箱之间的二次电缆的屏蔽层应在就地端子箱处可靠连接至等电位接地网的铜排上，在本体机构箱内不接地
9	操动机构箱	操动机构箱检查	重要	1．依据《国家电网公司直流专业精益化管理评价规范》第十一部分，即： 1.1　箱门密封良好，箱内无积水； 1.2　机构操作电源与加热器电源应具有各自独立的电源或独立空气开关； 1.3　机构箱内加热器应正常工作且具有驱潮加热功能；

续表

序号	监督项目	监督内容	等级	监督要求
9	操动机构箱	操动机构箱检查	重要	1.4 机构箱通风滤网应清洁、完好； 1.5 电缆孔处防火泥封堵正常； 1.6 操作电动机外观正常； 1.7 操作电动机“电动/手动”切换把手外观正常，操作功能正常； 1.8 “远方/就地”“合闸/分闸”控制把手外观无异常，操作功能正常； 1.9 现场具备手动操作摇把； 1.10 动力电缆接线布置整齐、无松动；电缆绝缘层无变色、老化、损坏现象；电缆接地线完好；电缆号头、走向标示牌无缺失现象； 1.11 操作电动机及动力电缆绝缘正常（500V 或 1000V 电压下测量储能电机及动力电缆绝缘电阻应≥10MΩ）； 1.12 操作电动机行程开关动作正确可靠； 1.13 设备电动、手动操作正常； 1.14 设备电动操作低电压试验合格； 1.15 操动机构部件应清洁，无锈蚀、无变形、无破损； 1.16 操动机构各转动部件灵活，无卡涩现象； 1.17 继电器工作正常，无老化、破损、发热现象； 1.18 空气开关工作正常，无老化、破损现象； 1.19 端子排无松动、锈蚀、破损现象，运行及备用端子均有编号； 1.20 辅助接点无松动、锈蚀、破损现象，运行及备用接点均有编号； 1.21 辅助开关转动灵活，触点到位，功能正常； 1.22 二次电缆接线布置整齐、无松动；电缆绝缘层无变色、老化、损坏现象；电缆屏蔽层不应在机构箱内接地；电缆号头、走向标示牌无缺失现象
10	操动机构传动连杆	操动机构传动连杆检查	重要	1. 依据《国家电网公司直流专业精益化管理评价规范》第十一部分，即： 1.1 分、合闸位置指示正常，标识齐全、清晰可识别； 1.2 传动部件润滑良好，分合闸到位，无卡涩； 1.3 调试时应保证隔离开关主拐臂过死点； 1.4 传动部件无裂纹、无锈蚀，连接紧固。 2. 隔离开关与其所配装的接地开关间应配有可靠的机械闭锁，机械闭锁应有足够的强度
11	导电部分	导电部分安装	重要	1. 用 0.05mm/10mm 的塞尺检查对于线接触应塞不进去；对于面接触其塞入深度在接触表面宽度为 50mm 及以下时不应超过 4mm，在接触表面宽度为 60mm 及以上时不应超过 6mm；

续表

序号	监督项目	监督内容	等级	监 督 要 求
11	导电部分	导电部分安装	重要	2. 触头间应接触紧密，两侧的接触压力应均匀且符合产品的技术规定； 3. 触头表面应平整清洁，并应涂以薄层中性凡士林，载流部分的可挠连接不得有折损，连接应牢固，接触应良好，载流部分表面应无严重的凹陷及锈蚀； 4. 设备接线端子不应使用铜铝对接过渡线夹，连接时应涂以薄层电力复合脂； 5. 依据《国家电网公司直流专业精益化管理评价规范》第十一部分，即： 5.1 导电杆表面无锈蚀、无变形、无破损； 5.2 均压环无锈蚀、无变形、无破损
12	安装后检查	安装后检查	重要	1. 当拉杆式手动操动机构的手柄位于上部或左端的极限位置，或蜗轮蜗杆式机构的手柄位于顺时针方向旋转的极限位置时，应是隔离开关或负荷开关的合闸位置；反之，应是分闸位置； 2. 隔离开关合闸后，触头间的相对位置、备用行程以及分闸状态时触头间的净距或拉开角度，应符合产品的技术规定； 3. 具有引弧触头的隔离开关由分到合时，在主动触头接触前，引弧触头应先接触；从合到分时，触头的断开顺序应相反； 4. 隔离开关的闭锁装置应动作灵活、准确可靠；带有接地刀闸的隔离开关，接地刀闸与主触头间的机械或电气闭锁应准确可靠； 5. 隔离开关的辅助开关应安装牢固，并动作准确，接触良好，其安装位置应便于检查； 6. 电动机的转向应正确，机构的分、合闸指示应与设备的实际分、合闸位置相符； 7. 依据《国家电网公司直流专业精益化管理评价规范》第十一部分，基础及构架： 7.1 基础无沉降或损坏； 7.2 构架表面油漆完好，无锈蚀、变形； 7.3 构架金具和螺栓连接牢固； 7.4 接地引下线无锈蚀、无松动、无脱落

三、试验监督

试验监督过程阶段要求掌握试验方法和工艺要求、试验所需仪器仪表的使用方法、试验数据异常后的处理方法，使用照片和画图的方式记录试验过程，做好相应记录。

序号	监督项目	监督内容	等级	监 督 要 求
1	一般试验	测量隔离开关导电回路的电阻	重要	1．依据 DL/T 274—2012《±800kV 高压直流设备交接试验》： 1.1 采用直流压降法测量隔离开关导电回路电阻，即用直流测量端子间的电压降或电阻。试验电流应不小于 100A，测得的电阻值不应超过型式试验测得的最小电阻值的 1.2 倍
		二次回路交流耐压试验	重要	1．依据 DL/T 274—2012《±800kV 高压直流设备交接试验》： 1.1 施加工频电压为 2kV，持续时间为 1min
		操动机构试验	重要	1．依据 DL/T 274—2012《±800kV 高压直流设备交接试验》： 1.1 在 100%、110%和 80%额定操作电压下进行合闸和分闸操作各 5 次。操作过程应符合下列规定： a）隔离开关的主闸刀和接地闸刀能可靠地合闸和分闸； b）分、合闸位置指示正确； c）分、合闸时间符合产品技术条件； d）机械或电气闭锁装置应准确可靠

第七节 直流电流互感器监督

一、到场监督

直流电流互感器到场监督主要目的是检查设备在装卸和运输过程中，是否发生碰撞、冲击、振动、进水、腐蚀、泄漏等设备损坏现象，检查设备到场情况并做好相应记录。

序号	监督项目	监督内容	等级	监 督 要 求
1	本体监督	观察气压表读数是否在正常范围	重要	1．了解 SF_6 气体绝缘电流互感器是否受潮，N_2 或干燥空气压力应为 0.02MPa（相对压力），否则应立即汇报，并监督后续处理情况； 2．拍照留存并做记录
		冲撞记录仪读数是否在正常范围	重要	1．依据《国家电网公司十八项电网重大反事故措施》第 11.1.2.8 条，即： 1.1 电流互感器运输应严格遵照设备技术规范和制造厂要求，220kV 及以上电压等级互感器运输应在每台产品（或每辆运输车）上安装冲撞记录仪，设备运抵现场后应检查确认，记录数值超过 5g 的，应经评估确认互感器是否需要返厂检查
		到货检查	一般	1．依据《110（66）kV～500kV 电流互感器技术标准》第 2.10 条，即： 1.1 电流互感器的包装，应保证产品、组件及零部件在运输和储存期间不能损坏和松动，并采取有效的防震、防潮措施；

续表

序号	监督项目	监督内容	等级	监督要求
1	本体监督	到货检查	一般	1.2　电流互感器各个电气连接的接触面在运输和储存期间应有防蚀措施； 1.3　电流互感器运输过程中应无严重振动、颠簸和冲撞现象； 1.4　产品在储存期间，应避免受潮，底座要高于地面 $50mm^2$ 以上，长期储存应按制造厂规定，储存处的环境温度应在－30℃～40℃范围内，储存期内应经常检查油位及密封情况。 2．互感器在运输保管期间，应防止受潮倾倒或遭受机械损伤，互感器的运输和放置应按产品技术要求执行； 3．互感器整体起吊时吊索应固定在规定的吊环上，不得利用瓷裙起吊，并不得碰伤瓷套
		外观检查	一般	1．互感器外观应完整，附件应齐全无锈蚀或机械损伤； 2．油浸式电流互感器油位应正常，密封应良好，油位指示器、瓷套法兰连接、放油阀等处应无渗油现象； 3．拍照留存并做记录
		开箱检查	重要	开箱检查时必须有本单位设备监督负责人全程在场监督
2	附件监督	铭牌	重要	核对铭牌与技术协议要求是否一致，抄录本体及附件铭牌参数并拍照片，编制设备清册
		技术文件	重要	采购技术协议或技术规范书、出厂试验报告、交接试验报告、运输记录、安装时器身检查记录、安装质量检验及评定报告、设备监造报告、设备评价报告、竣工图纸、设备使用说明书，合格证书、安装使用说明书等资料应齐全，扫描并存档
		备品备件	重要	检查是否有相关备品备件，数量是否相符，做好相应记录
		专用工器具	重要	1．记录随设备到场的专用工器具，列出专用工器具清单妥善保管； 2．如施工单位需借用相关工器具，须履行借用手续

二、安装监督

直流电流互感器安装过程中，监督人员要详细记录设备的铭牌参数、结构原理、操作维护方法及相关注意事项，并记录设备安装的具体内容、进度及存在的问题；并积极向现场安装人员和生产厂家技术人员咨询和交流，及时完成相关总结，积累运维经验。

序号	监督项目	监督内容	等级	监督要求
1	安装准备	参数检查	一般	电流互感器的变比和极性应符合技术规范的规定

续表

序号	监督项目	监督内容	等级	监督要求
1	安装准备	二次接线板检查	一般	二次接线板应完整，接线端子应连接牢固，绝缘良好，标志清晰
		隔膜式储油柜和金属膨胀器的检查	一般	隔膜式储油柜的隔膜和金属膨胀器应完整无损，顶盖螺栓紧固
2	安装监督	本体	重要	1. 依据《国家电网公司直流专业精益化管理评价规范》第十三部分第2条，即： 1.1 各连接引线无变色、变形； 1.2 硅橡胶套管（若有）应固定牢靠，防止折弯或拉伸造成本身或内部光纤损坏； 1.3 绝缘子无破损、无裂纹、法兰无开裂； 1.4 零磁通直流电流测量装置金属法兰与瓷件胶装部位黏合应牢固，金属法兰与瓷件胶装部位防水胶完好
		二次回路	重要	1. 依据《国家电网公司直流专业精益化管理评价规范》第十三部分第3条，即： 1.1 远端模块接线及安装无异常，远端模块无元件松脱、焊点虚接等异常； 1.2 二次接线连接正确规范，避免交叉，接线应牢固，不得使所接的端子排受到机械应力，无交直流搭接现象，交直流端子排隔离措施良好，引入接线盒电缆应排列整齐，编号清晰，接线盒内电缆应避免交叉，并固定牢固，直流电源、电压及信号引入回路应采用屏蔽阻燃铠装电缆，端子应有序号，便于更换且接线方便； 1.3 光纤传输的互感器二次回路应有充足的备用光纤，备用光纤一般不低于在用光纤数量的100%，防止备用光纤数量不足导致测量系统运行可靠性降低，选用可靠的防震、防尘、防水光纤耦合器，光纤（缆）弯曲半径应大于纤（缆）径的15倍，同轴电缆两端可靠接地； 1.4 二次接线连接正确规范，避免交叉，并应固定牢固，不得使所接的端子排受到机械应力； 1.5 零磁通直流电流测量装置直流电源、电压及信号引入回路应采用屏蔽阻燃铠装电缆。 2. 依据《国家电网公司防止直流换流站单双极强迫停运二十一项反事故措施》第七部分，即： 2.1 测量回路应具备完善的自检功能； 2.2 光电流互感器传输回路应根据当地气候条件选用可靠的防震、防尘、防水光纤耦合器，户外接线盒必须至少满足IP67防尘防水等级，且有防止接线盒摆动的措施；

续表

序号	监督项目	监督内容	等级	监　督　要　求
2	安装监督	二次回路	重要	2.3　光电流互感器二次回路应有充足的备用光纤，备用光纤一般不低于在用光纤数量的100%，且不得少于3根，防止由于备用光纤数量不足导致测量系统运行可靠性降低； 2.4　光电流互感器本体应至少配置一个冗余远端模块，对于光电流互感器确无空间再增加远端模块的，可不安装备用模块，但应具备停运后更换模块的功能
		合并单元	重要	1．依据《国家电网公司直流专业精益化管理评价规范》第十三部分第4条，即： 1.1　屏柜内接地铜排以及电缆屏蔽层应与等电位接地网可靠相连，屏柜内设备的金属外壳应可靠接地； 1.2　冗余控制系统的采样值应各自取自不同的合并单元； 1.3　三重化或双重化配置的保护装置采样值应各自取自不同的合并单元； 1.4　录波采样可与控制或保护共用合并单元，但通道应独立； 1.5　多重保护或冗余控制系统各自的合并单元供电完全独立； 1.6　合并单元失电时装置发出报警，控制保护系统实现该信号自保持功能； 1.7　当电源切换时，合并单元正常输出，采样值不受影响； 1.8　当采样或输出模块、内部电源模块故障时，装置具有自检及报警功能； 1.9　若有光传输通道，光纤回路衰耗值低于技术文件要求，光纤耦合器的衰耗值低于1dB，光传输通道异常时，装置应具有自检及报警功能，对于双重化配置的保护应能够闭锁相关保护功能出口。 2．依据《国家电网公司防止直流换流站单双极强迫停运二十一项反事故措施》第七部分，即： 2.1　由两路独立电源或两路电源经DC/DC转换耦合后供电，每路电源具有监视功能
		接地装置	重要	接地引下线连接正常，无松脱、位移、断裂及严重腐蚀等情况

三、试验监督

试验监督过程阶段要求掌握试验方法和工艺要求、试验所需仪器仪表的使用方法、试验数据异常后的处理方法，使用照片和画图的方式记录试验过程，做好相应记录。

序号	监督项目	监督内容	等级	监 督 要 求
1	光 TA	电阻测量	重要	测量分流器的电阻值，与同温出厂试验值相比，应无明显差别
		测量精确度试验	重要	1. 依据 Q/GDW 275—2009《±800kV 直流系统电气设备交接验收试验》第 10.3 条，即： 1.1 对分流器加直流电流，在 I/O 电路板输出口进行测量，校验应包括测量、极控及直流保护用所有传感器和 I/O 电路板； 1.2 校验的电流范围：从 0.1p.u.至最大连续过负荷电流； 1.3 实测精确度应符合产品规范书的要求
		频率响应试验	重要	1. 依据 Q/GDW 275—2009《±800kV 直流系统电气设备交接验收试验》第 10.4 条，即： 1.1 试验频率范围如下： 分流器：50～1200Hz； Rogowski 线圈：50～2500Hz
		低压端工频耐压试验	重要	1. 依据 Q/GDW 275—2009《±800kV 直流系统电气设备交接验收试验》第 10.5 条，即： 1.1 试验电压为 2kV，持续时间 1min
		直流耐压试验	重要	1. 依据 DL/T 274—2012《±800kV 高压直流设备交接试验》第 11.6 条，即： 1.1 在一次端子上施加 80%出厂试验直流电压，持续时间为 5min
2	直流滤波器场 TA	电流互感器试验	重要	1. 依据 Q/GDW 275—2009《±800kV 直流系统电气设备交接验收试验》第 8.6 条，即： 1.1 测量一次绕组对二次绕组及外壳、各二次绕组间及其对外壳的绝缘电阻，实测绝缘电阻值与出厂试验值比较，应无明显差别； 1.2 一次绕组工频耐压试验，试验电压为出厂试验电压值的 80%，持续时间 1min； 1.3 二次绕组之间及其对外壳的工频耐压试验，试验电压 2kV，持续时间 1min； 1.4 测量一次绕组的介质损耗因数（$\tan\delta$），实测值与出厂试验值比较，应无明显差别； 1.5 变比测量，实测值应与铭牌值相符； 1.6 极性检查，应与标志相符

第八节 直流分压器监督

一、到场监督

直流分压器到场监督主要目的是检查设备在装卸和运输过程中，是否发生碰撞、冲击、振动、进水、腐蚀、泄漏等设备损坏现象，检查设备到场情况并做好相应记录。

序号	监督项目	监督内容	等级	监督要求
1	本体监督	冲撞记录仪读数是否在正常范围	重要	用专门的仪器读取冲撞记录仪中的数据，了解在运输过程中是否受到不允许的冲击，生产厂家移交的数据要妥善保管
		观察气压表读数是否在正常范围	重要	了解SF_6气体绝缘型直流分压器是否受潮，N_2或干燥空气压力应为0.02MPa（相对压力），否则应立即汇报，并监督后续处理情况
		开箱检查	重要	开箱检查时必须有本单位设备监督负责人全程在场监督
		外观检查	一般	1. 互感器外观应完整，附件应齐全，无锈蚀或机械损伤； 2. 油浸式互感器油位应正常，密封应良好，无渗油现象； 3. 电容式电压互感器的电磁装置和谐振阻尼器的封铅应完好； 4. 发现异常做好记录和汇报，并监督后续处理情况； 5. 依据《国家电网公司直流专业精益化管理评价规范》第十二部分第2条，即： 5.1 瓷套或复合绝缘表面应无破损，架构外涂漆层清洁； 5.2 对于充气的直流电压测量装置，应检查SF_6或N_2密度继电器、压力表外观无破损，对于充油的直流电压测量装置，应检查无渗漏油
2	附件监督	铭牌	重要	核对铭牌与技术协议要求是否一致，抄录本体及附件铭牌参数并拍照片，编制设备清册
		技术文件	重要	采购技术协议或技术规范书、出厂试验报告、交接试验报告、运输记录、安装时器身检查记录、安装质量检验及评定报告、设备监造报告、设备评价报告、竣工图纸、设备使用说明书、合格证书、安装使用说明书等资料应齐全，扫描并存档
		备品备件	重要	检查是否有相关备品备件，数量是否相符，做好相应记录
		专用工器具	重要	1. 记录随设备到场的专用工器具，列出专用工器具清单并妥善保管； 2. 如施工单位需借用相关工器具，须履行借用手续

二、安装监督

直流分压器安装过程中，监督人员要详细记录设备的铭牌参数、结构原理、操作维护方法及相关注意事项，并记录设备安装的具体内容、进度及存在的问题；并积极向现场安装人员和生产厂家技术人员咨询和交流，及时完成相关总结，积累运维经验。

序号	监督项目	监督内容	等级	监　督　要　求
1	安装准备	参数检查	一般	直流分压器的电压比等参数应符合技术规范的规定
		二次接线板检查	一般	二次接线板应完整，接线端子应连接牢固、绝缘良好、标志清晰
		隔膜式储油柜和金属膨胀器的检查	一般	隔膜式储油柜的隔膜和金属膨胀器应完整无损，顶盖螺栓紧固
2	安装监督	本体	重要	1．具有吸湿器的电压互感器，其吸湿剂应干燥，油封油位应正常； 2．呼吸孔的塞子带有垫片时应将垫片取下； 3．油浸式电压互感器安装面应水平，并列安装的应排列整齐，同一组互感器的极性方向应一致； 4．电容式电压互感器必须根据产品成套供应的组件编号进行安装，不得互换各组件； 5．各组件连接处的接触面应除去氧化层，并涂以电力复合脂；装在室外的端子盒应有防雨、防潮措施； 6．具有均压环的电压互感器，均压环应安装牢固水平、方向正确； 7．SF_6气体绝缘直流分压器，应检查SF_6气体压力在正常范围区间； 8．二次出线端子螺杆直径不得小于6mm²，应用铜或铜合金制成，二次出线端子防潮性能良好，并有防转动措施； 9. 直流分压器二次输出端子与地之间应具有过电压保护装置，保护装置的放电电压不大于0.5kV； 10．直流分压器监视仪表装设高度应在1.8m以下； 11．依据《国家电网公司直流专业精益化管理评价规范》第十二部分第2条，即： 11.1　底座、支架牢固，无倾斜变形； 11.2　金属法兰与瓷件胶装部位黏合应牢固，金属法兰与瓷件胶装部位防水胶完好； 11.3　测量高压臂和低压臂电阻阻值，同等测量条件下，初值差不应超过±2%，对阻容式分压器，应同时测量高压臂和低压臂的等值电阻和电容值，同等测量条件下，初值差不超过±3%，或符合设备技术文件要求。 12．对于220kV及以上等级的电容式电压互感器，其耦合电容器部分是分成多节的，安装时必须按照出厂时的编号以及上下顺序进行安装，严禁互换
		二次回路	重要	1．依据《国家电网公司直流专业精益化管理评价规范》第十二部分第3条，即： 1.1　室外接线盒密封良好，电缆不得由上部进出，电缆导水方向应为斜下方，有效防止雨水流入；

续表

序号	监督项目	监督内容	等级	监督要求
2	安装监督	二次回路	重要	1.2　二次接线连接正确规范，避免交叉，接线应固定牢固，不得使所接的端子排受到机械应力，无交直流搭接现象，交直流端子排隔离措施良好，引入接线盒电缆应排列整齐、编号清晰，接线盒内电缆应避免交叉，并固定牢固，直流电源、电压及信号引入回路应采用屏蔽阻燃铠装电缆，端子应有序号，便于更换且接线方便； 1.3　二次接线牢靠、号头清晰，装置、电缆标识正确清晰，室外接线盒防雨罩安装紧固，同轴电缆两端可靠接地，光纤（缆）弯曲半径应大于纤（缆）径的15倍。 2. 依据《国家电网公司防止直流换流站单双极强迫停运二十一项反事故措施》第七部分，即： 2.1　测量回路应具备完善的自检功能； 2.2　光纤传输的直流分压测量装置二次回路应有充足的备用光纤，备用光纤一般不低于在用光纤数量的100%，备用光纤不少于3根，防止数量不足导致测量系统运行可靠性降低
		合并单元	重要	1. 依据《国家电网公司直流专业精益化管理评价规范》第十二部分第4条，即： 1.1　屏柜内接地铜排以及电缆屏蔽层应与等电位接地网可靠相连，屏柜内设备的金属外壳应可靠接地； 1.2　冗余控制系统的采样值应各自取自不同的合并单元； 1.3　三重化或双重化配置的保护装置采样值应各自取自不同的合并单元； 1.4　录波采样可与控制或保护共用合并单元，但通道应独立； 1.5　多重保护或冗余控制系统各自的合并单元供电完全独立； 1.6　合并单元失电时装置发出报警，控制保护系统实现该信号自保持功能； 1.7　当电源切换时，合并单元正常输出，采样值不受影响； 1.8　当采样或输出模块、内部电源模块故障时，装置具有自检及报警功能。 2. 依据《国家电网公司防止直流换流站单双极强迫停运二十一项反事故措施》第七部分，即： 2.1　由两路独立电源或两路电源经DC/DC转换耦合后供电，每路电源具有监视功能
		接地装置的安装	重要	1. 分级绝缘的电压互感器，其一次绕组的接地引出端子应良好接地； 2. 电容式电压互感器应按照制造厂的规定接地；

续表

序号	监督项目	监督内容	等级	监督要求
2	安装监督	接地装置的安装	重要	3．互感器的外壳应良好接地； 4．依据《国家电网公司直流专业精益化管理评价规范》第十二部分第2条，即： 4.1 接地引下线连接正常； 4.2 接地引下线无松脱、位移
		抽真空，充 SF_6 气体	重要	1．依据《国家电网公司直流专业精益化管理评价规范》第十二部分第2条，即： 1.1 用泄漏检测仪检查套管有无泄漏； 1.2 SF_6 气体水份检查，SF_6、N_2 气体湿度检测，微水值≤500（μL/L）（注意值）

三、试验监督

试验监督过程阶段要求掌握试验方法和工艺要求、试验所需仪器仪表的使用方法、试验数据异常后的处理方法，使用照片和画图的方式记录试验过程，做好相应记录。

序号	监督项目	监督内容	等级	监督要求
1	分压比测量	分压比测量	重要	1．依据 Q/GDW 275—2009《±800kV 直流系统电气设备交接验收试验》第9.2条，即： 1.1 在一次端子上施加直流电压（10kV 左右），实测分压比与出厂试验值比较，应无明显差别
2	低压回路工频耐压试验	低压回路工频耐压试验标准	重要	1．依据 Q/GDW 275—2009《±800kV 直流系统电气设备交接验收试验》第9.3条，即： 1.1 试验电压为2kV，持续时间1min

第九节 直流穿墙套管监督

一、到场监督

直流穿墙套管到场监督主要目的是检查设备在装卸和运输过程中，是否发生碰撞、冲击、振动、进水、腐蚀、泄漏等设备损坏现象，检查设备到场情况并做好相应记录。

序号	监督项目	监督内容	等级	监督要求
1	本体监督	冲撞记录仪读数是否在正常范围	重要	1. 用专门的仪器读取冲撞记录仪中的数据，了解在运输过程中是否受到不允许的冲击，厂家移交的数据要妥善保管； 2. 运输过程中受到的冲撞超过厂家规定（一般小于3g），则应立即汇报，并监督后续处理情况

续表

序号	监督项目	监督内容	等级	监督要求
1	本体监督	开箱检查	重要	开箱检查时必须有本单位设备监督负责人全程在场监督
		外观检查	一般	了解外观有无损伤、脱漆、锈蚀情况，拍照并做好记录和汇报，并监督后续处理情况
		结构设计	重要	1. 依据《国家电网公司防止直流换流站单、双极强迫停运二十一项反事故措施》的规定，即： 1.1 作用于跳闸的非电量元件都应设置三副独立的跳闸节点，按照“三取二”原则出口，三个开入回路要独立，“三取二”出口判断逻辑装置及其电源冗余配置； 1.2 非电量保护跳闸节点和模拟量采样不应经中间元件转接，应直接接入控制保护系统或直接接入非电量保护屏； 1.3 穿墙套管 SF_6 密度（压力）观察表计应装设可观测的密度（压力）表计，且应安装在阀厅外； 1.4 所有跳闸回路上的接点都应采用常开接点，报警回路接点一般也宜采用常开接点； 1.5 换流变压器、平波电抗器、直流场阀厅穿墙套管以及直流分压器、光 TA 等充气套管的压力或密度继电器应分级设置报警和跳闸； 1.6 设备的气体继电器、油流继电器、SF_6 压力等重要继电器、传感器，设备生产厂家应配套安装防雨罩； 1.7 检查户外端子箱和接线盒厂家相关文档，确认其防尘防水等级至少满足 IP54 要求； 1.8 对户外端子箱和接线盒的盖板和密封垫进行检查，防止变形进水受潮
2	附件监督	铭牌	重要	抄录套管铭牌参数和生产厂家及型号等信息，并拍照片存档，编制设备清册
		技术文件	重要	采购技术协议或技术规范书、出厂试验报告、交接试验报告、运输记录、安装时器身检查记录、安装质量检验及评定报告、设备监造报告、设备评价报告、竣工图纸、设备使用说明书，合格证书、安装使用说明书等资料应齐全，扫描并存档
		备品备件	重要	检查是否有相关备品备件，数量是否相符，做好相应记录
		专用工器具	重要	1. 记录随设备到场的专用工器具，列出专用工器具清单并妥善保管； 2. 如施工单位需借用相关工器具，须履行借用手续

二、安装监督

直流穿墙套管安装过程中，监督人员要详细记录设备的铭牌参数、结构原理、操作维护方法及相关注意事项，并记录设备安装的具体内容、进度及存在的问题；并积极向现场安装人员和生产厂家技术人员咨询和交流，及时完成相关总结，积累运维经验。

序号	监督项目	监督内容	等级	监 督 要 求
1	本体安装	外观检查	一般	1．瓷套表面清洁有无裂缝、伤痕，硅橡胶套管有无破损； 2．充油套管有无渗油，油位指示是否正常，充气套管有无渗漏； 3 做好记录，发现问题应立即汇报，并监督后续处理情况
		套管的安装方法及工艺要求	重要	1．掌握套管的更换方法； 2．按施工标准进行安装，吊车可靠接地
		套管结构	重要	对套管结构深入认识，收集影像资料
		干燥空气发生器的使用方法	重要	掌握干燥空气发生器的使用方法

三、试验监督

试验监督过程阶段要求掌握试验方法和工艺要求、试验所需仪器仪表的使用方法、试验数据异常后的处理方法，使用照片和画图的方式记录试验过程，做好相应记录。

序号	监督项目	监督内容	等级	监 督 要 求
1	直流穿墙套管	绝缘电阻测量	重要	1．依据 Q/GDW 275—2009《±800kV 直流系统电气设备交接验收试验》第 6.2 条及 DL/T 274—2012《±800kV 高压直流设备交接试验》第 7.2 条，即： 1.1 应测量主绝缘及末屏对法兰的绝缘电阻；测量末屏对法兰的绝缘电阻时应使用 2500V 绝缘电阻表。套管主绝缘的绝缘电阻不应低于 10000MΩ，末屏对法兰的绝缘电阻应不低于 1000MΩ，且与出厂试验值无明显差别
		介质损耗因数（$\tan\delta$）及电容量测量	重要	1．依据 DL/T 274—2012《±800kV 高压直流设备交接试验》第 7.3 条，即： 1.1 $\tan\delta$ 值应不大于 0.5%； 1.2 实测电容值与产品铭牌数值或出厂试验值相比，其偏差值应小于 5%
		直流耐压试验	重要	1．依据 DL/T 274—2012《±800kV 高压直流设备交接试验》第 7.4 条，即：

续表

序号	监督项目	监督内容	等级	监督要求
1	直流穿墙套管	直流耐压试验	重要	1.1　应进行直流耐压试验，试验电压为出厂试验电压的80%，持续时间不小于30min
		局部放电量测量	重要	1．依据Q/GDW 275—2009《±800kV直流系统电气设备交接验收试验》第6.4条，即： 必要时做如下试验： 1.1　试验电压为出厂试验电压的80%，持续时间60min； 1.2　800kV套管进行局部放电量测量，在最后15min内超过1000pC的放电脉冲次数应不超过5个
		试验端子工频耐压试验	重要	1．依据Q/GDW 275—2009《±800kV直流系统电气设备交接验收试验》第6.5条，即： 1.1　试验端子应能耐受工频电压2kV，1min
		充SF_6套管气体试验	重要	1．依据DL/T 274—2012《±800kV高压直流设备交接试验》第7.6条，即： 1.1　检查气体压力，应符合产品技术要求； 1.2　检测SF_6气体微水含量。气体微水含量的测量应在套管充气48h后进行，微水含量应小于250μL/L； 1.3　气体泄漏检测。气体泄漏应在套管充气24h后进行检测，采用灵敏度不低于1×10^{-6}（体积比）的检漏仪对密封部位进行检测时，检漏仪不应报警

第十节　直流阻波器监督

一、到场监督

直流阻波器到场监督主要目的是检查设备在装卸和运输过程中，是否发生碰撞、冲击、振动、进水、腐蚀、泄漏等设备损坏现象，记录到场设备情况，做好相应记录。

序号	监督项目	监督内容	等级	监督要求
1	本体监督	外观检查	重要	1．设备到场后，负责项目管理的运检部门应组织生产厂家、运输部门、施工单位、运维检修人员共同进行到货验收； 2．检查外观有无损伤、脱漆、锈蚀情况，做好记录和汇报，并监督后续处理情况
		开箱检查	重要	1．开箱检查时必须有本单位设备监督负责人全程在场监督； 2．检查设备本体外表和包装箱是否完好、有无磕碰伤； 3．检查阻波器线圈表面无破损、脱落或龟裂；包封与支架间紧固带应无松动、断裂，各部分组件及资料是否与装箱单相符；产品与技术规范书中生产厂家、型号、规格一致，无破损、异物；

续表

序号	监督项目	监督内容	等级	监 督 要 求
1	本体监督	开箱检查	重要	4．设备运输时如带冲撞仪，应检查分析数值； 5．根据运输单详细清点设备数量，做好记录和汇报
2	附件监督	铭牌检查	重要	核对铭牌与技术协议要求是否一致，抄录本体及附件铭牌参数并拍照片存档，编制设备清册
		技术文件	重要	采购技术协议或技术规范书、出厂试验报告、交接试验报告、运输记录、安装时器身检查记录、安装质量检验及评定报告、设备监造报告、设备评价报告、竣工图纸、设备使用说明书，合格证书、安装使用说明书、出厂试验报告、运输记录等资料应齐全，扫描并存档

二、安装监督

直流阻波器安装过程中，监督人员要详细记录设备的铭牌参数、结构原理、操作维护方法及相关注意事项，并记录设备安装的具体内容、进度及存在的问题；并积极向现场安装人员和生产厂家技术人员咨询和交流，及时完成相关总结，积累运维经验。

序号	监督项目	监督内容	等级	监 督 要 求
1	耦合电容器	安装前检查	重要	检查瓷套表面清洁有无裂缝、伤痕；有无渗油；做好记录，发现问题应立即汇报，并监督后续处理情况
		耦合电容器安装	重要	掌握耦合电容器的安装方法及工艺要求，收集影像资料，记录存档
2	阻波器	阻波器安装	重要	掌握阻波器的安装方法及工艺要求，收集影像资料，记录存档

三、试验监督

试验监督过程阶段要求掌握试验方法和工艺要求、试验所需仪器仪表的使用方法、试验数据异常后的处理方法，使用照片和画图的方式记录试验过程，做好相应记录。

序号	监督项目	监督内容	等级	监 督 要 求
1	耦合电容器	耦合电容器试验	重要	1．依据 Q/GDW 275—2009《±800kV 直流系统电气设备交接验收试验》第 14.2 条，即： 1.1　对每一台耦合电容器的电容量和介质损耗因数（tanδ）进行测量，测量值与出厂试验值相比应无明显差别
2	阻波电抗器	电抗器试验	重要	1．依据 Q/GDW 275—2009《±800kV 直流系统电气设备交接验收试验》第 14.3 条，即： 1.1　对电抗器进行阻抗—频率特性测量，测量结果与出厂试验结果相比应无明显差别

续表

序号	监督项目	监督内容	等级	监 督 要 求
3	PLC滤波器	滤波器衰减特性试验	重要	1．依据Q/GDW 275—2009《±800kV直流系统电气设备交接验收试验》第14.4条，即： 1.1　对已组装的PLC滤波器进行衰减特性测量，测量结果应满足规范书的要求

第十一节　直流避雷器监督

一、到场监督

直流避雷器到场监督主要目的是检查设备在装卸和运输过程中，是否发生碰撞、冲击、振动、进水、腐蚀、泄漏等设备损坏现象，检查设备到场情况并做好相应记录。

序号	监督项目	监督内容	等级	监 督 要 求
1	本体监督	运输与存放	一般	避雷器在运输和存放时应立放，避免冲击与碰撞，不得任意拆开、破坏密封与损坏元件
		外观检查	一般	检查外观有无损伤、脱漆、锈蚀情况，做好记录和汇报，并监督后续处理情况
		技术要求	一般	1. 每一台避雷器应装有带泄漏电流测量仪表的放电计数器（在线监测仪），附微安表，这些装置应密封，以防止水分浸入； 2．避雷器的设计应保证计数器能正常接入
2	附件监督	铭牌	一般	抄录避雷器铭牌参数，并拍照片存档，编制设备清册
		技术资料	一般	合格证书、安装使用说明书、出厂试验报告等资料应齐全
		备品备件	重要	检查是否有相关备品备件，数量及型号是否相符，做好相应记录
		专用工器具	重要	1．记录随设备到场的专用工器具，列出专用工器具清单并妥善保管； 2．如施工单位需借用相关工器具，须履行借用手续

二、安装监督

直流避雷器安装过程中，监督人员要详细记录设备的铭牌参数、结构原理、操作维护方法及相关注意事项，并记录设备安装的具体内容、进度及存在的问题；并积极向现场安装人员和厂家技术人员咨询和交流，及时完成相关总结，积累运维经验。

续表

序号	监督项目	监督内容	等级	监 督 要 求
1	安装前检查	外观检查	一般	1．设备本体外表或包装箱是否良好、有无磕碰伤； 2．主体及支架是否有弯曲现象； 3．设备运输时如带冲撞仪应检查分析数值； 4. 设备应有明确标示辅助和控制回路中所采用的配套元件的型号和生产厂家； 5．瓷套应无裂纹、破损，瓷套与法兰间的浇装部位应牢固，法兰泄水孔应通畅
		其他	一般	1．避雷器元件应经试验合格，底座绝缘良好，运输时用以保护避雷器防爆膜的防护罩应已拆除，防爆膜应完整无损； 2．带自闭阀的避雷器压力值应符合产品技术文件要求； 3．微正压检测孔盖齐全； 4．依据《国家电网公司直流专业精益化管理评价规范》，即： 4.1　硅橡胶复合绝缘外套的伞裙不应有破损、变形； 4.2　密封结构金属件应良好，不应出现锈蚀和破裂； 4.3　避雷器的引线端子、接地端子上以及密封结构金属件上不应出现不正常变色和熔孔。 5．依据《国家电网公司十八项电网重大反事故措施》第7.2.6.1 条，即： 5.1　绝缘子表面涂覆防污闪涂料和加装防污闪辅助伞裙是防止变电设备污闪的重要措施，其中避雷器不宜单独加装辅助伞裙，宜将防污闪辅助伞裙与防污闪涂料结合使用
2	本体安装	本体的安装方法	一般	1．CBN1、CBH、CBL2、MH 和 ML 为阀厅内倒悬式，DB 为户外场支撑式或悬挂式，CBN2、E、EM 和 EL 为户外场支撑式； 2．对于 CBN2 和 EL 避雷器，都要接一个电流互感器再接地。对这两个避雷器的底座需要考虑专门的绝缘要求； 3．避雷器应严格按照出厂编号进行安装； 4．避雷器的吊装应符合产品技术文件要求，安装面应水平，并列安装的避雷器三相中心应在同一直线上，铭牌应位于易于观察的一侧； 5．避雷器应垂直安装，避雷器压力释放口安装方向不应面向巡视通道和设备； 6．所有安装部位螺栓的力矩值应符合产品技术要求； 7. 接地部位一处与接地网可靠接地，一处为辅助接地（集中接地装置）； 8. 避雷器的排气通道应通畅，压力释放导向装置有封板； 9．检查微正压检测孔盖齐全

续表

序号	监督项目	监督内容	等级	监 督 要 求
3	均压环安装	均压环安装方法及工艺要求	重要	1．检查均压环有无变形、毛刺；并做好记录，发现问题应立即汇报，并监督后续处理情况； 2．检查微正压检测孔盖齐全； 3．均压环应安装牢固、平整、检查均压环无划痕、碰撞产生毛刺； 4．均压环底部如无滴水孔，现场补钻
4	在线监测装置安装	在线监测装置安装方法及工艺要求	重要	1．检查在线监测装置无损伤；发现问题应立即汇报，并监督后续处理情况； 2．在线监测仪应具有防爆功能； 3．放电计数器和微安表的安装位置要便于运行人员巡视观察； 4．阀厅内高压避雷器应将计数器信号引入控制室； 5．监测仪器应密封良好、动作可靠，安装位置应一致，应便于观察且符合产品技术文件要求； 6．监测仪接地应可靠，计数器应调至同一值； 7．在线监测装置与避雷器连接导体超过1m应设置绝缘支柱支撑，过长的硬母线连接应采取预防热胀冷缩应力的措施，与主接地可靠连接； 8．泄露电流表（放电计数器）紧固件不应作为导流通道
5	引线安装	引线安装方法及工艺要求	重要	1．接线端子的接触面应平整、清洁无氧化膜及毛刺，并应涂以电力复合脂； 2．连接螺栓应齐全、紧固； 3．连接避雷器连线时，不应使设备端子超过允许的应力； 4．接头线夹不应采用铜铝对接过渡线夹； 5．安装过程是否符合工艺要求

三、试验监督

试验监督过程阶段要求掌握试验方法和工艺要求、试验所需仪器仪表的使用方法、试验数据异常后的处理方法，使用照片和画图的方式记录试验过程，做好相应记录。

序号	监督项目	监督内容	等级	监 督 要 求
1	直流避雷器	绝缘电阻测量	重要	1．依据DL/T 274—2012《±800kV高压直流设备交接试验》14.2，即： 1.1　绝缘电阻测量包括避雷器本体和绝缘底座绝缘电阻测量； 1.2　避雷器本体的绝缘电阻允许在单元件上进行，采用5000V绝缘电阻表进行测量，绝缘电阻应不小于2500MΩ； 1.3　避雷器底座绝缘电阻试验采用2500V绝缘电阻表进行测量，绝缘电阻应不小于5MΩ。若避雷器底座直接接地则无需做此项试验

续表

序号	监督项目	监督内容	等级	监 督 要 求
1	直流避雷器	工频参考电压测量	重要	1．依据DL/T 274—2012《±800kV高压直流设备交接试验》14.3，即： 1.1 流避雷器的工频参考电压应在制造厂选定的工频参考电流下测量； 1.2 允许在单元件上进行； 1.3 测量方法应符合GB/T 11032—2010《交流无间隙金属氧化物避雷器》的规定
		直流参考电压测量	重要	1．依据DL/T 274—2012《±800kV高压直流设备交接试验》14.4，即： 1.1 按生产厂家规定的直流参考电流值，对整只或单节避雷器进行测量，测量方法应符合GB/T 11032—2010的规定，其参考电压值不得低于合同规定值
		0.75倍直流参考电压下泄漏电流试验	重要	1．依据DL/T 274—2012《±800kV高压直流设备交接试验》14.5，即： 1.1 按照GB/T 11032—2010规定的测量方法进行测量。0.75倍直流参考电压下，对于单柱避雷器，其漏电流值应不超过50μA，对于多柱并联和额定电压216kV以上的避雷器，漏电流值应不大于生产厂家标准的规定值
		避雷器监测装置试验	重要	1．依据DL/T 274—2012《±800kV高压直流设备交接试验》14.6，即： 1.1 检查放电计数器的动作应可靠； 1.2 如有避雷器监视电流表，需检查其指示是否良好

第十二节 直流绝缘子监督

一、到场监督

直流绝缘子到场监督主要目的是检查设备在装卸和运输过程中，是否发生碰撞、冲击、振动、进水、腐蚀等设备损坏现象，检查设备到场情况并做好相应记录。

序号	监督项目	监督内容	等级	监 督 要 求
1	本体监督	外观检查	重要	1.外观检查以目力观察方法进行，必要时使用量具，如绝缘件表面有细小气泡或颜色不均而不能判断绝缘体是否良好时，应选出具有上述缺陷的代表性产品进行剖面检查或作孔隙性试验，如剖面检查发现瓷质不致密（有大量气孔）或有渗透现象时，则具有这种缺陷的产品为不符合标准； 2．绝缘子瓷件外露表面应均匀地上一层瓷釉。绝缘子玻璃件应由钢化玻璃制造。玻璃件不应有折痕、气孔等有损于良好运行性能的表面缺陷；玻璃件中的气泡直径应不大于5mm；

续表

序号	监督项目	监督内容	等级	监 督 要 求
1	本体监督	外观检查	重要	3．连接用锁紧销应采用铜质或不锈钢材料制造，并应与绝缘子成套供应； 4．绝缘子铁帽、绝缘件、钢脚三者应在同一轴线上，不应有明显的歪斜，并建立“标样”进行对照检查。对于优等品钢脚不应有明显的松动； 5．伞裙、防污涂料完好，伞群应无塌陷变形，表面无击穿，粘接界面牢固；PRTV涂层不应存在剥离、破损； 6. 金属法兰与瓷件胶装部位黏合应牢固，防水胶应完好； 7．支柱绝缘子法兰盘要求热镀锌
		防腐检查	重要	所有金属部件材料应进行防腐处理，以避免由于大气条件的影响而造成生锈、腐蚀和损伤
2	附件监督	铭牌抄录	一般	抄录铭牌参数，并拍照片存档，编制设备清册
		厂家标志	一般	瓷件上必须具有生产厂家的永久性标志

二、安装监督

直流绝缘子安装过程中，监督人员要详细记录设备的铭牌参数、结构原理、操作维护方法及相关注意事项，并记录设备安装的具体内容、进度及存在的问题；并积极向现场安装人员和厂家技术人员咨询和交流，及时完成相关总结，积累运维经验。

序号	监督项目	监督内容	等级	监 督 要 求
1	绝缘子	安装前检查	重要	绝缘子表面应清洁，无裂纹、破损、焊接残留斑点等缺陷，瓷铁黏合应牢固
		绝缘子安装要求	重要	1．母线侧隔离开关和硬母线支柱绝缘子，应选用高强度支柱绝缘子，以防运行或操作时断裂，造成母线接地或短路； 2．根据设备现场的污秽程序，采取有效的防污闪措施，预防套管、支持绝缘子和绝缘提升杆闪络、爆炸； 3. 45° 及以上转角塔的外角侧宜使用双串瓷或玻璃绝缘子，以避免风偏放电； 4．鸟害多发区线路应及时安装防鸟装置，如防鸟刺、防鸟挡板、悬垂串第一片绝缘子采用大盘径绝缘子、复合绝缘子横担侧采用防鸟型均压环等。对已安装的防鸟装置应加强检查和维护，及时更换失效防鸟装置； 5．支柱绝缘子应垂直于底座平面（V 型隔离开关除外），且连接牢固；同一绝缘子柱的各绝缘子中心线应在同一垂直线上；同相各绝缘子柱的中心线应在同一垂直平面内

续表

<table>
<tr><th>序号</th><th>监督项目</th><th>监督内容</th><th>等级</th><th>监 督 要 求</th></tr>
<tr><td>1</td><td>绝缘子</td><td>绝缘子的工艺要求</td><td>重要</td><td>1. 依据《国家电网公司直流专业精益化管理评价规范》第十三部分第 7 条，即：
1.1 设计污秽等级符合要求；
1.2 实际爬电比距与污区等级相匹配。
2. 依据《国家电网公司十八项电网重大反事故措施》第 7.2.6.1 条，即：
2.1 绝缘子表面涂覆防污闪涂料和加装防污闪辅助伞裙是防止变电设备污闪的重要措施，其中避雷器不宜单独加装辅助伞裙，宜将防污闪辅助伞裙与防污闪涂料结合使用。
3. 依据《国家电网公司十八项电网重大反事故措施》第 7.2.6.2 条，即：
3.1 宜优先选用加强 RTV-Ⅱ型防污闪涂料，防污闪辅助伞裙的材料性能与复合绝缘子的高温硫化硅橡胶一致。
4. 依据《国家电网公司十八项电网重大反事故措施》第 7.2.7 条，即：
4.1 户内非密封设备外绝缘与户外设备外绝缘的防污闪配置级差不宜大于一级</td></tr>
</table>

三、试验监督

试验监督过程阶段要求掌握试验方法和工艺要求、试验所需仪器仪表的使用方法、试验数据异常后的处理方法，使用照片和画图的方式记录试验过程，做好相应记录。

<table>
<tr><th>序号</th><th>监督项目</th><th>监督内容</th><th>等级</th><th>监 督 要 求</th></tr>
<tr><td rowspan="2">1</td><td rowspan="2">一般试验</td><td>外观逐个检查</td><td>重要</td><td>1. 依据 DL/T 274—2012《±800kV 高压直流设备交接试验》16.2，即：
安装前逐只进行外观检查，不允许存在下列缺陷：
1.1 面积大于 25mm^2（总缺陷面积不超过绝缘子总面积的 0.2%）或者是深度或高度大于 1mm 的表面缺陷；
1.2 伞裙、金属附件与伞根附近有裂纹或缺陷；
1.3 凸出外套表面超过 1mm 的模压飞边；
1.4 护套与端部密封是否完好；
1.5 护套与芯棒体之间粘结应密实，不应有较大突起、鼓包或空洞感；
1.6 均压环表面应光滑，不得有凸凹等缺陷</td></tr>
<tr><td>憎水性抽样试验</td><td>重要</td><td>1. 依据 DL/T 274—2012《±800kV 高压直流设备交接试验》16.3，即：
1.1 憎水性试验的方法应按 DL/T 810—2002 和 DL/T 864—2004 执行，抽样量为 2 柱</td></tr>
</table>

续表

序号	监督项目	监督内容	等级	监督要求
1	一般试验	绝缘电阻测量	重要	1．依据 DL/T 274—2012《±800kV 高压直流设备交接试验》16.4，即： 1.1 采用 2500V 及以上绝缘电阻表测量，绝缘电阻应不低于 10 GΩ
		直流耐受抽样试验	重要	1．依据 DL/T 274—2012《±800kV 高压直流设备交接试验》16.5，即： 1.1 可在绝缘子组装完毕和母线安装一部分后进行，试验时间 5min，试验电压为 80%出厂试验电压

第十三节 交流滤波器监督

一、到场监督

交流滤波器到场监督主要目的是检查设备在装卸和运输过程中，是否发生碰撞、冲击、震动、进水、腐蚀、泄漏等设备损坏现象，检查设备到场情况并做好相应记录。

序号	监督项目	监督内容	等级	监督要求
1	本体监督	外观检查	重要	1．设备到场后，负责项目管理的运检部门应组织制造厂、运输部门、施工单位、运维检修人员共同进行到货验收； 2．检查外观有无损伤、脱漆、锈蚀情况，做好记录和汇报，并监督后续处理情况
		开箱检查	重要	1．开箱检查时必须有本单位设备监督负责人全程在场监督； 2．检查设备本体外表和包装箱是否完好、有无磕碰伤； 3．检查交流滤波器实物、各部分组件及资料是否与装箱单相符，产品与技术规范书中厂家、型号、规格一致，且无破损、异物； 4．设备运输时如带冲撞仪，应检查分析数值； 5．根据运输单详细清点设备数量，做好记录和汇报
2	附件监督	铭牌检查	重要	核对铭牌与技术协议要求是否一致，抄录本体及附件铭牌参数并拍照片存档，编制设备清册
		技术文件	重要	采购技术协议或技术规范书、出厂试验报告、交接试验报告、运输记录、安装时器身检查记录、安装质量检验及评定报告、设备监造报告、设备评价报告、竣工图纸、设备使用说明书，合格证书、安装使用说明书、出厂试验报告、运输记录等资料应齐全，扫描并存档

续表

序号	监督项目	监督内容	等级	监督要求
2	附件监督	备品备件	重要	检查是否有相关备品备件，数量是否相符，做好相应记录
		专用工器具	重要	1. 记录随设备到场的专用工器具，列出专用工器具清单并妥善保管； 2. 如施工单位需借用相关工器具，须履行借用手续

二、安装监督

交流滤波器安装过程中，监督人员要详细记录设备的铭牌参数、结构原理、操作维护方法及相关注意事项，并记录设备安装的具体内容、进度及存在的问题；并积极向现场安装人员和厂家技术人员咨询和交流，及时完成相关总结，积累运维经验。

序号	监督项目	监督内容	等级	监督要求
1	电容器	电容本体器安装	重要	1. 掌握电容器的安装方法及工艺要求，收集影像资料； 2. 掌握电容器调平衡的方法； 3. 掌握电容器接线方式； 4. 采取图文并貌的形式详细说明单只电容器安装方法
		安装技术要点	重要	1. 电容器的连接应使用多股软连接线，不要使用硬铜棒连接，防止导线硬度太大造成接触不良，铜棒发热膨胀使瓷瓶受力损伤； 2. 从管母引至高压塔电容器的连接线应有足够安全距离，连接线应有足够的硬度（铜棒或者铜排），防止连接线因变形、下垂导致和电容器的绝缘距离发生变化，导致连接线与电容器外壳放电； 3. 连接电容器的多股软连接线、接头应有防鸟害的措施
2	电阻器	电阻器安装	重要	掌握电阻器的安装方法及工艺要求，收集影像资料
3	避雷器	避雷器本体安装	重要	1. 检查瓷套表面清洁、有无裂缝、伤痕情况；并做好记录，发现问题应立即汇报，并监督后续处理情况； 2. 检查微正压，检测孔盖齐全； 3. 掌握避雷器本体安装方法、工艺要求及工作原理，收集影像资料
		避雷器均压环安装	重要	1. 检查均压环有无变形、毛刺；做好记录，发现问题应立即汇报，并监督后续处理情况； 2. 检查微正压，检测孔盖齐全； 3. 掌握避雷器均压环安装方法、工艺要求及工作原理，收集影像资料
		避雷器计数器安装	重要	1. 检查计数器无损伤；发现问题应立即汇报，并监督后续处理情况； 2. 掌握避雷器计数器安装方法、工艺要求及工作原理

续表

序号	监督项目	监督内容	等级	监 督 要 求
3	避雷器	避雷器引线安装	重要	掌握避雷器引线的安装方法及工艺要求
4	电抗器	电抗器本体安装	重要	掌握干式电抗器的安装方法、电感值的调整方法、工艺要求及工作原理，收集影像资料
		其他	重要	电抗器支持管内接地线连接良好，可靠检查电抗器基础是否平整、坚实、可靠
5	电流互感器	电流互感器安装前检查	重要	1．参数检查，电流互感器的变比和极性应符合技术规范的规定； 2．二次接线板检查，二次接线板应完整，接线端子应连接牢固，绝缘良好，标志清晰
		电流互感器本体安装	重要	1．掌握电流互感器的安装方法及工艺要求，收集影像资料； 2．电流互感器的呼吸孔的塞子带有垫片时应将垫片取下； 3．各组件连接处的接触面应除去氧化层，并涂以电力复合脂；装在室外的端子盒应有防雨、防潮措施
		接地装置安装	重要	1．电容型绝缘的电流互感器，其一次绕组末屏的引出端子、铁心引出接地端子应良好接地； 2．电流互感器的外壳应良好接地

三、试验监督

试验监督过程阶段要求掌握试验方法和工艺要求、试验所需仪器仪表的使用方法、试验数据异常后的处理方法，使用照片和画图的方式记录试验过程，做好相应记录。

序号	监督项目	监督内容	等级	监 督 要 求
1	电容器	测量绝缘电阻	重要	1．依据GB 50150—2006《电气装置安装工程　电气设备交接试验标准》第19.0.2条，即： 1.1　测量耦合电容器、断路器电容器的绝缘电阻应在二极间进行，并联电容器应在电极对外壳之间进行，并采用1000V绝缘电表测量小套管对地绝缘电阻
		并联电容器交流耐压试验	重要	1．依据GB 50150—2006《电气装置安装工程电气设备交接试验标准》第19.0.5条，即： 电压等级35kV及以上互感器的介质损耗角正切值 $\tan\delta$ 测量应符合如下规定： 1.1　并联电容器电极对外壳交流耐压试验电压值应符合表19.0.5的规定；

续表

<table>
<tr><th>序号</th><th>监督项目</th><th>监督内容</th><th>等级</th><th>监 督 要 求</th></tr>
<tr><td rowspan="2">1</td><td rowspan="2">电容器</td><td>并联电容器交流耐压试验</td><td>重要</td><td>1.2　当产品出厂试验电压值不符合表 19.0.5 的规定时，交接试验电压应按产品出厂试验电压值的 75%进行。
<table>
<tr><td>额定电压（kV）</td><td>＜1</td><td>1</td><td>3</td><td>6</td><td>10</td><td>15</td><td>20</td><td>35</td></tr>
<tr><td>出厂试验电压（kV）</td><td>3</td><td>6</td><td>8/25</td><td>23/30</td><td>30/42</td><td>40/55</td><td>50/65</td><td>80/95</td></tr>
<tr><td>交接试验电压（kV）</td><td>2.25</td><td>4.5</td><td>18.76</td><td>22.5</td><td>31.5</td><td>41.25</td><td>48.75</td><td>71.25</td></tr>
</table></td></tr>
<tr><td>冲击合闸试验</td><td>重要</td><td>1．依据 GB 50150—2006《电气装置安装工程　电气设备交接试验标准》第 19.0.6 条，即：
1.1　在电网额定电压下，对电力电容器组的冲击合闸试验，应进行 3 次，熔断器不应熔断；电容器组中各相电容的最大值和最小值之比，不应超过 1.08</td></tr>
<tr><td rowspan="2">2</td><td rowspan="2">避雷器</td><td>测量金属氧化物避雷器及基座绝缘电阻</td><td>重要</td><td>1．依据《电气装置安装工程　电气设备交接试验标准（GB 50150—2006）》第 21.0.2 条，即：
1.1　35kV 以上电压：用 5000V 绝缘电阻表，绝缘电阻不小于 2500MΩ；
1.2　35kV 及以下电压：用 2500V 绝缘电阻表，绝缘电阻不小于 1000MΩ；
1.3　低压（1kV 以下）：用 500V 绝缘电阻表，绝缘电阻不小于 2MΩ；
1.4　基座绝缘电阻不低于 5MΩ</td></tr>
<tr><td>测量金属氧化物避雷器的工频参考电压和持续电流</td><td>重要</td><td>1．依据 GB 50150—2006《电气装置安装工程　电气设备交接试验标准》第 21.0.3 条，即：
1.1　金属氧化物避雷器对应于工频参考电流下的工频参考电压，整支或分节进行的测试值，应符合 GB 11032《交流无间隙金属氧化物避雷器》或产品技术条件的规定；
1.2　测量金属氧化物避雷器在避雷器持续运行电压下的持续电流，其阻性电流或总电流值应符合产品技术条件的规定。
注：金属氧化物避雷器持续运行电压值参见现行国家标准 GB 11032《交流无间隙金属氧化物避雷器》。</td></tr>
</table>

续表

序号	监督项目	监督内容	等级	监督要求
2	避雷器	测量金属氧化物避雷器直流参考电压和0.75倍直流参考电压下的泄漏电流	重要	1. 依据GB 50150—2006《电气装置安装工程 电气设备交接试验标准》第21.0.4条，即： 1.1 金属氧化物避雷器对应于直流参考电流下的直流参考电压，整支或分节进行的测试值，不应低于现行国家标准《交流无间隙金属氧化物避雷器》GB 11032规定值，并符合产品技术条件的规定。实测值与制造厂规定值比较，变化不应大于±5%； 1.2 0.75倍直流参考电压下的泄漏电流值不应大于50μA，或符合产品技术条件的规定； 1.3 试验时若整流回路中的波纹系数大于1.5%时，应加装滤波电容器，可为0.01～0.1μF，试验电压应在高压侧测量
		检查放电计数器动作情况及监视电流表指示	重要	1. 依据GB 50150—2006《电气装置安装工程 电气设备交接试验标准》第21.0.5条，即： 1.1 检查放电计数器的动作应可靠，避雷器监视电流表指示应良好
3	电抗器	测量绕组直流电阻	重要	1. 依据Q GDW 275—2009《±800kV直流系统电气电气设备交接验收试验标准》第8.3.1条，即： 1.1 实测直流电阻值与同温下出厂实验值相比，应无明显差别
		电感测量	重要	1. 依据Q GDW 275—2009《±800kV直流系统电气电气设备交接验收试验标准》第8.3.2条，即： 1.1 实测电感值与出厂实验值相比，应无明显差别
		支柱绝缘子绝缘电阻测量	重要	1. 依据Q GDW 275—2009《±800kV直流系统电气电气设备交接验收试验标准》第8.3.3条，即： 1.1 应用2500V绝缘电阻表测量支柱绝缘子的绝缘电阻； 1.2 绝缘电阻值不应低于5000MΩ
4	电流互感器	电流互感器试验	重要	1. 依据Q GDW 275—2009《±800kV直流系统电气电气设备交接验收试验标准》第8.6条，即： 1.1 测量一次绕组对二次绕组及外壳、各二次绕组间及其对外壳的绝缘电阻，实测绝缘电阻与出厂实验值相比，应无明显差别； 1.2 一次绕组工频耐压试验，试验电压为出厂试验电压的80%，持续时间1min； 1.3 二次绕组之间及其对外壳的工频耐压试验，试验电压2kV，持续时间1min； 1.4 测量一次绕组的介质损耗因数（tanδ），实测值与出厂实验值相比，应无明显差别； 1.5 变比测量，实测值与铭牌值相符； 1.6 极性检查，应与标志相符

第十四节　接地极设备监督

一、到场监督

接地极到场监督主要目的是检查设备在装卸和运输过程中，是否发生碰撞、冲击、震动、进水、腐蚀、泄漏等设备损坏现象，检查设备到场情况并做好相应记录。

序号	监督项目	监督内容	等级	监　督　要　求
1	本体监督	外观检查	一般	1．检查外观有无损伤、脱漆、锈蚀情况，做好记录和汇报，并监督后续处理情况； 2．电流互感器外观应完整，附件应齐全，无锈蚀或机械损伤
		石墨、电缆等附件	一般	查看石墨有无杂质，电缆是否完好无损坏
		在线监测相关设备	一般	检查霍尔传感器测量装置、红外摄像装置、电子围栏外观无损伤
		电容器、电抗器、避雷器	一般	1．电容器的连接应使用多股软连接线，不要使用硬铜棒连接，防止铜棒发热膨胀使瓷瓶受力损伤； 2．电抗器采用干式的空芯设计，导线应为连续绕制，无换位、无接头，电抗器本体涂漆，支架要防锈； 3．避雷器应装有带泄漏电流测量仪表的放电计数器（在线监测仪），附微安表，这些装置应密封，以防止水份浸入；应配备有压力释放装置
2	附件监督	铭牌参数	一般	抄录铭牌参数，并拍照片存档，编制设备清册

二、安装监督

设备安装过程中，监督人员要详细记录设备的铭牌参数、结构原理、操作维护方法及相关注意事项，并记录设备安装的具体内容、进度及存在的问题；并积极向现场安装人员和厂家技术人员咨询和交流，及时完成相关总结，积累运维经验。

序号	监督项目	监督内容	等级	监　督　要　求
1	电容器	外观检查	一般	1．掌握电容器的安装方法及工艺要求，收集影像资料； 2．掌握电容器调平衡的方法； 3．掌握电容器接线方式
		安装监督	重要	掌握电容器的安装方法及工艺要求，收集影像资料

续表

序号	监督项目	监督内容	等级	监 督 要 求
2	避雷器	避雷器本体	重要	1．检查瓷套表面清洁、有无裂缝、伤痕情况；做好记录，发现问题应立即汇报，并监督后续处理情况； 2．检查微正压，检测孔盖齐全； 3．掌握本体安装方法，工艺要求及工作原理，收集影像资料
		避雷器均压环安装	重要	1．检查均压环有无变形、毛刺；做好记录，发现问题应立即汇报，并监督后续处理情况； 2．检查微正压，检测孔盖齐全
		避雷器计数器安装	重要	1．检查计数器无损伤；发现问题应立即汇报，并监督后续处理情况； 2．掌握计数器安装方法、工艺要求及工作原理
3	电抗器	电抗器本体	重要	1．掌握干式电抗器的安装方法、电感值的调整方法、工艺要求及工作原理，收集影像资料； 2．电抗器支持管内接地线连接良好，可靠；检查电抗器基础是否平整、坚实、可靠
4	电流互感器	直流电流互感器本体	重要	掌握直流电流互感器的安装方法、工艺要求及工作原理，收集影像资料
5	导流电缆	导流电缆铺设	重要	检查导流电缆埋设深度、焊接质量及防护措施
6	在线监测	霍尔传感器测量装置	重要	检查霍尔传感器测量装置无损伤，测量精度符合要求；发现问题应立即汇报，并监督后续处理情况
		红外摄像装置	重要	检查红外摄像装置无损伤，图像清晰，测温正确；发现问题应立即汇报，并监督后续处理情况
		电子围栏	重要	检查电子围栏无损伤；发现问题应立即汇报，并监督后续处理情况
7	配电装置	变压器	重要	现场施工符合规范，监督拍照
		开关柜	重要	现场施工符合规范，监督拍照
		蓄电池	重要	现场施工符合规范，监督拍照
8	监测井	检测装置和渗水孔	重要	1．检查检测装置和渗水孔，防止堵塞； 2．检查渗水井填埋卵石和细沙，无杂物
9	接地极石墨	石墨	重要	现场施工符合规范，监督拍照
10	警示标示	防开挖警示标示	重要	检查石油焦炭环极、导流电缆走向防开挖警示标示完好

三、试验监督

试验监督过程阶段要求掌握试验方法和工艺要求、试验所需仪器仪表的使用方法、试验数据异常后的处理方法，使用照片和画图的方式记录试验过程，做好相应记录。

序号	监督项目	监督内容	等级	监 督 要 求
1	电容器	测量绝缘电阻	重要	1．依据 GB 50150—2006《电气装置安装工程 电气设备交接试验标准》第 19.0.2 条，即： 1.1 测量耦合电容器、断路器电容器的绝缘电阻应在二极间进行，并联电容器应在电极对外壳之间进行，并采用 1000V 绝缘电阻表测量小套管对地绝缘电阻
2	避雷器	测量金属氧化物避雷器及基座绝缘电阻	重要	1．依据 GB 50150—2006《电气装置安装工程 电气设备交接试验标准》第 21.0.2 条，即： 1.1 35kV 以上电压：用 5000V 绝缘电阻表，绝缘电阻不小于 2500MΩ； 1.2 35kV 及以下电压：用 2500V 绝缘电阻表，绝缘电阻不小于 1000MΩ； 1.3 低压（1kV 以下）：用 500V 绝缘电阻表，绝缘电阻不小于 2MΩ； 1.4 基座绝缘电阻不低于 5MΩ
		测量金属氧化物避雷器的工频参考电压和持续电流	重要	1．依据 GB 50150—2006《电气装置安装工程 电气设备交接试验标准》第 21.0.3 条，即： 1.1 金属氧化物避雷器对应于工频参考电流下的工频参考电压，整支或分节进行的测试值，应符合 GB 11032《交流无间隙金属氧化物避雷器》或产品技术条件的规定； 1.2 测量金属氧化物避雷器在避雷器持续运行电压下的持续电流，其阻性电流或总电流值应符合产品技术条件的规定； 注：金属氧化物避雷器持续运行电压值参照现行国家标准 GB 11032《交流无间隙金属氧化物避雷器》
		测量金属氧化物避雷器直流参考电压和 0.75 倍直流参考电压下的泄漏电流	重要	1．依据 GB 50150—2006《电气装置安装工程 电气设备交接试验标准》第 21.0.4 条，即： 1.1 金属氧化物避雷器对应于直流参考电流下的直流参考电压，整支或分节进行的测试值，不应低于现行国家标准 GB 11032《交流无间隙金属氧化物避雷器》规定值，并符合产品技术条件的规定。实测值与制造厂规定值比较，变化不应大于±5%； 1.2 0.75 倍直流参考电压下的泄漏电流值不应大于 50μA，或符合产品技术条件的规定； 1.3 试验时若整流回路中的波纹系数大于 1.5%时，应加装滤波电容器，可为 0.01～0.1μF，试验电压应在高压侧测量

续表

序号	监督项目	监督内容	等级	监 督 要 求
2	避雷器	检查放电计数器动作情况及监视电流表指示	重要	1．依据 GB 50150—2006《电气装置安装工程　电气设备交接试验标准》第 21.0.5 条，即： 1.1　检查放电计数器的动作应可靠，避雷器监视电流表指示应良好
3	电抗器	测量绕组连同套管的直流电阻	重要	1．依据 GB 50150—2006《电气装置安装工程　电气设备交接试验标准》第 8.0.2 条，即： 1.1　测量应在各分接头的所有位置上进行； 1.2　实测值与出厂值的变化规律应一致； 1.3　三相电抗器绕组直流电阻值相互间差值不应大于三相平均值的 1.4 倍，电抗器和消弧线圈的直流电阻，与同温下产品出厂值比较相应变化不应大于 2%
4	电流互感器	直流电流互感器试验	重要	试验结果合格
5	在线监测测试	后台监视	重要	换流站内接地极监测后台显示数据与现场一致，显示图像清晰正确，摄像装置云台操作正常
6	接地极试验	试验总则	重要	1．依据 DL/T 437—2012《高压直流接地极技术导则》第 5.1 条，即： 1.1　为了测试人员、仪器和设备的安全，试验中入地电流宜从小到大，分若干档次进行； 1.2　在不同入地电流下，重复进行同一试验项目时，应使用同一仪表在相同的位置和方向进行； 1.3　全部测试项目宜在 70%～80%额定电流和 100%额定电流下各进行 1 次
		跨步电压试验	重要	1．依据 DL/T 437—2012《高压直流接地极技术导则》第 4.4.8 条，即： 1.1　陆地接地极在最大暂态电流下，地面最大允许跨步电压应满足下式的要求：$E=7.42+0.0318P$。式中，E 为地面最大允许跨步电压，V/m；P 为表层土壤电阻率，Ω·m。一般来讲，按式中确定的直流接地极地面最大允许跨步电压是安全的，无需设置接地极围墙
		监测井水位水温测量	重要	1．依据 DL/T 437—2012《高压直流接地极技术导则》第 5.2 条，即： 1.1　接地极温度的测试点宜选择在接地极表面或回填焦炭与土壤交界面处，且不应少于 5 个测试点，测试点应尽可能包括接地极各馈流元件和接地极址各土壤突变点
		馈电元件试验	重要	1．依据 DL/T 437—2012《高压直流接地极技术导则》第 5.3 条，即： 1.1　为确定接地极各段元件的电流分布是否均衡，应进

续表

序号	监督项目	监督内容	等级	监 督 要 求
6	接地极试验	馈电元件试验	重要	行各段馈电元件的电流分布测量工作。测量宜在试验开始时进行。接地极元件应电流分布的均衡度应满足设计要求; 1.2 使用各种直流电流测量仪器和仪表，例如直流互感器、直流钳形电流表和直流分流器等测量入地电流。直流电流测量仪表的准确度要求为0.5～1级
7	其余试验	接地电阻电位分布和电位梯度	重要	依据DL/T 437—2012《高压直流接地极技术导则》第5条，即: 参照接地极技术导则，监督试验审核试验报告

第二章

二次设备监督

第一节 直流控制系统监督

一、到场监督

重点监督检查屏柜、技术资料及其工器具等附件的完整性；掌握开箱检查内容，做好开箱记录。

序号	监督项目	监督内容	等级	监督要求
1	屏柜拆箱	屏柜外观检查	一般	屏柜外观应完整，颜色与订货相符，无外力损伤及变形痕迹，屏柜内无淋雨、受潮或凝水情况
		元器件完整性检查	重要	1. 屏内装置、打印机、转换开关、按钮、标签框、小母线、空气开关、端子排、端子盒、光纤接线盒、独立继电器、接地铜牌、门接地线等元器件应完整良好，且与装箱清单以及设计图纸数目、型号相符； 2. 设备应有铭牌或相当于铭牌的标志，内容包括：①制造厂名称和商标；②设备型号和名称
		技术资料检查	一般	随屏图纸、说明书、合格证等相关资料齐全；并扫描存档
2	附件及专用工器具	备品备件	重要	检查是否有相关备品备件，数量及型号是否相符，做好相应记录
		专用工器具	重要	1. 记录随设备到场的专用工器具，列出专用工器具清单，并妥善保管； 2. 如施工单位需借用相关工器具，须履行借用手续

二、安装监督

设备安装过程中，要详细记录设备安装的具体内容、进度及存在的问题。掌握屏柜吊装方法和安全注意事项，明确拆卸步骤。掌握柜内端子排布置，明确电缆走向。换流站控制保护系统的安装、调试应在控制室、继电器小室土建工作完成、环境条件满足要求后方可进行，严禁边土建边安装。

序号	监督项目	监督内容	等级	监督要求
1	屏柜安装就位	屏柜就位找正	重要	1. 屏柜应按照图纸设计的位置就位，就位后严格找平，与相邻屏位间距适当，保持平齐；

续表

<table>
<tr><th>序号</th><th>监督项目</th><th>监督内容</th><th>等级</th><th>监 督 要 求</th></tr>
<tr><td rowspan="4">1</td><td rowspan="4">屏柜安装就位</td><td>屏柜就位找正</td><td>重要</td><td>2．依据 Q/GDW 1224—2014《±800kV 换流站屏、柜及二次回路接线施工及验收规范》第 4.4 条，即：
2.1 屏、柜单独或成列安装时，其垂直、水平偏差及屏、柜面偏差和屏、柜间接缝等的允许偏差应符合下表的规定。模拟母线应对齐、完整，安装牢固，标识颜色应符合 GB 50171 的有关规定
<table>
<tr><th colspan="2">项 目</th><th>允许偏差（mm）</th></tr>
<tr><td colspan="2">垂直度（每米）</td><td>＜1.5</td></tr>
<tr><td rowspan="2">水平偏差</td><td>相邻两屏顶部</td><td>＜2</td></tr>
<tr><td>成列屏顶部</td><td>＜5</td></tr>
<tr><td rowspan="2">屏间偏差</td><td>相邻两屏边</td><td>＜1</td></tr>
<tr><td>成列屏面</td><td>＜5</td></tr>
<tr><td colspan="2">屏间接缝</td><td>＜2</td></tr>
</table></td></tr>
<tr><td>屏柜固定</td><td>一般</td><td>1．依据《国家电网公司直流专业精益化管理评价规范》第十七部分第 6 条，即：
1.1 屏柜固定良好，紧固件齐全完好。
2．依据 Q/GDW 1224—2014《±800kV 换流站屏、柜及二次回路接线施工及验收规范》第 4.3 条，即：
2.1 屏、柜间及屏、柜上的设备与各构件间连接应牢固。屏、柜与基础型钢应采用螺栓连接</td></tr>
<tr><td>屏柜接地</td><td>重要</td><td>1．依据 Q/GDW 1224—2014《±800kV 换流站屏、柜及二次回路接线施工及验收规范》第 4.6 条，即：
1.1 屏、柜、箱等的金属框架和底座均应可靠接地，装有电器的可开启的门，应以多股软铜线与接地的金属构架可靠地连接，成套柜应装有供检修用的接地装置</td></tr>
<tr><td>屏柜设备检查</td><td>一般</td><td>1．依据《国家电网公司直流专业精益化管理评价规范》第十七部分第 6 条，即：
1.1 设备外观完好无损伤；
1.2 压板、转换开关、按钮完好，位置正确；
1.3 屏上标志正确、齐全、清晰；
1.4 屏柜内照明正常，打印机工作正常（如有）；
1.5 屏柜顶部应无通风管道，对于屏柜顶部有通风管道的，屏柜顶部应装有防冷凝水的挡水隔板。
2．依据 Q/GDW 1224—2014《±800kV 换流站屏、柜及二次回路接线施工及验收规范》第 9.1 条，即：
2.1 屏、柜内所装电器元件应齐全完好、标识规范，安装位置应正确，固定应牢固。
3．依据 Q/GDW 1224—2014《±800kV 换流站屏、柜及二次回路接线施工及验收规范》第 5.5 条，即：</td></tr>
</table>

续表

序号	监督项目	监督内容	等级	监 督 要 求
1	屏柜安装就位	屏柜设备检查	一般	3.1 屏、柜的正面及背面各电器、端子排等应标明编号、名称、用途及操作位置，且字迹应清晰、工整，不易脱色
2	端子排	端子排外观检查	一般	1．依据 Q/GDW 1224—2014《±800kV 换流站屏、柜及二次回路接线施工及验收规范》第 5.2 条，即： 1.1 端子排应无损坏，固定牢固，绝缘良好； 1.2 端子应有序号，应便于更换且接线方便
		强、弱电和正、负电源端子排的布置	重要	1．依据 Q/GDW 1224—2014《±800kV 换流站屏、柜及二次回路接线施工及验收规范》第 5.2 条，即： 1.1 强、弱电端子宜分开布置；由于设计困难无法分开布置的，应有明显标志并设空端子隔开或设加强绝缘的隔板； 1.2 正、负电源之间以及经常带电的正电源与合闸或跳闸回路之间，宜以一个空端子隔开
		电流、电压回路等特殊回路端子检查	重要	1．依据 Q/GDW 1224—2014《±800kV 换流站屏、柜及二次回路接线施工及验收规范》第 5.2 条，即： 1.1 电流回路应经过试验端子，其他需断开的回路宜经特殊端子或试验端子； 1.2 试验端子应接触良好
		端子与导线截面匹配	重要	1．依据 Q/GDW 1224—2014《±800kV 换流站屏、柜及二次回路接线施工及验收规范》第 5.2 条，即： 1.1 接线端子应与导线截面匹配，不应使用小端子配大截面导线。 2．依据《国家电网公司直流专业精益化管理评价规范》第十七部分第 7 条，即： 2.1 每个接线端子的每侧接线宜为 1 根，不得超过 2 根； 2.2 不同截面的两根导线不能接在同一端子上
		端子排接线检查	一般	1．依据《国家电网公司直流专业精益化管理评价规范》第十七部分第 7 条，即： 1.1 接线应采用铜质或有电镀金属防锈层的螺栓紧固，且应有防松装置，引线裸露部分不大于 5mm； 1.2 接线应排列整齐、清晰、美观，绝缘良好无损伤
3	二次电缆敷设	电缆截面应合理	重要	1．依据《国家电网公司直流专业精益化管理评价规范》第十七部分第 8 条，即： 1.1 主机（装置）的直流电源、交流电流、电压及信号引入回路应采用屏蔽阻燃铠装电缆。 2．依据 Q/GDW 1224—2014《±800kV 换流站屏、柜及二次回路接线施工及验收规范》第 6.2 条，即： 2.1 屏、柜内的配线应采用标称电压不低于 450V/750V 的铜芯绝缘导线，二次电流回路导线截面不应小于 $2.5mm^2$，其他回路截面不应小于 $1.5mm^2$；

续表

序号	监督项目	监督内容	等级	监 督 要 求
3	二次电缆敷设	电缆截面应合理	重要	2.2　用于计量的二次电流回路，其导线截面积不应小于4mm^2； 2.3　用于计量的二次电压回路，其导线截面积不应小于2.5mm^2； 2.4　电子元件回路、弱电回路采用锡焊连接时，在满足载流量和电压降及有足够机械强度的情况下，可采用不小于0.5mm^2截面的绝缘导线
		电缆敷设满足相关要求	重要	1．依据Q/GDW 1224—2014《±800kV换流站屏、柜及二次回路接线施工及验收规范》第6.4条，即： 1.1　强、弱电，交、直流回路不应使用同一根电缆，线芯应分别成束排列。 2．依据《国家电网公司直流专业精益化管理评价规范》第十七部分第8条，即： 2.1　冗余系统的电流回路、电压回路、直流电源回路、双跳闸绕组的控制回路等，不应合用一根多芯电缆。 3．依据Q/GDW 1224—2014《±800kV换流站屏、柜及二次回路接线施工及验收规范》第7.2条，即： 3.1　保护、控制用电缆与电力电缆不应同层敷设，且间距应符合设计要求
		电缆排列	一般	1．依据Q/GDW 1224—2014《±800kV换流站屏、柜及二次回路接线施工及验收规范》第6.4条，即： 1.1　电缆应排列整齐、编号清晰、避免交叉、固定牢固，不得使所接的端子承受机械应力
		电缆屏蔽与接地	重要	1．依据Q/GDW 1224—2014《±800kV换流站屏、柜及二次回路接线施工及验收规范》第6.4条，即： 1.1　铠装电缆进入屏、柜后，应将钢带切断，切断处的端部应扎紧；铠层应一点接地，接地点可选在端子箱或汇控柜接地铜排上
		电缆芯线布置	一般	1．橡胶绝缘的芯线应用外套绝缘管； 2．依据《国家电网公司直流专业精益化管理评价规范》第十七部分第8条，即： 2.1　电缆芯线和所配导线的端部均应标明其回路编号，编号应正确，字迹清晰且不易脱色； 2.2　屏内二次接线紧固、无松动，与出厂图纸相符。 3．依据Q/GDW 1224—2014《±800kV换流站屏、柜及二次回路接线施工及验收规范》第6.4.4条，即： 3.1　屏柜内的电缆芯线，应按垂直或水平有规律地配置，不得任意歪斜交叉连接
4	二次电缆接线	接线核对及紧固情况	重要	1．依据Q/GDW 1224—2014《±800kV换流站屏、柜及二次回路接线施工及验收规范》第6.1条，即： 1.1　按图施工，接线正确；

续表

序号	监督项目	监督内容	等级	监督要求
4	二次电缆接线	接线核对及紧固情况	重要	1.2 导线与电气元件间采用螺栓连接、插接、焊接或压接等，均应牢固可靠。 2. 各短接片要压接良好，使用合理，工艺美观，无毛刺；特别是 TA、TV 二次回路的短接片使用，要能方便以后年度检修时做安全措施，在安全措施时需加装短接片的端子上宜保留固定螺栓
		电缆绝缘与芯线外观检查	重要	1. 屏柜内的导线不应有接头，导线芯线应无损伤； 2. 多股铜芯线每股铜芯都应接入端子，避免裸露在外； 3. 导线接引处预留长度适当，且各线余量一致； 4. 用 1000V 绝缘电阻表测量电缆各芯线之间和各芯线对地的绝缘情况，阻值均应大于 10MΩ
		电缆芯线编号检查	一般	1. 依据 Q/GDW 1224—2014《±800kV 换流站屏、柜及二次回路接线施工及验收规范》第 6.1.4 条，即： 1.1 电缆芯线和所配导线的端部均应标明其回路编号，编号应正确，字迹清晰且不易脱色
		配线检查	一般	1. 依据 Q/GDW 1224—2014《±800kV 换流站屏、柜及二次回路接线施工及验收规范》第 6.1 条，即： 1.1 配线应整齐、清晰、美观，导线绝缘应良好，无损伤
		线束绑扎松紧和形式	一般	线束绑扎松紧适当、匀称、形式一致，固定牢固
		备用芯的处理	重要	备用芯预留长度至屏内最远端子处；芯线与屏柜外壳绝缘可靠，标识齐全
5	光缆敷设	光缆布局	一般	1. 依据《国家电网公司直流专业精益化管理评价规范》第十七部分第 9 条，即： 1.1 光纤外护层完好，无破损； 1.2 光缆走向与敷设方式应符合施工图纸要求。 2. 光缆布局合理，固定良好
		光缆弯曲半径	重要	1. 依据《国家电网公司直流专业精益化管理评价规范》第十七部分第 9 条，即： 1.1 光纤（缆）弯曲半径应大于纤（缆）径的 15 倍
6	光纤连接	光纤及槽盒外观检查	一般	1. 光纤外护层完好，无破损；端头清洁，无杂物； 2. 光纤槽盒固定牢靠，槽口无锐边，槽盒表面的半导电漆层完好
		光纤弯曲度检查	重要	光纤弯曲半径为光纤截面直径的 20 倍，最小为 50mm
		光纤连接情况	重要	光纤连接可靠，接触良好

续表

序号	监督项目	监督内容	等级	监　督　要　求
6	光纤连接	光纤回路编号	一般	光纤端部均应标明其回路编号，编号应正确，字迹清晰且不易脱色
		光纤备用芯检查	一般	同一光纤回路备用光纤备用芯数量应不少于在用芯数量或不低于 3 根，且均应制作好光纤头并安装好防护帽，固定适当无弯折，标识齐全
7	屏内接地	主机机箱外壳接地	重要	1．依据《国家电网公司直流专业精益化管理评价规范》第十七部分第 10 条，即： 1.1　主机（装置）的机箱外壳应可靠接地，以保证主机（装置）有良好的抗干扰能力
		接地铜排	重要	1．依据《国家电网公司直流专业精益化管理评价规范》第十七部分第 10 条，即： 1.1　接地铜排应用截面不小于 $50mm^2$ 的铜缆与室内的等电位接地网可靠相连
		接地线	重要	1．依据《国家电网公司直流专业精益化管理评价规范》第十七部分第 10 条，即： 1.1　电缆屏蔽层应使用截面不小于 $4mm^2$ 多股铜质软导线可靠连接到等电位接地铜排上； 1.2　屏柜的门等活动部分应使用不小于 $4mm^2$ 多股铜质软导线与屏柜体良好连接
8	标示	标示安装	一般	屏柜的正面及背面各电器、端子牌等应标明编号、名称、用途及操作位置，其标明的字迹应清晰、工整，且不易脱色
9	防火密封	防火密封	重要	1．依据《国家电网公司直流专业精益化管理评价规范》第十七部分第 11 条，即： 1.1　电缆沟进线处和屏柜内底部应安装防火板，电缆缝隙、空洞应使用防火堵料进行封堵，要求密封良好，工艺美观

三、功能调试监督

功能调试阶段应对换流站直流控制系统装置功能和硬件配置、采样回路和信号输入输出回路、功能压板、按钮、切换把手等进行重点检查验证，熟悉各插件具体功能，二次回路图，外部接线与内部插件之间的连接，掌握装置操作方法和操作流程等。

序号	监督项目	监督内容	等级	监　督　要　求
1	装置上电检查	人机对话功能	一般	装置液晶显示正常，数据显示清晰各按键、按钮操作灵敏可靠
		版本检查	重要	软件版本和 CRC 码正确，与对侧均一致
		时钟检查	一般	时钟显示正确，与 GPS 对时功能正常

续表

序号	监督项目	监督内容	等级	监 督 要 求
1	装置上电检查	定值	重要	装置定值的修改和固化功能正常，可以正确切换定值区；装置电源丢失后原定值不改变
		逆变电源检查	重要	用万用表测量逆变电源各级输出电压值满足要求，直流电源缓慢上升时的自启动性能满足要求
		打印机检查	一般	打印机（如有）功能使用正常
2	冗余配置	冗余配置	重要	1．依据《国家电网公司直流专业精益化管理评价规范》第十五部分第12条，即： 1.1　控制系统应完全双重化配置，各套控制系统的输入、输出回路，通信回路，主机均独立、完整； 1.2　每极（单12脉动换流器）控制系统独立配置，极（单12脉动换流器）控制系统间不应有公用的输入/输出设备，一套控制系统退出时，另一套控制系统不应受任何影响； 1.3　每套控制系统应配置两路站间通信通道，一路为专用通道，一路为复用通道，任一通道故障不影响保护正常运行，各套保护之间的通道均独立； 1.4　电压、电流回路上的元件、模块应稳定可靠，不同回路间各元件、模块、电源应完全独立，任一回路元件、模块、电源故障不得影响其他回路的运行。 2．依据《国家电网公司防止直流换流站单、双极强迫停运二十一项反事故措施》第5.1.1条，即： 2.1　直流控制系统应采用完全冗余的双重化配置；每套控制系统应有独立的硬件设备，包括主机、板卡、电源、输入输出回路和控制软件；在两套系统均可用的情况下，一套控制系统任一环节故障时，应不影响另一套系统的运行，也不应导致直流闭锁。 3．依据《国家电网公司防止直流换流站单、双极强迫停运二十一项反事故措施》第5.3.1条，即： 3.1　认真核查控制主机、测量回路及电源的配置情况是否满足完全冗余的双重化要求
3	电源配置	电源配置检查	重要	1．依据《国家电网公司直流专业精益化管理评价规范》第十五部分第13条，即： 1.1　双电源配置的控制装置，各套控制系统采用两路完全独立的电源同时供电，电源取自站用直流系统不同的直流母线段，一路电源失电，不影响控制系统正常工作； 1.2　装置电源与信号电源共用一路直流电源的，装置的信号电源与装置电源应在屏内采用各自独立的空气开关，并满足上下级差的配合； 1.3　打印机（如果有）、屏内照明等交流设备应选用专用交流空气开关，并满足上下级差的配合。 2．拉合装置直流电源空开，装置重启后无异常； 3．掌握装置常规报警信息，形成告警记录表

续表

序号	监督项目	监督内容	等级	监督要求
4	开入开出检查	开入检查	重要	1．依据《国家电网公司直流专业精益化管理评价规范》第十五部分第18条，即： 1.1　各套控制装置的信号电源应完全独立； 1.2　24V开入电源按照不出屏柜的原则进行设计，以免因干扰引起信号异常变位； 1.3　各套控制系统之间的开关量输入回路完全独立，任意一套控制系统的输入回路出现异常，不应影响另一套控制系统的运行； 1.4　不宜将开关和刀闸单一辅助接点位置状态量作为选择计算方法和定值的判据，若必须采用开关和刀闸辅助接点作为判据时，应按照回路独立性要求实现不同保护的回路完全分开，即进入各套保护装置的信号应取自独立的开关、刀闸辅助接点，且信号电源也应完全独立；应同时采用分、合闸两个辅助接点位置作为状态判据，以避免单一接点松动或外部电源故障导致保护误动或拒动；当不能确定实际状态时，应保持逻辑或定值不变； 1.5　在换流站以及通过交流线路与之相连的对端交流变电站，不应单独使用开关辅助接点位置作为最后断路器跳闸的判断依据； 1.6　与换流站交流线路连接的对端交流变电站发送到换流站要求闭锁直流的最后断路器动作信号以及最后断路器跳闸接收装置（接收交流输出线路对端站最后断路器动作信号的装置）发送至直流控制保护系统的闭锁信号应可靠，具有防误动的措施，避免出现单一接点或者元件故障误发信号。 2．检验从端子到软件的全部输入，在端子上短接、施加电压或者注入电流，在软件里校验相应的信号； 3．检验从软件到端子的全部输出，在软件中设置输出，并且测量相应端子的电压和电流
		开出检查	重要	1．依据《国家电网公司直流专业精益化管理评价规范》第十五部分第19条，即： 1.1　开关量输出信号应分别独立送至冗余的直流保护系统及其他系统； 1.2　跳闸信号（由于技术原因会导致直流闭锁的系统监视信号无法采用常开接点的除外）的接点都必须采用常开接点，禁止跳闸回路采用常闭接点，以免回路中任一端子松动或者直流电源丢失导致跳闸出口； 1.3　由于技术原因会导致直流闭锁的系统监视信号无法采用常开接点的，应具备防止接点误闭合导致直流闭锁的措施，且该常闭接点应有完善的监视措施；闭锁信号出口均应独立起动跳闸，跳闸信号应分别接至断路器的两个跳圈；

续表

序号	监督项目	监督内容	等级	监 督 要 求
4	开入开出检查	开出检查	重要	1.4 采用长电缆的跳闸回路（长电缆存在电容效应），不宜采用光耦，应采用动作电压在额定直流电源电压55%～70%范围以内的出口继电器，并要求其动作功率不低于 5W；采用光耦的跳闸回路，光耦的动作电压在额定直流电源电压 55%～70%范围以内，且具有避免外部干扰或误动的措施
5	采样检查	直流电流	重要	1．依据《国家电网公司直流专业精益化管理评价规范》第十五部分第 14 条，即： 1.1 变比、极性正确； 1.2 一次设备测量范围及测量误差应满足技术规范书（技术协议）要求； 1.3 各套控制系统所对应的远端模块、合并单元、光纤、光电转换二次回路及电源完全独立，任意一套控制系统测量回路出现异常，不应影响另一套控制系统的运行； 1.4 测量回路出现异常，测量系统应能向控制系统发出故障信号或控制系统能自检出故障，退出控制系统，防止误输出闭锁信号或控制信号； 1.5 光纤回路备用光纤备用芯数量应不少于在用芯数量或不低于 3 根，且均应制作好光纤头并安装好防护帽，固定适当无弯折，标识齐全（零磁通 TA 不做要求）； 1.6 光功率、光电流、误码率符合要求（零磁通 TA 不做要求）； 1.7 控制系统测量值正确，各套控制系统测量值相互比对无明显差异
		直流电压	重要	1．依据《国家电网公司直流专业精益化管理评价规范》第十五部分第 15 条，即： 1.1 变比、极性正确； 1.2 一次设备测量范围、测量误差应满足技术规范书（技术协议）要求； 1.3 各套控制系统所对应二次回路（直流分压器应包括低压臂）完全独立，任意一套控制系统测量回路出现异常，不应影响另一套控制系统的运行； 1.4 测量回路出现异常，测量系统应能向控制系统发出故障信号或控制系统能自检出故障，退出控制系统，防止误输出闭锁信号或控制信号； 1.5 控制系统测量值正确，各套控制系统测量值相互比对无明显差异
		交流电流	重要	1．依据《国家电网公司直流专业精益化管理评价规范》第十五部分第 16 条，即： 1.1 二次绕组有足够的精度、稳态和暂态特性； 1.2 二次绕组变比、组别、极性正确；

续表

序号	监督项目	监督内容	等级	监 督 要 求
5	采样检查	交流电流	重要	1.3　各套控制系统所对应的二次绕组及二次回路完全独立，任意一套控制系统测量回路出现异常，不应影响另一套控制系统的运行； 1.4　二次回路必须有且只能有一点接地； 1.5　控制系统测量值正确，各套控制系统测量值相互比对无明显差异。 2．依据 DL/T 995—2006《继电保护和电网安全自动装置检验规程》第 6.3.9 条，即： 2.1　将装置电压回路短接及电流回路断开，检查零漂值，要求其稳定在 0.01I_n 或 0.05V 以内；使用继电保护测试仪，在施加额定电压额定电流下，装置采样值误差不大于 5%，相角误差不大于 3°
		交流电压	重要	1．依据《国家电网公司直流专业精益化管理评价规范》第十五部分第 17 条，即： 1.1　二次绕组有足够的精度、稳态和暂态特性、伏安容量； 1.2　二次绕组变比、组别、极性正确； 1.3　各套控制系统所对应的二次绕组及二次回路完全独立，任意一套； 1.4　控制系统测量回路出现异常，不应影响另一套控制系统的运行； 1.5　保护屏内应配置专用 TV 空气开关，空气开关容量应与 TV 伏安容量相配合； 1.6　二次回路只允许有一点接地，为保证接地可靠，电压互感器的中性线不得接有可能断开的开关或熔断器等； 1.7　控制系统测量值正确，各套控制系统测量值相互比对无明显差异
6	直流测量装置反措检查	直流测量装置反措检查标准	重要	1．直流光电流互感器远端模块、光通道及光接口板卡均应与控制保护系统一一对应，两套或多套回路之间应相互独立，任一回测量回路异常应不影响另一回正常运行；对于直流出线及阀厅直流光电流互感器宜配置一块冗余远方模块，该远端模块至控制楼的光纤连接并经测试后作为热备用，保证直流系统正常运行过程中故障后能及时恢复； 2．直流光电流互感器测量回路应有完善的自检功能，当本体故障或测量回路异常时，控制保护系统应能及时闭锁相关保护，保护不应误动； 3．直流测量装置安装位置和连接方式应设计合理，保证在 7 级烈度地震等恶劣环境影响下，设计范围内的设备晃动不会导致测量装置测量异常，导致保护误动； 4．零磁通型直流电流测量装置，其电子模块宜接入双直流电源，防止单回路直流电源扰动导致测量装置退出运行；

续表

序号	监督项目	监督内容	等级	监　督　要　求
6	直流测量装置反措检查	直流测量装置反措检查标准	重要	5．直流中性母线区域的直流分压器应双极独立配置，极母线直流分压器二次测量电缆和板卡宜独立配置两套及以上，防止单一元件故障影响高压直流系统运行；其测量电缆应具有可靠的双层屏蔽措施，防止二次电缆间电磁干扰导致测量异常； 6．直流极母线差动保护等各差动支路的电流互感器应优先选用误差限制系数和饱和电压较高的电流互感器，互感器特性应一致； 7．直流光电流互感器传感器元件至光电转换板卡之间的连接电缆表面应采用镀金工艺，应具有抗氧化性，防止连接线接触异常导致测量错误； 8．检查是否存在单板卡或单一模块测量双极电流的情况，并核查直流滤波器光电式电流互感器告警等级设置是否正确； 9．核查光 TA 光电流、光功率、误码率等数据是否具备后台监视功能，是否提供相关数据的报警门槛值； 10．核查 OWS 上故障列表是否真实反映当前设备故障，设备故障消除后故障列表中信息是否自动消除； 11．核查母线 TV 端子箱的二次空气开关跳闸信号是否全部接入测控系统； 12．光电流互感器、直流分压器、零磁通电流互感器等设备测量传输环节中的模块，如合并单元、模拟量输出模块、差分放大器等，应由两路独立电源或两路电源经 DC/DC 转换耦合后供电，每路电源具有监视功能； 13．光电流互感器传输回路应根据当地气候条件选用可靠的防震、防尘、防水光纤耦合器，户外接线盒必须至少满足设计要求的防尘防水等级，且有防止接线盒摆动的措施； 14．光电式直流电流互感器、光纤传输的直流分压器二次回路应有充足的备用光纤，备用光纤一般不低于在用光纤数量的 100%，且不得少于 3 根，防止由于备用光纤数量不足导致测量系统运行可靠性降低； 15．对互感器传输环节各设备进行断电试验、对光纤进行抽样拔插试验，检验当单套设备故障、失电时，是否导致保护装置误出口
7	外回路检查	外回路检查	重要	1．从端子排处将所有外部引入的回路及电缆全部断开，分别将电流、电压、直流控制、信号回路的所有端子各自连接在一起，用 1000V 绝缘电阻表测量绝缘电阻，各回路对地以及各回路相互间阻值均应大于 10MΩ； 2．为防止 TA 二次开路、TV 二次短路，需测量 TA、TV 回路的内阻、外阻及全回路电阻； 3．检查 TA 变比、组别、极性使用正确，从现场 TA 至

续表

序号	监督项目	监督内容	等级	监 督 要 求
7	外回路检查	外回路检查	重要	屏柜的电流二次回路进行通流试验，测量各点电流值符合要求，测量回路负载符合要求，检查无开路及两点接地情况； 4. 检查TV变比、组别、极性使用正确，从现场TV至屏柜的电压二次回路进行加压试验，采取防止反送电的措施，测量各点电压值符合要求，测量回路负载符合要求，检查无短路及二点接地情况
8	逻辑验证	逻辑验证	重要	1. 依据《国家电网公司防止直流换流站单、双极强迫停运二十一项反事故措施》第8.1.1条，即： 1.1 与换流变压器相连的交流场采用3/2接线时，换流变压器交流进线两侧最后一个断路器断开时，应立即闭锁对应极的直流系统。 2. 依据《国家电网公司防止直流换流站单、双极强迫停运二十一项反事故措施》第8.1.2条，即： 2.1 与换流变压器相连的交流场采用3/2接线方式时，“中开关”应按照以下原则设置逻辑： 2.1.1 当换流变压器与交流线路共串，若出现两个边开关跳开、仅“中开关”运行时，将造成对应直流单极无交流滤波器，应立即闭锁相应极或阀组； 2.1.2 当换流变压器与交流滤波器共串，若出现两个边开关跳开、仅“中开关”运行时，将造成对应单极无法正常换相，应立即闭锁相应极或阀组； 2.1.3 当交流滤波器与交流线路共串，出现两个边开关跳开、仅“中开关”运行时，将造成交流滤波器与交流线路直接相连，应立即跳开中开关； 2.2 检查当仅剩1回出线运行时，软件是否对最后一台断路器设置禁止手动拉开的联锁，避免可能存在误操作导致直流双极闭锁的隐患。 3. 对照软件、技术规范和厂家功能说明书，对保护判据进行核对； 4. 核查保护定值设置范围正确； 5. 在软件中设置的定值，对交直流TA、TV进行二次侧注流加压，检查报警和跳闸功能正常，启动录波、信号及报文等应完整、正确； 6. 按照换流站控制保护软件的入网管理、现场调试管理和运行管理应严格遵守《换流站直流控制保护软件管理规定》履行软件修改审批手续； 7. 掌握故障录波查看方法； 8. 验证各种闭锁逻辑和方法； 9. 了解并熟悉保护基本原理和二次回路图；熟悉并掌握继电保护测试仪的使用方法和保护校验方法； 10. 能形成技术知识总结，编制检修作业指导书；

续表

序号	监督项目	监督内容	等级	监　督　要　求
8	逻辑验证	逻辑验证	重要	11．掌握直流电压电流采样装置的加压方法，按照技术规范要求检查误差符合要求； 12．掌握二次加压、注流使用的仪器、工具和方法； 13．掌握交流TA/TV的加压方法； 14．掌握压板的投退方法，熟悉各压板的功能； 15．依据《提升直流可靠性措施建议280项专项检查》第248条，即：调试过程中，应对控制系统故障动作策略及每个保护的逻辑和定值进行试验验证
9	板卡、主机运行	板卡、主机运行检查	重要	1．依据《国家电网公司直流专业精益化管理评价规范》第十五部分第54条，即： 1.1　控制保护板卡或主机重启前应考虑其对直流系统及其他相关控制保护系统的影响，提前采取针对性措施，若对其他控制保护系统有影响，必要时把其他相关冗余系统中的一套也切至“试验”状态； 1.2　控制系统故障处理完毕后，将系统由“试验”状态恢复至“备用”状态前，必须检查确认该系统不存在保护动作、极（换流器单12脉动换流器）闭锁、开关跳闸、紧急故障、严重故障等异常信号； 1.3　换流站控制保护软件的入网管理、现场调试管理和运行管理应严格遵守《换流站直流控制保护软件管理规定》，严禁未经批准随意修改直流控制保护软件程序和定值，防止因误修改导致直流闭锁； 1.4　控制保护软件升级必须在服务器存储的最新软件上进行修改，并进行必要的试验验证，不得将实验室修改完的程序直接拷贝至服务器或主机。 2．检查主机程序运转情况，主机和板卡的负载率正常，检查软件运行版本统一正常； 3．掌握板卡装载方法、专用装载软件使用方法； 4．掌握主机装载方法、专用装载软件使用方法； 5．依据《提升直流可靠性措施建议280项专项检查》第249条，即：控制保护设备安装调试后验收过程中，应重点检查主机、板卡连接插件的固定及受力情况，防止接触不良造成误发信号
10	接口	阀控接口	重要	1．依据《国家电网公司直流专业精益化管理评价规范》第十五部分第20条，即： 1.1　极控与阀控均为双重化设计，极控与阀控之间的信号交换仅在对应的冗余系统之间进行，即极控系统A与阀控A进行信号交换，极控系统B与阀控B进行信号交换； 1.2　阀控检测到直流极控送来的信号异常时，应向极控系统发出告警；

续表

序号	监督项目	监督内容	等级	监督要求
10	接口	阀控接口	重要	1.3 控制保护双系统运行时，当值班系统收到阀控系统发出的Trip信号时进行系统切换，切换完成后如果升为值班的系统也收到对应阀控系统的Trip信号则执行跳闸，如果控制保护系统处于单系统运行状态下收到对应阀控系统发出的Trip信号后则直接执行跳闸操作； 1.4 极控发送的对应每一个阀的12个120°脉宽的触发脉冲CP信号，应通过12根独立的光缆（采用串行编码的触发脉冲允许由1根光缆传输）传输
		阀水冷系统系统接口	重要	1. 依据《国家电网公司直流专业精益化管理评价规范》第十五部分第21条，即： 1.1 控制系统与阀冷却控制保护系统的接口应双重化配置； 1.2 控制保护系统接收阀冷却控制保护系统输出的开关量/模拟量信号，开关量优先采用总线或无源接点，模拟量为4～20mA直流电流模拟量信号； 1.3 所有阀冷却控制保护系统送极控的信号最终均需送到顺序事件记录，以便于运行人员对阀冷却系统的状态进行监视； 1.4 运行人员可在运行人员工作站上对阀冷却系统进行画面、事件、报警监视及控制
		消防系统接口	重要	1. 依据《国家电网公司直流专业精益化管理评价规范》第十五部分第22条，即： 1.1 直流控制保护系统应预留早期烟雾探测系统的最高级别报警信号和紫外（红外）探测报警信号的接口； 1.2 每个阀厅极早期烟雾探测传感器应有3个独立的火警110V/ 220V硬接点，1个用于火灾报警主机，另外2个接点分别接入控制保护系统； 1.3 将极早期烟雾探测传感器和紫外探头本体故障时输出两路110V/220V接点信号，分别接入两套控制保护系统用于闭锁该路传感器跳闸信号，防止保护误动
		故障录波系统接口	重要	1. 依据《国家电网公司直流专业精益化管理评价规范》第十五部分第23条，即： 1.1 各套控制系统都应接入故障录波，故障录波应能对各套控制系统所有的测量量、12脉点火脉冲信号、触发角、熄弧角等控制信号和开关量输出信号进行录波； 1.2 控制系统切换、开关量变位、模拟量突变及越限及闭锁信号均应起动故障录波； 1.3 故障录波的数据形式应为电力系统暂态数据交换通用格式COMTRADE

续表

序号	监督项目	监督内容	等级	监 督 要 求
10	接口	故障定位系统接口	重要	1．依据《国家电网公司直流专业精益化管理评价规范》第十五部分第24条，即： 1.1 故障定位系统应可以向运行人员控制系统上传自检信息（如电源消失、死机、软硬件故障）； 1.2 故障定位系统的测距精度、误差应符合设计要求
		GPS接口	重要	1．依据《国家电网公司直流专业精益化管理评价规范》第十五部分第25条，即： 1.1 控制系统时间应与全站 GPS 主时钟对时信息完全一致
		其他系统接口试验	重要	1．极控系统接收各分系统的跳闸信号不应存在反逻辑，避免因端子松动、继电器损坏或继电器输入端供电电源故障而引起的误跳； 2．极控系统能够正确监视其他系统的状态及故障信息； 3．掌握各分系统的顺序事件报文内容含义
11	空载加压试验	空载加压试验	重要	试验项目包括带线路和不带线路的空载加压试验，以及一极运行，另一极的带线路和不带线路的空载加压试验，检验在空载加压试验状态下，电压控制的正确，相应的空载加压不应误动
12	分接头控制试验	分接头控制试验	重要	在交流电压波动、无功投切、功率升降过程中换流变压器分接头的位置以及 U_{di0} 值满足工程功能规范书的要求
13	换流器控制功能	稳态工况试验	重要	1．在功率正送和功率反送下、各种交/直流电压水平和功率水平下，直流系统的稳态运行特性、稳态控制策略、换流变压器调压抽头的调节满足成套设计要求； 2．直流起停、功率升降、双极功率控制功能、极功率控制、同步极电流控制、应急极电流控制、主控站、运行方式转换、控制模式转换、紧急停运的动作时序、功率翻转、全压降压正确，满足工程功能规范书的要求
		动态性能试验	重要	1．控制系统的电流、电压和功率阶跃响应指标以及交、直流故障后系统的恢复时间等动态响应性能满足工程功能规范书的要求； 2．过负荷、附加功能控制
14	顺序控制功能	顺序控制功能	重要	1．依据《国家电网公司直流专业精益化管理评价规范》第十五部分第33条，即： 1.1 检修、冷备用、热备用（交流连接、极隔离）等连接状态控制及其相互间的转换，大地回线、金属回线、融冰方式及其转换，主从站切换等顺序控制功能应满足技术规范的要求，能在手动状态和自动状态下切换，相应的提示和报警功能正确； 1.2 顺序控制的联锁功能应正确

续表

序号	监督项目	监督内容	等级	监 督 要 求
15	无功功率控制试验	无功功率控制试验	重要	1. 在各种交流系统条件、各种运行方式下滤波器正确投切，无功控制功能能满足功能规范书中有关无功补偿和电压控制的要求； 2. 熟悉滤波器需求、滤波器替换、U_{max}控制、Q/U控制、QPC控制、Gamma Kick功能
16	自检功能	自检功能	重要	1. 依据《国家电网公司直流专业精益化管理评价规范》第十五部分第48条，即： 1.1 保护主机（装置）应具有完善的自监测功能，保证100%的自检覆盖率； 1.2 当主机（装置）检测到故障时，应根据故障情况采取相应措施，发出相应告警且不会误输出闭锁信号或控制信号
17	通信试验	通信试验	重要	1. 依据《国家电网公司防止直流换流站单、双极强迫停运二十一项反事故措施》第5.2.4条，即： 1.1 极控制系统与智能子系统之间的连接设计为交叉连接，且任一智能子系统故障不应闭锁直流； 1.2 若极控制系统检测不到智能子系统时，应先发智能子系统切换指令，检测到智能子系统切换不成功后，极控制系统自身再进行系统切换。若切换后，运行极控系统仍检测不到智能子系统，可发直流闭锁指令
18	系统切换	系统切换	重要	1. 依据《国家电网公司防止直流换流站单、双极强迫停运二十一项反事故措施》第5.1.2条，即： 1.1 双重化配置的控制系统之间应可以进行系统切换，任何时候运行的有效控制系统应是双重化系统中较为完好的一套。 2. 依据《国家电网公司防止直流换流站单、双极强迫停运二十一项反事故措施》第5.2.1条，即： 2.1 控制系统至少应设置三种工作状态，即运行、备用和试验。“运行”表示当前为有效状态、“备用”表示当前为热备用状态、“试验”表示当前处于检修测试状态。 3. 依据《国家电网公司防止直流换流站单、双极强迫停运二十一项反事故措施》第5.2.2条，即： 3.1 控制系统应设置三种故障等级，即轻微、严重和紧急；控制系统故障后动作策略应满足如下要求： 3.1.1 当运行系统发生轻微故障时，另一系统处于备用状态，且无任何故障，则系统切换。切换后，轻微故障系统将处于备用状态；当新的运行系统发生更为严重的故障时，还可以切换回此时处于备用状态的系统； 3.1.2 当备用系统发生轻微故障时，系统不切换； 3.1.3 当运行系统发生严重故障时，若另一系统处于备用状态，则系统切换。切换后，严重故障系统不能进入备用状态；

续表

序号	监督项目	监督内容	等级	监 督 要 求
18	系统切换	系统切换	重要	3.1.4　当运行系统发生严重故障，而另一系统不可用时，则严重故障系统可继续运行； 3.1.5　当运行系统发生紧急故障时，若另一系统处于备用状态，则系统切换；切换后紧急故障系统不能进入备用状态； 3.1.6　当运行系统发生紧急故障时，如果另一系统不可用，则闭锁直流； 3.1.7　当备用系统发生严重或紧急故障时，故障系统应退出备用状态。 4．依据《国家电网公司直流专业精益化管理评价规范》第十五部分第27条，即： 4.1　自动切换功能要求 4.1.1　当运行系统发生轻微故障时，另一系统处于备用状态，且无任何故障，则系统切换切换后，轻微故障系统将处于备用状态，当新的运行系统发生更为严重的故障时，还可以切换回此时处于备用状态的系统； 4.1.2　当备用系统发生轻微故障时，系统不切换； 4.1.3　当运行系统发生严重故障时，若另一系统处于备用状态，则系统切换后，严重故障系统不能进入备用状态； 4.1.4　当运行系统发生严重故障，而另一系统不可用时，则严重故障系统可继续运行； 4.1.5　当运行系统发生紧急故障时，若另一系统处于备用状态，则系统切换后紧急故障系统不能进入备用状态； 4.1.6　当运行系统发生紧急故障时，如果另一系统不可用，则闭锁直流； 4.1.7　当备用系统发生严重或紧急故障时，故障系统应退出备用状态； 4.2　手动切换功能要求 4.2.1　冗余系统应可实现手动切换，切换过程应不影响其他二次设备运行； 4.3　智能子系统切换 4.3.1　极控制系统检测不到智能子系统时，应先发智能子系统切换指令，检测到智能子系统切换不成功后，极控制系统自身再进行系统切换，若切换后，运行极控系统仍检测不到智能子系统，可发直流闭锁指令（无智能子系统的不做要求）
19	阀控制试验	阀控制试验	重要	1．触发点火脉冲正常，当阀发生单脉冲丢失时，系统将发换相失败，但不闭锁极，当阀发生多次换相失败时（一般是三次），则系统闭锁； 2．模拟装置的各种故障状态，检查各报警功能信号正确； 3．换流阀阀塔应设置漏水检测装置，阀漏水检测装置动作应只投报警，不投跳闸

续表

序号	监督项目	监督内容	等级	监 督 要 求
20	水冷控制试验	水冷控制试验	重要	1．主泵控制 1.1　主泵应冗余配置，主泵电源应相互独立并取自不同母线段； 1.2　主泵电源开关过流定值整定应躲过主泵运行实际最大电流，水冷回路变动后应重新校核过流定值； 1.3　主泵切换应具有手动切换和定期自动切换功能。在切换不成功时应能自动切回，切换不成功判据与回切时间定值应躲过流量低动作时间； 1.4　主泵过热应只投报警，不投跳闸。 2．阀水冷系统应设置注水流量，且投跳闸，不宜设置阀塔分支流量； 3．温度：宜配置三个进阀温度传感器，按“三取二”原则配置进阀温度；阀出水温度动作后应向极控系统发功率回降命令，不宜发直流闭锁命令； 4．泄漏：设计内外循环运行方式的直流输电工程，在方式切换时应闭锁泄漏，并设置适当延时，避免泄漏误动，膨胀罐液位变化定值和延时设置应躲过日常温度变化及传输功率变化引起的水位波动，防止温度变化导致误动； 5．膨胀罐水位：膨胀罐液位测量低于30%时发报警，低于10%时发直流闭锁命令；膨胀罐应装设电容式液位传感器用于泄漏和液位过低等投跳闸；磁翻板式液位传感器仅用于液位监视，不投跳闸； 6．内冷水电导率应投报警，不应投跳闸

第二节　直流保护系统监督

一、到场监督

重点监督检查屏柜、技术资料及其工器具等附件的完整性；掌握开箱检查内容，做好开箱记录。

序号	监督项目	监督内容	等级	监 督 要 求
1	屏柜拆箱	屏柜外观检查	一般	屏柜外观应完整，颜色与订货相符，无外力损伤及变形痕迹，屏柜内无淋雨、受潮或凝水情况
		元器件完整性检查	重要	1．屏内装置、打印机、转换开关、按钮、标签框、小母线、空气开关、端子排、端子盒、光纤接线盒、独立继电器、接地铜牌、门接地线等元器件应完整良好，且与装箱清单以及设计图纸数目、型号相符； 2．设备应有铭牌或相当于铭牌的标志，内容包括：①制造厂名称和商标；②设备型号和名称

续表

序号	监督项目	监督内容	等级	监督要求
1	屏柜拆箱	技术资料检查	一般	3．随屏图纸、说明书、合格证等相关资料齐全，并扫描存档
2	附件及专用工器具	备品备件	重要	检查是否有相关备品备件，数量及型号是否相符，做好相应记录
		专用工器具	重要	1．记录随设备到场的专用工器具，列出专用工器具清单，并妥善保管； 2．如施工单位需借用相关工器具，须履行借用手续

二、安装监督

设备安装过程中，要详细记录设备安装的具体内容、进度及存在的问题。掌握屏柜吊装方法和安全注意事项、拆卸步骤。明确电缆走向，掌握柜内端子排布置。换流站控制保护系统的安装、调试应在控制室、继电器小室土建工作完成、环境条件满足要求后方可进行，严禁边土建边安装。

<table>
<tr><th>序号</th><th>监督项目</th><th>监督内容</th><th>等级</th><th>监督要求</th></tr>
<tr><td rowspan="2">1</td><td rowspan="2">屏柜安装就位</td><td>屏柜就位找正</td><td>重要</td><td>1．屏柜应按照图纸设计的位置就位，就位后严格找平，与相邻屏位间距适当，保持平齐；
2．依据Q/GDW 1224—2014《±800kV换流站屏、柜及二次回路接线施工及验收规范》第4.4条，即：
2.1　屏、柜单独或成列安装时，其垂直、水平偏差及屏、柜面偏差和屏、柜间接缝等的允许偏差应符合下表的规定。模拟母线应对齐、完整，安装牢固，标识颜色应符合GB 50171的有关规定。
<table>
<tr><th colspan="2">项　　目</th><th>允许偏差（mm）</th></tr>
<tr><td colspan="2">垂直度（每米）</td><td><1.5</td></tr>
<tr><td rowspan="2">水平偏差</td><td>相邻两屏顶部</td><td><2</td></tr>
<tr><td>成列屏顶部</td><td><5</td></tr>
<tr><td rowspan="2">屏间偏差</td><td>相邻两屏边</td><td><1</td></tr>
<tr><td>成列屏面</td><td><5</td></tr>
<tr><td colspan="2">屏间接缝</td><td><2</td></tr>
</table></td></tr>
<tr><td>屏柜固定</td><td>一般</td><td>1．依据《国家电网公司直流专业精益化管理评价规范》第十六部分第6条，即：
1.1　屏柜固定良好，紧固件齐全完好。
2．依据Q/GDW 1224—2014《±800kV换流站屏、柜及二次回路接线施工及验收规范》第4.3条，即：
2.1　屏、柜间及屏、柜上的设备与各构件间连接应牢固。屏、柜与基础型钢应采用螺栓连接</td></tr>
</table>

续表

序号	监督项目	监督内容	等级	监督要求
1	屏柜安装就位	屏柜接地	重要	1．依据Q/GDW 1224—2014《±800kV换流站屏、柜及二次回路接线施工及验收规范》第4.6条，即： 1.1 屏、柜等的金属框架和底座均应可靠接地，标识规范。可开启的门应采用截面不小$4mm^2$且端部压接有终端附件的多股软铜导线与接地的金属框架可靠接地
		屏柜设备检查	一般	1．依据《国家电网公司直流专业精益化管理评价规范》第十六部分第6条，即： 1.1 屏柜固定良好，紧固件齐全完好，外观完好无损伤； 1.2 压板、转换开关、按钮完好，位置正确； 1.3 屏内电气元件及装置固定良好，相关配件齐全； 1.4 屏上标志正确、齐全、清晰； 1.5 屏柜内照明正常，打印机工作正常（如有）； 1.6 屏柜顶部应无通风管道，对于屏柜顶部有通风管道的，屏柜顶部应装有防冷凝水的挡水隔板。 2．依据Q/GDW 1224—2014《±800kV换流站屏、柜及二次回路接线施工及验收规范》第9.1条，即： 2.1 屏、柜内所装电器元件应齐全完好、标识规范，安装位置应正确，固定应牢固。 3．依据Q/GDW 1224—2014《±800kV换流站屏、柜及二次回路接线施工及验收规范》第5.5条，即： 3.1 屏、柜的正面及背面各电器、端子排等应标明编号、名称、用途及操作位置，且字迹应清晰、工整，不易脱色
2	端子排	端子排外观检查	一般	1．依据Q/GDW 1224—2014《±800kV换流站屏、柜及二次回路接线施工及验收规范》第5.2条，即： 1.1 端子排应无损坏，固定牢固，绝缘良好； 1.2 端子应有序号，应便于更换且接线方便
		强、弱电和正、负电源端子排的布置	重要	1．依据Q/GDW 1224—2014《±800kV换流站屏、柜及二次回路接线施工及验收规范》第5.2条，即： 1.1 强、弱电端子宜分开布置；由于设计困难无法分开布置的，应有明显标志并设空端子隔开或设加强绝缘的隔板； 1.2 正、负电源之间以及经常带电的正电源与合闸或跳闸回路之间，宜以一个空端子隔开
		电流、电压回路等特殊回路端子检查	重要	1．依据Q/GDW 1224—2014《±800kV换流站屏、柜及二次回路接线施工及验收规范》第5.2条，即： 1.1 电流回路应经过试验端子，其他需断开的回路宜经特殊端子或试验端子； 1.2 潮湿环境宜采用防潮端子

续表

序号	监督项目	监督内容	等级	监督要求
2	端子排	端子与导线截面匹配	重要	1．依据 Q/GDW 1224—2014《±800kV 换流站屏、柜及二次回路接线施工及验收规范》第 5.2 条，即： 1.1 接线端子应与导线截面匹配，不应使用小端子配大截面导线。 2．依据《国家电网公司直流专业精益化管理评价规范》第十六部分第 7 条，即： 2.1 每个接线端子的每侧接线宜为 1 根，不得超过 2 根； 2.2 不同截面的两根导线不能接在同一端子上
		端子排接线检查	一般	1．依据《国家电网公司直流专业精益化管理评价规范》第十六部分第 7 条，即： 1.1 接线应采用铜质或有电镀金属防锈层的螺栓紧固，且应有防松装置，引线裸露部分不大于 5mm； 1.2 接线应排列整齐、清晰、美观，绝缘良好无损伤
3	二次电缆敷设	电缆截面应合理	重要	1．依据《国家电网公司直流专业精益化管理评价规范》第十六部分第 8 条，即： 1.1 主机（装置）的直流电源、交流电流、电压及信号引入回路应采用屏蔽阻燃铠装电缆。 2．依据 Q/GDW 1224—2014《±800kV 换流站屏、柜及二次回路接线施工及验收规范》第 6.2 条，即： 2.1 屏、柜内的配线应采用标称电压不低于 450V/750V 的铜芯绝缘导线，二次电流回路导线截面不应小于 2.5mm^2，其他回路截面不应小于 1.5mm^2；用于计量的二次电流回路，其导线截面积不应小于 4mm^2；用于计量的二次电压回路，其导线截面积不应小于 2.5mm^2；电子元件回路、弱电回路采用锡焊连接时，在满足载流量和电压降及有足够机械强度的情况下，可采用不小于 0.5mm^2 截面的绝缘导线
		电缆敷设满足相关要求	重要	1．依据 Q/GDW 1224—2014《±800kV 换流站屏、柜及二次回路接线施工及验收规范》第 6.4 条，即： 1.1 强、弱电，交、直流回路不应使用同一根电缆，线芯应分别成束排列。 2．依据《国家电网公司直流专业精益化管理评价规范》第十六部分第 8 条，即： 2.1 冗余系统的电流回路、电压回路、直流电源回路、双跳闸绕组的控制回路等，不应合用一根多芯电缆。 3．依据 Q/GDW 1224—2014《±800kV 换流站屏、柜及二次回路接线施工及验收规范》第 7.2 条，即： 3.1 保护、控制用电缆与电力电缆不应同层敷设，且间距应符合设计要求

续表

序号	监督项目	监督内容	等级	监督要求
3	二次电缆敷设	电缆排列	一般	1．依据 Q/GDW 1224—2014《±800kV 换流站屏、柜及二次回路接线施工及验收规范》第 6.4 条，即： 1.1　电缆应排列整齐、编号清晰、避免交叉、固定牢固，不得使所接的端子承受机械应力
		电缆屏蔽与接地	重要	1．依据 Q/GDW 1224—2014《±800kV 换流站屏、柜及二次回路接线施工及验收规范》第 6.4 条，即： 1.1　铠装电缆进入屏、柜后，应将钢带切断，切断处的端部应扎紧。铠层、屏蔽层接地线应使用截面积不小于 $4mm^2$ 黄绿绝缘多股铜质软导线可靠连接到接地铜排上；铠层应一点接地，接地点可选在端子箱或汇控柜接地铜排上
		电缆芯线布置	一般	1．橡胶绝缘的芯线应用外套绝缘管； 2．依据《国家电网公司直流专业精益化管理评价规范》第十六部分第 8 条，即： 2.1　电缆芯线和所配导线的端部均应标明其回路编号，编号应正确，字迹清晰且不易脱色； 2.2　屏内二次接线紧固、无松动，与出厂图纸相符。 3．依据 Q/GDW 1224—2014《±800kV 换流站屏、柜及二次回路接线施工及验收规范》第 6.4 条，即： 3.1　柜内的电缆芯线接线应牢固、排列整齐，并应留有适当裕度；备用芯线应引至屏、柜顶部或线槽末端，并应标明备用标识，芯线导体不应外露
4	二次电缆接线	接线核对及紧固情况	重要	1．各短接片要压接良好，使用合理，工艺美观，无毛刺；特别是 TA、TV 二次回路短接片的使用，要能方便以后年度检修时做安全措施；在做安全措施时需加装短接片的端子上宜保留固定螺栓； 2．依据 Q/GDW 1224—2014《±800kV 换流站屏、柜及二次回路接线施工及验收规范》第 6.1 条，即： 2.1　应按有效图纸施工，接线应正； 2.2　导线与电气元件间应采用螺栓连接、插接、焊接或压接等，且均应牢固可靠
		电缆绝缘与芯线外观检查	重要	1．屏柜内的导线不应有接头，导线芯线应无损伤； 2．多股铜芯线每股铜芯都应接入端子，避免裸露在外； 3．导线接引处预留长度适当，且各线余量一致； 4．用 1000V 绝缘电阻表测量电缆各芯线之间和各芯线对地的绝缘情况，阻值均应大于 10MΩ
		电缆芯线编号检查	一般	1．依据 Q/GDW 1224—2014《±800kV 换流站屏、柜及二次回路接线施工及验收规范》第 6.1 条，即： 1.1　电缆芯线和所配导线的端部均应标明其回路编号，编号应正确，字迹清晰且不易脱色

续表

序号	监督项目	监督内容	等级	监 督 要 求
4	二次电缆接线	配线检查	一般	1．依据 Q/GDW 1224—2014《±800kV 换流站屏、柜及二次回路接线施工及验收规范》第 6.1 条，即： 1.1 配线应整齐、清晰、美观，导线绝缘应良好
		线束绑扎松紧和形式	一般	线束绑扎松紧适当、匀称、形式一致，固定牢固
		备用芯的处理	重要	备用芯预留长度至屏内最远端子处；芯线与屏柜外壳绝缘可靠，标识齐全
5	光缆敷设	光缆布局	一般	1．光缆布局合理，固定良好； 2．依据《国家电网公司直流专业精益化管理评价规范》第十六部分第 9 条，即： 2.1 光纤外护层完好，无破损； 2.2 光缆走向与敷设方式应符合施工图纸要求
		光缆弯曲半径	重要	1．依据《国家电网公司直流专业精益化管理评价规范》第十六部分第 9 条，即： 1.1 光纤（缆）弯曲半径应大于纤（缆）径的 15 倍
6	光纤连接	光纤及槽盒外观检查	一般	1．光纤外护层完好，无破损；端头清洁，无杂物； 2．光纤槽盒固定牢靠，槽口无锐边，槽盒表面的半导电漆层完好
		光纤弯曲度检查	重要	光纤弯曲半径为光纤截面直径的 20 倍，最小为 50mm
		光纤连接情况	重要	光纤连接可靠，接触良好
		光纤回路编号	一般	光纤端部均应标明其回路编号，编号应正确，字迹清晰且不易脱色
		光纤备用芯检查	一般	同一光纤回路备用光纤备用芯数量应不少于在用芯数量或不低于 3 根，且均应制作好光纤头并安装好防护帽，固定适当无弯折，标识齐全
7	屏内接地	主机机箱外壳接地	重要	1．依据《国家电网公司直流专业精益化管理评价规范》第十六部分第 10 条，即： 1.1 主机（装置）的机箱外壳应可靠接地，以保证主机（装置）有良好的抗干扰能力
		接地铜排	重要	1．依据《国家电网公司直流专业精益化管理评价规范》第十六部分第 10 条，即： 1.1 接地铜排应用截面不小于 $50mm^2$ 的铜缆与室内的等电位接地网可靠相连

续表

序号	监督项目	监督内容	等级	监 督 要 求
7	屏内接地	接地线	重要	1．依据《国家电网公司直流专业精益化管理评价规范》第十六部分第10条，即： 1.1　电缆屏蔽层应使用截面不小于4mm^{2}多股铜质软导线可靠连接到等电位接地铜排上； 1.2　屏柜的门等活动部分应使用不小于4mm^{2}多股铜质软导线与屏柜体良好连接
8	标示	标示安装	一般	屏柜的正面及背面各电器、端子牌等应标明编号、名称、用途及操作位置，其标明的字迹应清晰、工整，且不易脱色
9	防火密封	防火密封	重要	1．依据《国家电网公司直流专业精益化管理评价规范》第十六部分第11条，即： 1.1　电缆沟进线处和屏柜内底部应安装防火板，电缆缝隙、空洞应使用防火堵料进行封堵，要求密封良好，工艺美观

三、功能调试监督

功能调试阶段应对直流保护系统设备功能和硬件配置、采样回路和信号输入输出回路、功能压板、按钮、切换把手等进行重点检查验证，熟悉各插件具体功能、二次回路图、外部接线与内部插件之间的连接，掌握装置操作方法和操作流程等。

序号	监督项目	监督内容	等级	监 督 要 求
1	保护装置上电	人机对话功能	一般	装置液晶显示正常，数据显示清晰，各按键、按钮操作灵敏可靠
		版本检查	重要	软件版本和CRC码正确，与对侧均一致
		时钟检查	一般	时钟显示正确，与GPS对时功能正常
		定值	重要	装置定值的修改和固化功能正常，可以正确切换定值区；装置电源丢失后原定值不改变
		逆变电源检查	重要	用万用表测量逆变电源各级输出电压值满足要求，直流电源缓慢上升时的自启动性能满足要求
		打印机检查	一般	打印机功能使用正常，线路保护装置可以正常与之通信并打印
2	冗余配置	冗余配置检查	重要	1．依据《国家电网公司直流专业精益化管理评价规范》第十六部分第12条，即： 1.1　保护采用三重化或双重化配置，各套保护均独立、完整，各套保护出口前无任何电气联系，当一套保护退出时不应影响其他各套保护运行； 1.2　采用三重化配置的保护装置，当一套保护退出时，出

续表

序号	监督项目	监督内容	等级	监督要求
2	冗余配置	冗余配置检查	重要	口采用“二取一”模式，任一个“三取二”模块故障，不会导致保护拒动和误动； 1.3 采用双重化配置的保护装置，各套保护应采用“启动＋动作”逻辑，启动和动作的元件及回路从测量至跳闸出口完全独立，无公共部分互相影响； 1.4 各套保护间不应有公用的输入/输出设备，一套保护退出进行检修时，其他运行的保护不应受任何影响； 1.5 电压、电流回路上的元件、模块应稳定可靠，不同回路间各元件、模块、电源应完全独立，任一回路元件、模块、电源故障不得影响其他回路的运行
3	电源配置	电源配置	重要	1．依据《国家电网公司直流专业精益化管理评价规范》第十六部分第13条，即： 1.1 双电源配置的保护装置，各套保护装置采用两路完全独立的电源同时供电，电源取自站用直流系统不同的直流母线段，一路电源失电，不影响保护装置工作； 1.2 每个“三取二”模块（如果有），采用两路完全独立的电源同时供电； 1.3 装置电源与信号电源共用一路直流电源的，装置的信号电源与装置电源应在屏内采用各自独立的空气开关，并满足上下级差的配合； 1.4 打印机（如果有）、屏内照明等交流设备应选用专用交流空气开关，并满足上下级差的配合
4	采样回路	交流量采样检查	重要	1．依据DL/T 995—2006《继电保护和电网安全自动装置检验规程》6.3.9条，即： 1.1 将装置电流电压回路断开，检查零漂值，要求其稳定在$0.01I_n$或0.05V以内。使用继电保护测试仪，在施加额定电压额定电流下，装置采样值误差不大于5%，相角误差不大于3°
5	开关量输入回路	开关量输入回路	重要	1．依据《国家电网公司直流专业精益化管理评价规范》第十六部分第18条，即： 1.1 各套保护装置的信号电源应完全独立，采用“启动＋动作”逻辑的，启动和动作的信号电源也应完全独立； 1.2 24V开入电源按照不出屏柜的原则进行设计，以免因干扰引起信号异常变位； 1.3 各套保护之间的开关量输入回路完全独立，任一回路出现异常不影响其他保护装置的正常运行； 1.4 由控制系统输入的开关量信号的状态应以控制系统主系统的状态为准； 1.5 不宜将开关和刀闸单一辅助接点位置状态量作为选择计算方法和定值的判据，若必须采用开关和刀闸辅助

续表

序号	监督项目	监督内容	等级	监　督　要　求
5	开关量输入回路	开关量输入回路	重要	接点作为判据时，应按照回路独立性要求实现不同保护的回路完全分开，即进入各套保护装置的信号应取自独立的开关、刀闸辅助接点，且信号电源也应完全独立；对于采用“启动＋动作”原理的保护，启动和动作回路也应完全独立； 1.6　若必须采用开关和刀闸辅助接点作为判据时，应同时采用分、合闸两个辅助接点位置作为状态判据，以避免单一接点松动或外部电源故障导致保护误动或拒动；当不能确定实际状态时，应保持逻辑或定值不变
6	开关量输出回路	开关量输出回路	重要	1．依据《国家电网公司直流专业精益化管理评价规范》第十六部分第19条，即： 1.1　直流保护按照“三取二”配置的，直流系统保护的跳闸指令信号（总线信号或无源接点信号），需经过“三取二”模块（“三取二”逻辑）运算后，再发送到控制系统； 1.2　直流保护按照“启动＋动作”配置的，冗余的两套极控制系统都能够接收直流系统保护的跳闸指令信号； 1.3　开关量输出信号应分别送到冗余的控制系统，送至冗余控制系统的回路应完全独立，任一回路出现异常不影响另外一套控制系统的正常运行； 1.4　跳闸信号的接点都必须采用常开接点，禁止跳闸回路采用常闭接点，以免回路中任一端子松动或者直流电源丢失导致跳闸出口； 1.5　保护出口均应独立起动，跳闸及直流控制保护的跳闸信号应分别接至断路器的两个跳圈，直流闭锁信号应分别接至冗余的控制系统； 1.6　采用长电缆的跳闸回路（长电缆存在电容效应），不宜采用光耦，应采用动作电压在额定直流电源电压55%～70%范围以内的出口继电器，并要求其动作功率不低于 5W；采用光耦的跳闸回路，光耦的动作电压在额定直流电源电压 55%～70%范围以内，且具有避免外部干扰或误动的措施
7	故障录波接口	故障录波接口	重要	1．依据《国家电网公司直流专业精益化管理评价规范》第十六部分第20条，即： 1.1　各套保护装置都应接入故障录波，故障录波应能对各套保护装置所有的测量量及开关量输出信号进行录波； 1.2　任意一套保护动作、开关量变位、模拟量突变及越限均应起动故障录波； 1.3　故障录波的数据形式应为电力系统暂态数据交换通用格式 COMTRADE

续表

序号	监督项目	监督内容	等级	监 督 要 求
8	保护信息子站接口	保护信息子站接口	重要	1．依据《国家电网公司直流专业精益化管理评价规范》第十六部分第21条，即： 1.1 保护应能直接或通过规约转换装置接入保护及故障信息子站，以便保护及故障信息子站采集直流保护的动作信号、故障曲线，供站内及调度中心查阅数据和分析故障
9	GPS接口	GPS接口	重要	1．依据《国家电网公司直流专业精益化管理评价规范》第十六部分第22条，即： 1.1 保护装置时间应与全站 GPS 时主钟对间信息完全一致
10	保护开入开出	保护开入开出检查	重要	1．分别验证各切换把手及保护压板，装置开入变位、后台报文及回路断连正确； 2．开出传动菜单中，分别进行各跳闸开出，启动录波开出，远传开出，告警、遥信和中央信号开出，检查跳闸压板电位正确，故障录波装置启动正确，开出节点测量正常，装置和后台报文正确
11	整组传动	整组传动试验	重要	1．依据《防止电力生产事故的二十五项重点要求》第18.9.2、18.9.3条，即： 1.1 使用继电保护测试仪，模拟保护动作，分别至相关断路器保护、操作箱进行测量，验证压板和回路的唯一性、正确性； 1.2 将所有保护压板均在正常投入状态，定值整定完毕，断路器在合位，合上断路器控制电源；模拟各类变压器故障，相应保护均应能正确动作，启动录波、信号及报文等应完整
12	二次回路	二次回路试验	重要	1．试验完毕恢复二次回路端子时，为防止TA二次开路、TV 二次短路，需测量 TA、TV 回路的内阻、外阻及全回路电阻，发现问题及时处理； 2．检查TA变比、组别、极性使用正确，从现场TA至保护屏柜的电流二次回路进行通流试验，测量各点电流值符合要求，测量回路负载符合要求，检查无开路及两点接地情况； 3．检查TV变比、组别、极性使用正确，从现场TV至保护屏柜的电压二次回路进行加压试验，采取防止反送电的措施，测量各点电压值符合要求，测量回路负载符合要求，检查无短路及二点接地情况； 4．依据《国家电网公司直流专业精益化管理评价规范》第十六部分第29条，即： 4.1 电压回路、电流回路、直流电源回路、跳闸、闭锁、控制回路、信号回路对地绝缘电阻不小于 10MΩ

续表

序号	监督项目	监督内容	等级	监 督 要 求
13	自检功能	自检功能校验	重要	1．依据《国家电网公司十八项电网重大反事故措施》第8.5.1.4条，即： 1.1 直流控制保护系统应具备完善、全面的自检功能，自检到主机、板卡、总线故障时应根据故障级别进行报警、系统切换、退出运行、闭锁直流系统等操作，且给出准确的故障信息
14	功能检查	保护范围	重要	1．依据《国家电网公司直流专业精益化管理评价规范》第十六部分第23条，即： 1.1 直流保护的保护范围应能覆盖阀厅区、12脉动桥联母区（仅限特高压）、旁路开关区（仅限特高压）、直流开关场高压区、极中性母线区、双极区、直流线路区，各保护区之间互相交迭，没有保护死区
		基本原则	重要	1．依据《国家电网公司直流专业精益化管理评价规范》第十六部分第24条，即： 1.1 直流保护应既能用于整流运行，也能用于逆变运行； 1.2 每重保护都应完整的覆盖所规定的区域，并能独立地对所保护设备或区域进行全面、正确的保护； 1.3 任意一重保护因故障、检修或其他原因而完全退出时，不应影响其他各重保护，并对整个直流系统的正常运行没有影响； 1.4 保护应能区别不同的故障状态，应合理安排警告、报警、设备切除、再起动、停运等不同的保护等级；并能根据故障的不同程度和发展趋势，分段执行动作； 1.5 每一个设备或保护区域应尽可能地配置两种及以上不同原理的保护； 1.6 保护装置应具备定值整定功能，同时定值对直流系统不同运行状态具有自适应性，不同直流保护定值之间具有协调配合性； 1.7 保护应具有防止区外故障引起保护误动的能力； 1.8 采用不同性质的TA（光和电磁式等）构成的差动保护，保护设计时应具有防止互感器暂态特性不一致引起保护误动的措施
15	保护逻辑验证	保护逻辑验证	重要	1．对照软件、技术规范和厂家功能说明书，对保护判据进行核对； 2．核查保护定值设置范围正确； 3．在软件中设置的定值，对交直流TA、TV进行二次侧注流加压，检查报警和跳闸功能正常，启动录波、信号及报文等应完整、正确； 4．验证各种闭锁逻辑和方法； 5．了解并熟悉保护基本原理和二次回路图

续表

<table>
<tr><th>序号</th><th>监督项目</th><th>监督内容</th><th>等级</th><th>监督要求</th></tr>
<tr><td>16</td><td>系统监视</td><td>系统监视</td><td>一般</td><td>1．依据《国家电网公司直流专业精益化管理评价规范》第十六部分第28条，即：
1.1 保护主机（装置）应具有完善的自监测功能，保证100%的自检覆盖率。当保护主机（装置）检测到故障时，应根据故障情况采取相应措施，发出相应告警且不会误输出跳闸信号</td></tr>
<tr><td rowspan="5">17</td><td rowspan="5">试验</td><td>空载加压试验</td><td>重要</td><td>试验项目包括带线路和不带线路的空载加压试验，以及一极运行、另一极的带线路和不带线路的空载加压试验，检验在空载加压试验状态下，电压控制的正确性，相应的空载加压不应误动</td></tr>
<tr><td>稳态工况试验</td><td>重要</td><td>在功率正送和功率反送下、各种交/直流电压水平和功率水平下，直流系统的稳态运行特性、稳态控制策略、换流变压器调压抽头的调节满足成套设计要求。直流起停、功率升降、运行方式转换、控制模式转换、紧急停运的动作时序正确，满足工程功能规范书的要求</td></tr>
<tr><td>通信试验</td><td>重要</td><td>每极用于控制和监视目的的站数据通过通信系统进行冗余传输；满足通道多重化的要求，直到与通信系统的接口部分，都应为冗余多重化结构</td></tr>
<tr><td>其他系统接口试验</td><td>一般</td><td>1．极控系统接收各分系统的跳闸信号不应存在反逻辑，避免因端子松动、继电器损坏或继电器输入端供电电源故障而引起的误跳；
2．极控系统能够正确监视其他系统的状态及故障信息</td></tr>
<tr><td>扰动试验</td><td>一般</td><td>1．依据《国家电网公司防止直流换流站单、双极强迫停运二十一项反事故措施》5.1，即：
1.1 直流控制系统应采用完全冗余的双重化配置；控制系统宜设置三种工作状态，即运行、备用和试验；
1.2 双重化配置的控制系统之间应可以进行系统切换，任何时候运行的有效控制系统应是双重化系统中较为完好的一套</td></tr>
<tr><td rowspan="4">18</td><td rowspan="4">仿真</td><td>阀接地或短路故障试验仿真</td><td>重要</td><td rowspan="4">1．保护动作符合工程技术规范要求，动作时间正常；
2．检查保护配置符合工程技术规范要求；
3．检查事件记录报文正确；
4．熟悉典型波形的判断方法；
5．编写保护原理和配置说明书；
6．记录调试过程中的异常和问题，形成总结；
7．双重化配置的每套保护动作出口应经启动元件把关，防止装置单一元件故障导致保护误动作；
8．双重化的两套保护之间不应有任何电气联系， 当一套保护退出时不应影响另一套保护的运行；
9．双重化配置的每套保护动作出口应经启动元件把关，防止装置单一元件故障导致保护误动作；</td></tr>
<tr><td>极母线和中性线接地、开路故障仿真</td><td>重要</td></tr>
<tr><td>直流线路故障仿真</td><td>重要</td></tr>
<tr><td>接地极故障仿真</td><td>一般</td></tr>
</table>

续表

<table>
<tr><th>序号</th><th>监督项目</th><th>监督内容</th><th>等级</th><th>监 督 要 求</th></tr>
<tr><td>18</td><td>仿真</td><td>接地极故障仿真</td><td>一般</td><td>10．直流线路保护仅在整流站出口动作，逆变站应闭锁出口；
11．直流系统单极方式运行时，停运极保护应闭锁动作出口指令，防止引起运行极闭锁；如：闭锁极的中性线开路保护，不能发出保护闭锁或合“NBGS”的命令</td></tr>
<tr><td>19</td><td>直流测量装置反措检查</td><td>直流测量装置反措检查</td><td>重要</td><td rowspan="3">1．将装置电流电压回路断开，检查零漂值，要求其稳定在 $0.01I_n$ 或 0.05V 以内；使用继电保护测试仪，在施加额定电压额定电流下，装置采样值误差不大于 5%，相角误差不大于 3°；
2．编写加压注流总结；
3. 极保护用的电流互感器二次线圈应为 P 级或 TP 级；
4. 双重化或三重化保护的电压回路宜分别接入电压互感器的不同二次绕组；电流回路应分别取自电流互感器互相独立的绕组，并合理分配电流互感器二次绕组，避免可能出现的保护死区；分配接入保护的互感器二次绕组时，还应特别注意避免运行中一套保护退出时可能出现的电流互感器内部故障死区问题；
5. 双重化或三重化直流保护如果取开关或刀闸的辅助接点，应每套保护分别取一个辅助接点，严禁各套保护共用一个辅助接点，避免辅助接点不到位导致保护误动；
6．在快速的差动保护中应使用相同性能的电流互感器，避免因电流互感器性能不同造成保护误动。检查主机程序运转情况，主机和板卡的负载率正常，检查软件运行版本统一正常；
7．编写主机和板卡检查和程序装载使用说明书</td></tr>
<tr><td>20</td><td>板卡、主机运行检查</td><td>板卡、主机运行检查</td><td>重要</td></tr>
<tr><td>21</td><td>采样检查</td><td>采样检查</td><td>一般</td></tr>
<tr><td>22</td><td>国家电网公司二十一条反措执行情况</td><td>国家电网公司二十一条反措执行情况</td><td>重要</td><td>1．应检查直流保护是否按照“三重化”或“双重化”方式配置，保护的设计能否满足各套保护独立性的要求；
2. 逐一审查各模拟量输入回路的图纸和实际接线，检查相互冗余的保护回路是否相互独立，核查是否存在测量回路单一模块故障影响冗余保护运行的情况；
3．检查主机和板卡电源冗余配置情况，并对主机和相关板卡、模块进行断电试验，验证电源供电可靠性；
4. 直流保护和换流变压器电气量保护应采用三重化或双重化配置。每套保护均应独立、完整，各套保护出口前不应有任何电气联系，当一套保护退出时不应影响其他各套保护的运行；
5．采用三重化配置的保护装置，当一套保护退出时，出口采用“二取一”模式。任一个“三取二”模块故障，不会导致保护拒动和误动；</td></tr>
</table>

续表

序号	监督项目	监督内容	等级	监　督　要　求
22	国家电网公司二十一条反措执行情况	国家电网公司二十一条反措执行情况	重要	6．采用双重化配置的保护装置，每套保护中应采用“启动＋动作”逻辑，启动和动作的元件及回路应完全独立，不得有公共部分互相影响； 7．当保护主机或板卡故障时，程序应具有完善的自检能力，提前退出保护，防止保护误动作； 8．每套保护的测量回路应完全独立，一套保护测量回路出现异常，不应影响到其他各套保护的运行； 9．每极各套保护间、极间不应有公用的输入/输出（I/O）设备，一套保护退出进行检修时，其他运行的保护不应受任何影响； 10．每套保护输入/输出模块采用两套电源同时供电；每个“三取二”模块采用两套电源同时供电；控制保护屏内每层机架应配置两块电源板卡；相互冗余的保护不得采用同一路电源供电，各装置的两路电源应分别取自不同直流母线； 11．针对直流线路纵差保护，当一端的直流线路电流互感器自检故障时，应及时退出本端和对端线路纵差保护； 12．按照双极中性线差动保护、后备站接地过流保护、接地极开路保护、站内接地开关及后备保护、金属回线转换开关及后备保护、大地回线转换开关及后备保护、金属回线接地保护、金属回线横差保护、金属回线纵差保护、站内接地过流等保护的原理和设计逻辑，保护需要根据不同的运行方式来选取不同的电压、电流量参与计算或选择不同的保护定值。若依靠直流开关、刀闸的辅助接点位置作为选用的判据，则接点异常或变位会导致保护的计算结果或定值改变，进而造成保护误动或拒动； 13．在设计保护程序时，应尽量避免使用开关和刀闸单一辅助接点位置状态量作为选择计算方法和定值的判据，应考虑使用能反映运行方式特征且不易受外界影响的模拟量作为判据；对受检修方式影响的模拟量，应采用压板隔离方式，以便检修或测试； 14．若必须采用开关和刀闸辅助接点作为判据时，应按照保护回路独立性要求实现不同保护的回路完全分开，即进入每套保护装置的信号应取自独立的开关、刀闸辅助接点，且信号电源也应完全独立； 15．对于采用“启动＋动作”原理的保护，启动和动作回路也应完全独立； 16．若必须采用开关和刀闸辅助接点作为判据时，应同时采用分、合闸两个辅助接点位置作为状态判据，以避免单一接点松动或外部电源故障导致保护误动或拒动；当不能确定实际状态时，应保持逻辑或定值不变；

续表

序号	监督项目	监督内容	等级	监 督 要 求
22	国家电网公司二十一条反措执行情况	国家电网公司二十一条反措执行情况	重要	17．除电容器不平衡TA、滤波器电阻过负荷保护TA以及直流滤波器低压端测量总电流TA外，保护用的电流互感器二次线圈应根据相关要求选用P级或TP级； 18．非电量保护跳闸接点和模拟量采样不应经中间元件转接，应直接接入控制保护系统或非电量保护屏
23	风险预防排查	二次回路风险排查	重要	1．依据《特高压直流保护风险辨识库》第1条，即： 1.1　严格按照《国家电网公司特高压直流换流站投运前验收细则》的相关要求，在设备验收期间检查回路是否与设计图纸一致，并对端子排编号、接线紧固、跳闸回路绝缘情况进行检查。 2．依据《特高压直流保护风险辨识库》第2条，即： 2.1　需核查直流控制保护系统配置阀组检修钥匙，确保换流器在退出运行的情况下，其任何保护动作均不应该影响同极另一阀组和该极的正常运行。 3．依据《特高压直流保护风险辨识库》第2条，即： 3.1　依据《国家电网公司防止直流换流站单、双极强迫停运二十一项反事故措施》13.4.1：对于采用开关和刀闸辅助接点作为判据的，利用RS触发器等软件措施改造成同时采用分、合闸两个辅助接点位置作为状态判据，确保在信号电源丢失情况下能保证位置信号正确。 4．依据《特高压直流保护风险辨识库》第3条，即： 4.1　核查软件逻辑和二次接线，确保站内接地开关保护动作后重合NBGS开关
		主机/板卡故障	重要	1．依据《特高压直流保护风险辨识库》第6条，即： 1.1　保护主机CPU向PCI传输数据时，增加数据校验功能； 1.2　保护主机检测到硬件故障时，屏蔽CAN总线传输信号，并将CAN通信允许传输信号置零； 1.3　控制主机对保护主机的CAN节点允许传输信号和保护主机“心跳”信号进行监视，二者任一条件满足时，保护主机通过CAN网发送给控制主机的信息置零
		软件缺陷	重要	1．依据《特高压直流保护风险辨识库》第7条，即： 1.1　双极中性线差动保护动作取消合NBGS功能段。 2．依据《特高压直流保护风险辨识库》第8条，即： 2.1　50Hz谐波电流采集带宽应在40～60Hz范围内，100Hz谐波电流采集带宽应在80～120Hz范围内； 2.2　50Hz和100Hz保护动作定值和时间在直流运行在低功率水平时按防止直流电流断续确定，运行在高功率水平时根据直流设备耐受水平确定。 3．依据《特高压直流保护风险辨识库》第10条，即：

续表

序号	监督项目	监督内容	等级	监 督 要 求
23	风险预防排查	软件缺陷	重要	3.1 南京换流接至不同远端交流站或逆变站的交流出线多于两回时， 不设置站间最后断路器保护。 4．依据《特高压直流保护风险辨识库》，即： 4.1 需核查金属回线开关保护定值是否同一次设备的电流转移能力配备； 4.2 需由国网经研院核查本直流工程供货厂家是否明确说明不需配置阀结温监视功能；若不需配置阀结温监视功能，由运行单位及控保厂家核实未配置该监视功能； 4.3 需核查直流解锁期间 CB_ON 信号异常时阀控仪发出报警信息； 4.4 需核查本直流工程相关逻辑的实现方式，是否有类似风险辨识库第 14、第 15 条问题； 4.5 Q/GDW 11355—2014《高压直流系统保护装置标准化技术规范》要求：需核实有无配置潮流反转保护； 4.6 一端极保护退至检修状态时，另一端自动退出线路相关纵联保护功能； 4.7 依据调继〔2013〕93 号《国调中心关于印发双极中性线差动保护合 NBGS 开关及直流保护软件隐患排查结果讨论会纪要的通知》要求： 4.7.1 调整延时，确保直流线路纵差保护切换系统延时小于动作延时； 4.7.2 金属回线接地保护取消开关位置判别制动电流有效的条件； 4.7.3 直流滤波器差动保护和过负荷保护动作出口前，判直流滤波器总电流时采用首端 TA； 4.7.4 取消直流滤波器不平衡和过负荷保护报警出口受测量故障信号限制的判据； 4.7.5 接地极线开路保护在切换系统出口处增加事件报警； 4.7.6 阀短路保护制动电流使用（I_{dP}、I_{dnc}）中的最大值； 4.7.7 配置换相失败展宽，单桥 150ms，双桥 500ms ； 4.7.8 换流变压器过流保护增加功率回降段； 4.7.9 换流变压器过励磁保护增加告警段； 4.7.10、换流变压器引线差动保护取消二次及五次谐波； 4.7.11、退出直流保护中的交流过电压保护； 4.7.12、站内接地过流保护（含后备保护）取消合 NBGS 功能段；站接地过流保护（含后备保护） 单双极运行时均需判 NBGS 在合位才能出口。 4.8 为防止 NBS 断开后由于系统谐振产生的高频电流导致其开关保护误动，对开关失灵电流进行滤波处理；核查 NBS 开关保护应按上述方式实现； 4.9 核查换流器过流保护电气量部分应配置切换系统段；

续表

序号	监督项目	监督内容	等级	监督要求
23	风险预防排查	软件缺陷	重要	4.10 核查直流再启动逻辑中的 50ms 展宽时间已取消； 4.11 核查直流控制应设置“带跳闸或紧急故障信号的控制保护装置不允许切换到主用状态”的逻辑； 4.12 核查换流变压器末屏二次输出电压应为 $110/\sqrt{3}$ V； 4.13 核查以下内容： 4.13.1 交直流滤波器不平衡保护采用不平衡电流与穿越电流之比（I_{umb}/I_{tro}）的原理实现； 4.13.2 对于 HP3 等类型交流滤波器配置低端电容器不平衡保护时，不平衡定值采用的 I_{tro} 需使用对应电容支路电流。 4.14 核查交流滤波器投入检测时间同信号返回时间的配合； 4.15 核查直流线路突变量保护有防误措施，能区分区外扰动和区内线路故障； 4.16 核查 VDCOL 控制功能设置一定防误措施，健全极 VDCOL 功能在另一极重起动过程中应短时退出； 4.17 核查金属回线接地保护的启动逻辑设置一定防误措施，防止其在非金属回线运行方式下动作； 4.18 如有条件进行仿真，核查有无风险辨识库第 43 条问题
		测量设备	重要	1．依据《特高压直流保护风险辨识库》第 47 条，即： 1.1 增加测量元件的冗余度，任意一路测量回路故障均不应导致保护动作

第三节 阀控装置监督

一、到场监督

重点监督检查屏柜、技术资料及其工器具等附件的完整性；掌握开箱检查内容，做好开箱记录。

序号	监督项目	监督内容	等级	监督要求
1	屏柜拆箱	屏柜外观检查	一般	屏柜外观应完整，颜色与订货相符，无外力损伤及变形痕迹，屏柜内无淋雨、受潮或凝水情况
		元器件完整性检查	重要	1．屏内装置、打印机、转换开关、按钮、标签框、小母线、空气开关、端子排、端子盒、光纤接线盒、独立继电器、接地铜牌、门接地线等元器件应完整良好，且与装箱清单以及设计图纸数目、型号相符；

续表

序号	监督项目	监督内容	等级	监督要求
1	屏柜拆箱	元器件完整性检查	重要	2. 设备应有铭牌或相当于铭牌的标志，内容包括：①制造厂名称和商标；②设备型号和名称
		技术资料检查	一般	随屏图纸、说明书、合格证等相关资料齐全；并扫描存档
2	附件及专用工器具	备品备件	重要	检查是否有相关备品备件，数量及型号是否相符，做好相应记录
		专用工器具	重要	1. 记录随设备到场的专用工器具，列出专用工器具清单，并妥善保管； 2. 如施工单位需借用相关工器具，须履行借用手续

二、安装监督

设备安装过程中，要详细记录设备安装的具体内容、进度及存在的问题。掌握屏柜吊装方法和安全注意事项，明确拆卸步骤。掌握柜内端子排布置，明确电缆走向。换流站控制保护系统的安装、调试应在控制室、继电器小室土建工作完成、环境条件满足要求后方可进行，严禁边土建边安装。

<table>
<tr><th>序号</th><th>监督项目</th><th>监督内容</th><th>等级</th><th>监督要求</th></tr>
<tr><td rowspan="2">1</td><td rowspan="2">屏柜安装就位</td><td>屏柜就位找正</td><td>重要</td><td>1. 屏柜应按照图纸设计的位置就位，就位后严格找平，与相邻屏位间距适当，保持平齐；
2. 依据 Q/GDW 1224—2014《±800kV 换流站屏、柜及二次回路接线施工及验收规范》第 4.4 条，即：
2.1 屏、柜单独或成列安装时，其垂直、水平偏差及屏、柜面偏差和屏、柜间接缝等的允许偏差应符合下表的规定。模拟母线应对齐、完整，安装牢固，标识颜色应符合 GB 50171 的有关规定。
<table>
<tr><th colspan="2">项　目</th><th>允许偏差（mm）</th></tr>
<tr><td colspan="2">垂直度（每米）</td><td>＜1.5</td></tr>
<tr><td rowspan="2">水平偏差</td><td>相邻两屏顶部</td><td>＜2</td></tr>
<tr><td>成列屏顶部</td><td>＜5</td></tr>
<tr><td rowspan="2">屏间偏差</td><td>相邻两屏边</td><td>＜1</td></tr>
<tr><td>成列屏面</td><td>＜5</td></tr>
<tr><td colspan="2">屏间接缝</td><td>＜2</td></tr>
</table>
</td></tr>
<tr><td>屏柜固定</td><td>一般</td><td>1. 依据《国家电网公司直流专业精益化管理评价规范》第十七部分第 6 条，即：
1.1 屏柜固定良好，紧固件齐全完好。
2. 依据 Q/GDW 1224—2014《±800kV 换流站屏、柜及二次回路接线施工及验收规范》第 4.3 条，即：</td></tr>
</table>

续表

序号	监督项目	监督内容	等级	监 督 要 求
1	屏柜安装就位	屏柜固定	一般	2.1 屏、柜间及屏、柜上的设备与各构件间连接应牢固。屏、柜与基础型钢应采用螺栓连接
		屏柜接地	重要	1．依据 Q/GDW 1224—2014《±800kV 换流站屏、柜及二次回路接线施工及验收规范》第 4.6 条，即： 1.1 屏、柜、箱等的金属框架和底座均应可靠接地，装有电器的可开启的门，应以多股软铜线与接地的金属构架可靠地连接，成套柜应装有供检修用的接地装置
		屏柜设备检查	一般	1．依据《国家电网公司直流专业精益化管理评价规范》第十七部分第 6 条，即： 1.1 设备外观完好无损伤； 1.2 压板、转换开关、按钮完好，位置正确； 1.3 屏上标志正确、齐全、清晰； 1.4 屏柜内照明正常，打印机工作正常（如有）； 1.5 屏柜顶部应无通风管道，对于屏柜顶部有通风管道的，屏柜顶部应装有防冷凝水的挡水隔板。 2．依据 Q/GDW 1224—2014《±800kV 换流站屏、柜及二次回路接线施工及验收规范》第 9.1 条，即： 2.1 屏、柜内所装电器元件应齐全完好、标识规范，安装位置应正确，固定应牢固。 3．依据 Q/GDW 1224—2014《±800kV 换流站屏、柜及二次回路接线施工及验收规范》第 5.5 条，即： 3.1 屏、柜的正面及背面各电器、端子排等应标明编号、名称、用途及操作位置，且字迹应清晰、工整，不易脱色
2	端子排	端子排外观检查	一般	1．依据 Q/GDW 1224—2014《±800kV 换流站屏、柜及二次回路接线施工及验收规范》第 5.2 条，即： 1.1 端子排应无损坏，固定牢固，绝缘良好； 1.2 端子应有序号，应便于更换且接线方便
		强、弱电和正、负电源端子排的布置	重要	1．依据 Q/GDW 1224—2014《±800kV 换流站屏、柜及二次回路接线施工及验收规范》第 5.2 条，即： 1.1 强、弱电端子宜分开布置；由于设计困难无法分开布置的，应有明显标志并设空端子隔开或设加强绝缘的隔板； 1.2 正、负电源之间以及经常带电的正电源与合闸或跳闸回路之间，宜以一个空端子隔开
		电流、电压回路等特殊回路端子检查	重要	1．依据 Q/GDW 1224—2014《±800kV 换流站屏、柜及二次回路接线施工及验收规范》第 5.2 条，即： 1.1 电流回路应经过试验端子，其他需断开的回路宜经特殊端子或试验端子； 1.2 试验端子应接触良好

续表

序号	监督项目	监督内容	等级	监督要求
2	端子排	端子与导线截面匹配	重要	1．依据 Q/GDW 1224—2014《±800kV 换流站屏、柜及二次回路接线施工及验收规范》第 5.2 条，即： 1.1 接线端子应与导线截面匹配，不应使用小端子配大截面导线。 2．依据《国家电网公司直流专业精益化管理评价规范》第十七部分第 7 条，即： 2.1 每个接线端子的每侧接线宜为 1 根，不得超过 2 根； 2.2 不同截面的两根导线不能接在同一端子上
		端子排接线检查	一般	1．依据《国家电网公司直流专业精益化管理评价规范》第十七部分第 7 条，即： 1.1 接线应采用铜质或有电镀金属防锈层的螺栓紧固，且应有防松装置，引线裸露部分不大于 5mm； 1.2 接线应排列整齐、清晰、美观，绝缘良好无损伤
3	二次电缆敷设	电缆截面应合理	重要	1．依据《国家电网公司直流专业精益化管理评价规范》第十七部分第 8 条，即： 1.1 主机（装置）的直流电源、交流电流、电压及信号引入回路应采用屏蔽阻燃铠装电缆。 2．依据 Q/GDW 1224—2014《±800kV 换流站屏、柜及二次回路接线施工及验收规范》第 6.2 条，即： 2.1 屏、柜内的配线应采用标称电压不低于 450V/750V 的铜芯绝缘导线，二次电流回路导线截面不应小于 $2.5mm^2$，其他回路截面不应小于 $1.5mm^2$； 2.2 用于计量的二次电流回路，其导线截面积不应小于 $4mm^2$； 2.3 用于计量的二次电压回路，其导线截面积不应小于 $2.5mm^2$； 2.4 电子元件回路、弱电回路采用锡焊连接时，在满足载流量和电压降及有足够机械强度的情况下，可采用不小于 $0.5mm^2$ 截面的绝缘导线
		电缆敷设满足相关要求	重要	1．依据 Q/GDW 1224—2014《±800kV 换流站屏、柜及二次回路接线施工及验收规范》第 6.4 条，即： 1.1 强、弱电，交、直流回路不应使用同一根电缆，线芯应分别成束排列。 2．依据《国家电网公司直流专业精益化管理评价规范》第十七部分第 8 条，即： 2.1 冗余系统的电流回路、电压回路、直流电源回路、双跳闸绕组的控制回路等，不应合用一根多芯电缆。 3．依据 Q/GDW 1224—2014《±800kV 换流站屏、柜及二次回路接线施工及验收规范》第 7.2 条，即： 3.1 保护、控制用电缆与电力电缆不应同层敷设，且间距应符合设计要求

续表

序号	监督项目	监督内容	等级	监 督 要 求
3	二次电缆敷设	电缆排列	一般	1．依据 Q/GDW 1224—2014《±800kV 换流站屏、柜及二次回路接线施工及验收规范》第 6.4 条，即： 1.1　电缆应排列整齐、编号清晰、避免交叉、固定牢固，不得使所接的端子承受机械应力
		电缆屏蔽与接地	重要	1．依据 Q/GDW 1224—2014《±800kV 换流站屏、柜及二次回路接线施工及验收规范》第 6.4 条，即： 1.1　铠装电缆进入屏、柜后，应将钢带切断，切断处的端部应扎紧；铠层应一点接地，接地点可选在端子箱或汇控柜接地铜排上
		电缆芯线布置	一般	1．橡胶绝缘的芯线应用外套绝缘管； 2．依据《国家电网公司直流专业精益化管理评价规范》第十七部分第 8 条，即： 2.1　电缆芯线和所配导线的端部均应标明其回路编号，编号应正确，字迹清晰且不易脱色； 2.2　屏内二次接线紧固、无松动，与出厂图纸相符。 3．依据 Q/GDW 1224—2014《±800kV 换流站屏、柜及二次回路接线施工及验收规范》第 6.4.4 条，即： 3.1　屏柜内的电缆芯线，应按垂直或水平有规律地配置，不得任意歪斜交叉连接
4	二次电缆接线	接线核对及紧固情况	重要	1．依据 Q/GDW 1224—2014《±800kV 换流站屏、柜及二次回路接线施工及验收规范》第 6.1 条，即： 1.1　按图施工，接线正确； 1.2　导线与电气元件间采用螺栓连接、插接、焊接或压接等，均应牢固可靠。 2．各短接片要压接良好，使用合理，工艺美观，无毛刺；特别是 TA、TV 二次回路的短接片使用，要能方便以后年度检修时做安全措施，在安措时需加装短接片的端子上宜保留固定螺栓
		电缆绝缘与芯线外观检查	重要	1．屏柜内的导线不应有接头，导线芯线应无损伤； 2．多股铜芯线每股铜芯都应接入端子，避免裸露在外； 3．导线接引处预留长度适当，且各线余量一致； 4．用 1000V 绝缘电阻表测量电缆各芯线之间和各芯线对地的绝缘情况，阻值均应大于 10MΩ
		电缆芯线编号检查	一般	1．依据 Q/GDW 1224—2014《±800kV 换流站屏、柜及二次回路接线施工及验收规范》第 6.1.4 条，即： 1.1　电缆芯线和所配导线的端部均应标明其回路编号，编号应正确，字迹清晰且不易脱色
		配线检查	一般	1．依据 Q/GDW 1224—2014《±800kV 换流站屏、柜及二次回路接线施工及验收规范》第 6.1 条，即： 1.1　配线应整齐、清晰、美观，导线绝缘应良好，无损伤

续表

序号	监督项目	监督内容	等级	监 督 要 求
4	二次电缆接线	线束绑扎松紧和形式	一般	线束绑扎松紧适当、匀称、形式一致，固定牢固
		备用芯的处理	重要	备用芯预留长度至屏内最远端子处；芯线与屏柜外壳绝缘可靠，标识齐全
5	光缆敷设	光缆布局	一般	1．依据《国家电网公司直流专业精益化管理评价规范》第十七部分第9条，即： 1.1 光纤外护层完好，无破损； 1.2 光缆走向与敷设方式应符合施工图纸要求。 2．光缆布局合理，固定良好
		光缆弯曲半径	重要	1．依据《国家电网公司直流专业精益化管理评价规范》第十七部分第9条，即： 1.1 光纤（缆）弯曲半径应大于纤（缆）径的15倍
6	光纤连接	光纤及槽盒外观检查	一般	1．光纤外护层完好，无破损；端头清洁，无杂物； 2．光纤槽盒固定牢靠，槽口无锐边，槽盒表面的半导电漆层完好
		光纤弯曲度检查	重要	光纤弯曲半径为光纤截面直径的20倍，最小为50mm
		光纤连接情况	重要	光纤连接可靠，接触良好
		光纤回路编号	一般	光纤端部均应标明其回路编号，编号应正确，字迹清晰且不易脱色
		光纤备用芯检查	一般	同一光纤回路备用光纤备用芯数量应不少于在用芯数量或不低于3根，且均应制作好光纤头并安装好防护帽，固定适当无弯折，标识齐全
7	屏内接地	主机机箱外壳接地	重要	1．依据《国家电网公司直流专业精益化管理评价规范》第十七部分第10条，即： 1.1 主机（装置）的机箱外壳应可靠接地，以保证主机（装置）有良好的抗干扰能力
		接地铜排	重要	1．依据《国家电网公司直流专业精益化管理评价规范》第十七部分第10条，即： 1.1 接地铜排应用截面不小于 $50mm^2$ 的铜缆与室内的等电位接地网可靠相连
		接地线	重要	1．依据《国家电网公司直流专业精益化管理评价规范》第十七部分第10条，即： 1.1 电缆屏蔽层应使用截面不小于 $4mm^2$ 多股铜质软导线可靠连接到等电位接地铜排上； 1.2 屏柜的门等活动部分应使用不小于 $4mm^2$ 多股铜质软导线与屏柜体良好连接

续表

序号	监督项目	监督内容	等级	监 督 要 求
8	标示	标示安装	一般	屏柜的正面及背面各电器、端子牌等应标明编号、名称、用途及操作位置，其标明的字迹应清晰、工整，且不易脱色
9	防火密封	防火密封	重要	1．依据《国家电网公司直流专业精益化管理评价规范》第十七部分第11条，即： 1.1　电缆沟进线处和屏柜内底部应安装防火板，电缆缝隙、空洞应使用防火堵料进行封堵，要求密封良好，工艺美观

三、功能调试监督

功能调试阶段应对换流站阀控装置功能和硬件配置、采样回路和信号输入输出回路、功能压板、按钮、切换把手等进行重点检查验证，熟悉各插件具体功能、二次回路图、外部接线与内部插件之间的连接，掌握装置操作方法和操作流程等。

序号	监督项目	监督内容	等级	监 督 要 求
1	装置上电	人机对话功能	一般	装置液晶显示正常，数据显示清晰，各按键、按钮操作灵敏可靠
		版本检查	重要	软件版本和CRC码正确，与对侧均一致
		时钟检查	一般	时钟显示正确，与GPS对时功能正常
		定值	重要	装置定值的修改和固化功能正常，可以正确切换定值区；装置电源丢失后原定值不改变
		逆变电源检查	重要	用万用表测量逆变电源各级输出电压值满足要求，直流电源缓慢上升时的自启动性能满足要求
		打印机检查	一般	打印机（如有）功能使用正常
2	电源配置	电源配置	重要	1．依据《国家电网公司防止直流换流站单、双极强迫停运二十一项反事故措施》第6.2.1条，即： 1.1　每套阀控系统应由两路完全独立的电源同时供电，一路电源失电，不影响阀控系统的工作。 2．依据《国家电网公司防止直流换流站单、双极强迫停运二十一项反事故措施》第6.3.3条，即： 2.1　检查阀控系统电源冗余配置情况，并对相关板卡、模块进行断电试验，验证电源供电可靠性。 3．熔断器的熔体规格、自动开关的整定值应符合设计要求； 4．双重化配置时，两套装置其直流电源是否是彼此独立；单配置时，装置直流电源是否是双重化配置

续表

序号	监督项目	监督内容	等级	监 督 要 求
3	冗余配置	冗余配置	重要	1．依据《国家电网公司十八项电网重大反事故措施》第8.1.1.10条，即： 1.1 阀控系统应双重化冗余配置，并具有完善的晶闸管触发、保护和监视功能，准确反映晶闸管、光纤、阀控系统板卡的故障位置和故障信息；除光纤触发板卡和接收板卡外，两套阀控系统不得有共用元件，一套系统停运不影响另外一套系统。 2．依据《国家电网公司防止直流换流站单、双极强迫停运二十一项反事故措施》第6.2.2条，即： 2.1 换流阀阀塔漏水检测装置动作宜投报警，不投跳闸；若厂家设计要求必须投跳闸，则其传感器、跳闸回路及逻辑应按照“三取二”原则设计
4	阀控逻辑功能	阀控逻辑功能	重要	1．依据《国家电网公司直流专业精益化管理评价规范》第六部分第17条，即： 1.1 阀控系统相关板卡、模块、回路（含阀控接口装置）应具有完善的自检报警功能，阀控系统应具有完善的监测、报警和跳闸出口功能； 1.2 新建工程的阀控系统应具备试验模式，该模式下可对处于检修状态的换流阀发触发脉冲，并进行可控硅导通试验、光纤回路诊断等测试； 1.3 新建工程的阀控系统应具有独立的内置故障录波功能，录波信号包括阀控触发脉冲信号、回报信号、与极控（单12脉动换流器控制）的交换信号等，在直流闭锁、阀控系统切换或异常时启动录波； 1.4 换流阀晶闸管监视系统应能在不外加任何专用工具的情况下，直接显示故障位置和数量信息； 1.5 晶闸管级状态监测一般包括晶闸管等元件损坏、过电压保护、d*v*/d*t*保护、暂态恢复保护等保护动作信息； 1.6 单一阀控系统元件、回路故障（除触发板卡、光接收板卡及阀控背板外）不会闭锁直流； 1.7 阀控系统切换逻辑正确，功能正常；极（单12脉动换流器）控系统执行阀控系统跳闸命令前应进行系统切换； 1.8 阀控系统跳闸应采用常开回路，回路接线正确；对采用常闭接点的跳闸回路，改造后应满足不拒动、不误动
5	阀控联调试验	阀控联调试验	重要	1．依据《国家电网公司防止直流换流站单、双极强迫停运二十一项反事故措施》第6.3.1条，即： 1.1 在二次设备联调试验阶段，应安排阀控系统与极控系统之间的联调试验，防止不同厂家设备接口工作异常。 2．依据《国家电网公司直流专业精益化管理评价规范》第六部分第13条，即：

续表

序号	监督项目	监督内容	等级	监督要求
5	阀控联调试	阀控联调试验	重要	2.1　对于存在阀控接口屏的，应特别注意极控、阀控接口屏、阀控的上下电顺序，宜在调试时进行试验验证，避免误发信号导致严重后果。 3．依据《国家电网公司十八项电网重大反事故措施》第8.1.1.10条，即： 3.1　阀控系统应全程参与直流控制保护系统联调试验；当直流控制系统接收到阀控系统的跳闸命令后，应先进行系统切换

第四节　阀冷控制保护系统监督

一、到场监督

重点监督检查屏柜、技术资料及其工器具等附件的完整性；掌握开箱检查内容，做好开箱记录。

序号	监督项目	监督内容	等级	监督要求
1	屏柜拆箱	屏柜外观检查	一般	屏柜外观应完整，颜色与订货相符，无外力损伤及变形痕迹，屏柜内无淋雨、受潮或凝水情况
		元器件完整性检查	重要	1．屏内装置、打印机、转换开关、按钮、标签框、小母线、空气开关、端子排、端子盒、光纤接线盒、独立继电器、接地铜牌、门接地线等元器件应完整良好，且与装箱清单以及设计图纸数目、型号相符； 2．设备应有铭牌或相当于铭牌的标志，内容包括：①制造厂名称和商标；②设备型号和名称
		技术资料检查	一般	随屏图纸、说明书、合格证等相关资料齐全，并扫描存档
2	附件及专用工器具	备品备件	重要	检查是否有相关备品备件，数量及型号是否相符，做好相应记录
		专用工器具	重要	1. 记录随设备到场的专用工器具，列出专用工器具清单，并妥善保管； 2．如施工单位需借用相关工器具，须履行借用手续

二、安装监督

设备安装过程中，要详细记录设备安装的具体内容、进度及存在的问题。掌握屏柜吊装方法和安全注意事项，明确拆卸步骤。明确电缆走向，掌握柜内端子排布置。换流站控制保护系统的安装、调试应在控制室、继电器小室土建工作完成、环境条件满足要求后方可进行，严禁边土建边安装。

<table>
<tr><th>序号</th><th>监督项目</th><th>监督内容</th><th>等级</th><th>监 督 要 求</th></tr>
<tr><td rowspan="4">1</td><td rowspan="4">屏柜安装就位</td><td>屏柜就位找正</td><td>重要</td><td>1．屏柜应按照图纸设计的位置就位，就位后严格找平，与相邻屏位间距适当，保持平齐；
2．依据 Q/GDW 1224—2014《±800kV 换流站屏、柜及二次回路接线施工及验收规范》第 4.4 条，即：
2.1　屏、柜单独或成列安装时，其垂直、水平偏差及屏、柜面偏差和屏、柜间接缝等的允许偏差应符合下表的规定。模拟母线应对齐、完整，安装牢固，标识颜色应符合 GB 50171 的有关规定。
<table>
<tr><th colspan="2">项　　目</th><th>允许偏差（mm）</th></tr>
<tr><td colspan="2">垂直度（每米）</td><td>＜1.5</td></tr>
<tr><td rowspan="2">水平偏差</td><td>相邻两屏顶部</td><td>＜2</td></tr>
<tr><td>成列屏顶部</td><td>＜5</td></tr>
<tr><td rowspan="2">屏间偏差</td><td>相邻两屏边</td><td>＜1</td></tr>
<tr><td>成列屏面</td><td>＜5</td></tr>
<tr><td colspan="2">屏间接缝</td><td>＜2</td></tr>
</table></td></tr>
<tr><td>屏柜固定</td><td>一般</td><td>1．依据《国家电网公司直流专业精益化管理评价规范》第十六部分第 6 条，即：
1.1　屏柜固定良好，紧固件齐全完好。
2．依据 Q/GDW 1224—2014《±800kV 换流站屏、柜及二次回路接线施工及验收规范》第 4.3 条，即：
2.1　屏、柜间及屏、柜上的设备与各构件间连接应牢固。屏、柜与基础型钢应采用螺栓连接</td></tr>
<tr><td>屏柜接地</td><td>重要</td><td>1．依据 Q/GDW 1224—2014《±800kV 换流站屏、柜及二次回路接线施工及验收规范》第 4.6 条，即：
1.1　屏、柜等的金属框架和底座均应可靠接地，标识规范。可开启的门应采用截面不小于 $4mm^2$ 且端部压接有终端附件的多股软铜导线与接地的金属框架可靠接地</td></tr>
<tr><td>屏柜设备检查</td><td>一般</td><td>1．依据《国家电网公司直流专业精益化管理评价规范》第十六部分第 6 条，即：
1.1　设备外观完好无损伤；
1.2　压板、转换开关、按钮完好，位置正确；
1.3　屏上标志正确、齐全、清晰；
1.4　屏柜内照明正常，打印机工作正常（如有）；
1.5　屏柜顶部应无通风管道，对于屏柜顶部有通风管道的，屏柜顶部应装有防冷凝水的挡水隔板。
2．依据 Q/GDW 1224—2014《±800kV 换流站屏、柜及二次回路接线施工及验收规范》第 9.1 条，即：
2.1　屏、柜内所装电器元件应齐全完好、标识规范，安装位置应正确，固定应牢固。
3．依据 Q/GDW 1224—2014《±800kV 换流站屏、柜及</td></tr>
</table>

续表

序号	监督项目	监督内容	等级	监 督 要 求
1	屏柜安装就位	屏柜设备检查	一般	二次回路接线施工及验收规范》第5.5条，即： 3.1 屏、柜的正面及背面各电器、端子排等应标明编号、名称、用途及操作位置，且字迹应清晰、工整，不易脱色
2	端子排	端子排外观检查	一般	1．依据Q/GDW 1224—2014《±800kV换流站屏、柜及二次回路接线施工及验收规范》第5.2条，即： 1.1 端子排应无损坏，固定牢固，绝缘良好； 1.2 端子应有序号，应便于更换且接线方便
		强、弱电和正、负电源端子排的布置	重要	1．依据Q/GDW 1224—2014《±800kV换流站屏、柜及二次回路接线施工及验收规范》第5.2条，即： 1.1 强、弱电端子宜分开布置；由于设计困难无法分开布置的，应有明显标志并设空端子隔开或设加强绝缘的隔板； 1.2 正、负电源之间以及经常带电的正电源与合闸或跳闸回路之间，宜以一个空端子隔开
		电流、电压回路等特殊回路端子检查	重要	1．依据Q/GDW 1224—2014《±800kV换流站屏、柜及二次回路接线施工及验收规范》第5.2条，即： 1.1 电流回路应经过试验端子，其他需断开的回路宜经特殊端子或试验端子； 1.2 试验端子应接触良好
		端子与导线截面匹配	重要	1．依据Q/GDW 1224—2014《±800kV换流站屏、柜及二次回路接线施工及验收规范》第5.2条，即： 1.1 接线端子应与导线截面匹配，不应使用小端子配大截面导线。 2．依据《国家电网公司直流专业精益化管理评价规范》第十六部分第7条，即： 2.1 每个接线端子的每侧接线宜为1根，不得超过2根； 2.2 不同截面的两根导线不能接在同一端子上
		端子排接线检查	一般	1．依据《国家电网公司直流专业精益化管理评价规范》第十六部分第7条，即： 1.1 接线应采用铜质或有电镀金属防锈层的螺栓紧固，且应有防松装置，引线裸露部分不大于5mm； 1.2 接线应排列整齐、清晰、美观，绝缘良好无损伤
3	二次电缆敷设	电缆截面应合理	重要	1．依据《国家电网公司直流专业精益化管理评价规范》第十六部分第8条，即： 1.1 主机（装置）的直流电源、交流电流、电压及信号引入回路应采用屏蔽阻燃铠装电缆。 2．依据Q/GDW 1224—2014《±800kV换流站屏、柜及

续表

序号	监督项目	监督内容	等级	监督要求
3	二次电缆敷设	电缆截面应合理	重要	二次回路接线施工及验收规范》第6.2条，即： 2.1　屏、柜内的配线应采用标称电压不低于450 V/750 V的铜芯绝缘导线，二次电流回路导线截面不应小于2.5mm²，其他回路截面不应小于1.5mm²； 2.2　用于计量的二次电流回路，其导线截面积不应小于4mm²； 2.3　用于计量的二次电压回路，其导线截面积不应小于2.5mm²； 2.4　电子元件回路、弱电回路采用锡焊连接时，在满足载流量和电压降及有足够机械强度的情况下，可采用不小于0.5mm²截面的绝缘导线
		电缆敷设满足相关要求	重要	1．依据Q/GDW 1224—2014《±800kV换流站屏、柜及二次回路接线施工及验收规范》第6.4条，即： 1.1　强、弱电，交、直流回路不应使用同一根电缆，线芯应分别成束排列。 2．依据《国家电网公司直流专业精益化管理评价规范》第十六部分第8条，即： 2.1　冗余系统的电流回路、电压回路、直流电源回路、双跳闸绕组的控制回路等，不应合用一根多芯电缆。 3．依据Q/GDW 1224—2014《±800kV换流站屏、柜及二次回路接线施工及验收规范》第7.2条，即： 3.1　保护、控制用电缆与电力电缆不应同层敷设，且间距应符合设计要求
		电缆排列	一般	1．依据Q/GDW 1224—2014《±800kV换流站屏、柜及二次回路接线施工及验收规范》第6.4条，即： 1.1　电缆应排列整齐、编号清晰、避免交叉、固定牢固，不得使所接的端子承受机械应力
		电缆屏蔽与接地	重要	1．依据Q/GDW 1224—2014《±800kV换流站屏、柜及二次回路接线施工及验收规范》第6.4条，即： 1.1　铠装电缆进入屏、柜后，应将钢带切断，切断处的端部应扎紧；铠层应一点接地，接地点可选在端子箱或汇控柜接地铜排上
		电缆芯线布置	一般	1．橡胶绝缘的芯线应用外套绝缘管； 2．依据《国家电网公司直流专业精益化管理评价规范》第十六部分第8条，即： 2.1　电缆芯线和所配导线的端部均应标明其回路编号，编号应正确，字迹清晰且不易脱色； 2.2　屏内二次接线紧固、无松动，与出厂图纸相符。 3．依据Q/GDW 1224—2014《±800kV换流站屏、柜及二次回路接线施工及验收规范》第6.4.4条，即： 3.1　屏柜内的电缆芯线，应按垂直或水平有规律地配

续表

序号	监督项目	监督内容	等级	监督要求
3	二次电缆敷设	电缆芯线布置	一般	置，不得任意歪斜交叉连接
4	二次电缆接线	接线核对及紧固情况	重要	1．各短接片要压接良好，使用合理，工艺美观，无毛刺；特别是TA、TV二次回路的短接片使用，要能方便以后年度检修时做安全措施；在安全措施时需加装短接片的端子上宜保留固定螺栓； 2．依据Q/GDW 1224—2014《±800kV换流站屏、柜及二次回路接线施工及验收规范》第6.1条，即： 2.1　按图施工，接线正确； 2.2　导线与电气元件间采用螺栓连接、插接、焊接或压接等，均应牢固可靠
		电缆绝缘与芯线外观检查	重要	1．屏柜内的导线不应有接头，导线芯线应无损伤； 2．多股铜芯线每股铜芯都应接入端子，避免裸露在外； 3．导线接引处预留长度适当，且各线余量一致； 4．用1000V绝缘电阻表测量电缆各芯线之间和各芯线对地的绝缘情况，阻值均应大于10MΩ
		电缆芯线编号检查	一般	1．依据Q/GDW 1224—2014《±800kV换流站屏、柜及二次回路接线施工及验收规范》第6.1.4条，即： 1.1　电缆芯线和所配导线的端部均应标明其回路编号，编号应正确，字迹清晰且不易脱色
		配线检查	一般	1．依据Q/GDW 1224—2014《±800kV换流站屏、柜及二次回路接线施工及验收规范》第6.1条，即： 1.1　配线应整齐、清晰、美观，导线绝缘应良好，无损伤
		线束绑扎松紧和形式	一般	线束绑扎松紧适当、匀称、形式一致，固定牢固
		备用芯的处理	重要	备用芯预留长度至屏内最远端子处；芯线与屏柜外壳绝缘可靠，标识齐全
5	光缆敷设	光缆布局	一般	1．光缆布局合理，固定良好； 2．依据《国家电网公司直流专业精益化管理评价规范》第十六部分第9条，即： 2.1　光纤外护层完好，无破损； 2.2　光缆走向与敷设方式应符合施工图纸要求
		光缆弯曲半径	重要	1．依据《国家电网公司直流专业精益化管理评价规范》第十六部分第9条，即： 1.1　光纤（缆）弯曲半径应大于纤（缆）径的15倍

续表

序号	监督项目	监督内容	等级	监督要求
6	光纤连接	光纤及槽盒外观检查	一般	1．光纤外护层完好，无破损；端头清洁，无杂物； 2．光纤槽盒固定牢靠，槽口无锐边，槽盒表面的半导电漆层完好
		光纤弯曲度检查	重要	光纤弯曲半径为光纤截面直径的20倍，最小为50mm
		光纤连接情况	重要	光纤连接可靠，接触良好
		光纤回路编号	一般	光纤端部均应标明其回路编号，编号应正确，字迹清晰且不易脱色
		光纤备用芯检查	一般	同一光纤回路备用光纤备用芯数量应不少于在用芯数量或不低于3根，且均应制作好光纤头并安装好防护帽，固定适当无弯折，标识齐全
7	屏内接地	主机机箱外壳接地	重要	1．依据《国家电网公司直流专业精益化管理评价规范》第十六部分第10条，即： 1.1　主机（装置）的机箱外壳应可靠接地，以保证主机（装置）有良好的抗干扰能力
		接地铜排	重要	1．依据《国家电网公司直流专业精益化管理评价规范》第十六部分第10条，即： 1.1　接地铜排应用截面不小于 $50mm^2$ 的铜缆与室内的等电位接地网可靠相连
		接地线	重要	1．依据《国家电网公司直流专业精益化管理评价规范》第十六部分第10条，即： 1.1　电缆屏蔽层应使用截面不小于 $4mm^2$ 多股铜质软导线可靠连接到等电位接地铜排上； 1.2　屏柜的门等活动部分应使用不小于 $4mm^2$ 多股铜质软导线与屏柜体良好连接
8	标示	标示安装	一般	屏柜的正面及背面各电器、端子牌等应标明编号、名称、用途及操作位置，其标明的字迹应清晰、工整，且不易脱色
9	防火密封	防火密封	重要	1．依据《国家电网公司直流专业精益化管理评价规范》第十六部分第11条，即： 1.1　电缆沟进线处和屏柜内底部应安装防火板，电缆缝隙、空洞应使用防火堵料进行封堵，要求密封良好，工艺美观

续表

序号	监督项目	监督内容	等级	监 督 要 求
10	电机控制中心（MCC）的安装	1．外观检查； 2．电机控制中心结构；及工作原理 3．自动切换工作原理	一般	1．依据《国家电网公司直流专业精益化管理评价规范》第八部分第19条，即： 1.1 设备外观完好、无损伤； 1.2 配电室应有温度控制措； 1.3 柜体的固定连接应牢固，接地可靠； 1.4 电气元件固定牢固，盘上标志、回路名称、表计及指示灯正确、齐全、清晰； 1.5 导线连接（螺接、插接、焊接或压接）应牢固、可靠； 1.6 电机绕组绝缘电阻应＞1MΩ
		反事故措施执行	一般	1．外冷变频器频率设定变送器电源各自独立，没有共用； 2．为了便于检修和维护，冷却风机和喷淋泵电机侧应增加安全隔离开关； 3．阀外冷喷淋泵、冷却风机设备的2路交流电源应取自不同段母线，且相互独立，不得有共用元件； 4．阀外水冷 N 台冷却塔，需站用电系统提供 $2N+2$ 路外部交流电源进线；其中来自不同段400V母线每2路交流电源切换形成一段交流母线，给一台冷却塔的喷淋泵和风机供电，阀外水冷系统中共有 N 段交流母线向喷淋泵和风机供电；且保证每台冷却塔的喷淋泵、风机供电分配在不同的母线段上；最后两路交流进线电源经2套双电源切换装置后，形成2段母线供电，其他水处理及辅助设备可均匀分布在这2段母线上； 5．冷却风机的变频回路和工频回路应具有电气联锁隔离功能，避免变频和工频回路同时运行；冷却风机正常工作在变频调速状态，异常时工作在工频状态； 6．电源自动切换装置功能正常； 7．外冷电源切换装置控制电源各自独立，没有共用
11	传感器检查	总体要求	一般	1．依据《国家电网公司直流专业精益化管理评价规范》第七部分第5条，即： 1.1 传感器量程符合实际需求； 1.2 传感器的装设位置和安装工艺应便于维护； 1.3 传感器表面清洁、电缆接头密封良好
		温度传感器	一般	1．依据《国家电网公司直流专业精益化管理评价规范》第七部分第5条，即： 1.1 阀进出口水温传感器应装设在阀厅外； 1.2 AB系统对同一测点的温度测量值相互比对差异不超过1℃
		流量传感器	一般	1．依据《国家电网公司直流专业精益化管理评价规范》第七部分第5条，即：

续表

序号	监督项目	监督内容	等级	监 督 要 求
11	传感器检查	流量传感器	一般	1.1 AB 系统对同一测点的流量测量值相互比对差异不超过 3%； 1.2 应装设在阀厅外或有巡视通道可到达的位置，便于巡视和不停电消缺
		液位传感器	一般	1．依据《国家电网公司直流专业精益化管理评价规范》第七部分第 5 条，即： 1.1 A、B 系统对同一测点均应至少配置两台电容式液位计和一台翻板式液位计； 1.2 每个测点的液位测量值相互比对差异不超量程的 10%； 1.3 装设位置便于维护，满足故障后不停运直流而进行检修及更换的要求
		电导率传感器	一般	1．依据《国家电网公司直流专业精益化管理评价规范》第七部分第 5 条，即： 1.1 A、B 系统对同一测点的电导率测量值相互比对差异不超过报警定值的 30%； 1.2 电导率传感器工作正常、电导率满足要求
		压力传感器	一般	1．依据《国家电网公司直流专业精益化管理评价规范》第七部分第 5 条，即： 1.1 AB 系统对同一测点的压力测量值相互比对差异不超过 5%
		反事故措施执行	一般	1．依据《国家电网公司直流专业精益化管理评价规范》第七部分第 5 条，即： 1.1 所有传感器必须至少双重化配置，其中阀进水温度传感器因其重要性宜三重化配置，双重化或三重化配置的传感器的供电和测量回路应完全独立，避免单一元件故障引起保护误动； 1.2 阀内冷控制系统若 3 冗余配置传感器，采样值应按“三取二”原则处理，即三个传感器均正常时，取采样值中最接近的两个值参与控制；当一个传感器故障，两个传感器正常时，按“二取一”原则，取不利值参与控制；当仅有一个传感器正常时，以该传感器采样值参与控制； 1.3 冗余的传感器应使用相互独立的工作电源； 1.4 传感器的装设位置和安装工艺应便于维护；除流量传感器外，其他仪表及变送器应与管道之间采取隔离措施，冷却塔出水温度等传感器应装设在阀厅外，满足故障后在线检修及更换的要求； 1.5 所有传感器应满足相应防电磁干扰标准要求； 1.6 传感器应具有自检功能，传感器故障或测量值超范围时能自动提前退出运行，而不会导致保护误动

续表

序号	监督项目	监督内容	等级	监 督 要 求
12	直流电源配置	直流电源配置	重要	1. 依据《国家电网公司直流专业精益化管理评价规范》第七部分第14条，即： 1.1 阀内冷控制单元的工作电源禁止采用站用交流电源供电，应采用稳定可靠的站用DC110V或DC220V电源供电，或经过具有电气隔离功能的DC/DC变换器输出的直流电供电； 1.2 向阀内冷设备供电的直流电源应采用分别来自2段站用直流母线，经过自动切换后向直流设备或负荷供电或者2路直流电源经过冗余的DC/DC变换器，取得稳定可靠的直流电源后，向直流设备或负荷供电； 1.3 如采用直流切换装置方式，切换装置在切换过程中，其输出电压应保证阀内冷控制单元正常工作，不能出现电压异常或失电现象； 1.4 直流电源切换装置或DC/DC变换器应保证其2路直流输入电源之间具有电气隔离功能，一路直流电源异常或接地时，不会影响另外一路直流电源； 1.5 阀内冷A、B控制系统及公用单元的直流输入电源应相互独立，各有两路冗余且独立的站用直流电源供电。任何一路电源异常或丢失后，不能影响控制系统正常工作； 1.6 阀内冷控制系统中A、B系统I/O模块及公用元件I/O模块电源宜采用DC24V供电，应采用3路独立的DC24V供电，每路DC24V电源系统的输入均来自2段站用直流母线； 1.7 涉及控制和保护功能的开入开出信号应双重化配置，其信号电源分别取自*A*、*B*段； 1.8 三重化配置的传感器电源分别取自*A*、*B*、*C*段，双重化配置的传感器电源分别取自*A*、*B*段； 1.9 主循环泵控制电源应与阀内冷控保装置的电源分开，各由独立的电源供电； 1.10 每台主循环泵应采用独立的信号电源，并由两路供电；信号电源丢失后，应维持设备原运行状态，不得停运； 1.11 “内冷系统停运”“内冷系统电加热器停运”等外部开入信号不能用于对外冷系统喷淋泵及冷却塔风机的控制； 1.12 来自阀控系统（CCP）的开入信号电源或到阀控系统（CCP）的开出信号以及到室外设备的信号，禁止采用DC24V电源供电，应采用控制系统A段或B段DC110V或DC220V直流母线供电

三、功能调试监督

功能调试阶段应对阀冷却控制保护系统装置功能和硬件配置、采样回路和信号输入输出回路、功能压板、按钮、切换把手等进行重点检查验证，熟悉各插件具体功能、二次回路图、外部接线与内部插件之间的连接，掌握装置操作方法和操作流程等。

序号	监督项目	监督内容	等级	监 督 要 求
1	保护装置上电	人机对话功能	一般	装置液晶显示正常，数据显示清晰，各按键、按钮操作灵敏可靠
		版本检查	重要	软件版本和CRC码正确，与对侧均一致
		时钟检查	一般	时钟显示正确，与GPS对时功能正常
		定值	重要	装置定值的修改和固化功能正常，可以正确切换定值区；装置电源丢失后原定值不改变
		逆变电源检查	重要	用万用表测量逆变电源各级输出电压值满足要求，直流电源缓慢上升时的自启动性能满足要求
		打印机检查	一般	打印机功能使用正常，线路保护装置可以正常与之通信并打印
2	冗余配置	冗余配置检查	重要	1. 依据《国家电网公司直流专业精益化管理评价规范》第十六部分第12条，即： 1.1 保护采用三重化或双重化配置各套保护均独立、完整，各套保护出口前无有任何电气联系，当一套保护退出时不应影响其他各套保护运行； 1.2 采用三重化配置的保护装置，当一套保护退出时，出口采用“二取一”模式任一个“三取二”模块故障，不会导致保护拒动和误动； 1.3 采用双重化配置的保护装置，各套保护应采用“启动＋动作”逻辑，启动和动作的元件及回路从测量至跳闸出口完全独立，无公共部分互相影响； 1.4 各套保护间不应有公用的输入/输出设备，一套保护退出进行检修时，其他运行的保护不应受任何影响； 1.5 电压、电流回路上的元件、模块应稳定可靠，不同回路间各元件、模块、电源应完全独立，任一回路元件、模块、电源故障不得影响其他回路的运行
3	电源配置	电源配置	重要	1. 依据《国家电网公司直流专业精益化管理评价规范》第十六部分第13条，即： 1.1 双电源配置的保护装置，各套保护装置采用两路完全独立的电源同时供电，电源取自站用直流系统不同的直流母线段，一路电源失电，不影响保护装置工作； 1.2 每个“三取二”模块（如果有）采用两路完全独立的电源同时供电；

续表

序号	监督项目	监督内容	等级	监 督 要 求
3	电源配置	电源配置	重要	1.3　装置电源与信号电源共用一路直流电源的，装置的信号电源与装置电源应在屏内采用各自独立的空气开关，并满足上下级差的配合； 1.4　打印机（如果有）、屏内照明等交流设备应选用专用交流空气开关，并满足上下级差的配合
4	采样回路	交流量采样检查	重要	将装置电流电压回路断开，检查零漂值，要求其稳定在 $0.01I_n$ 或 0.05V 以内；使用继电保护测试仪，在施加额定电压额定电流下，装置采样值误差不大于 5%，相角误差不大于 3°
5	开关量输入回路	开关量输入回路	重要	1．依据《国家电网公司直流专业精益化管理评价规范》第十六部分第 18 条，即： 1.1　各套保护装置的信号电源应完全独立，采用“启动＋动作”逻辑的，启动和动作的信号电源也应完全独立； 1.2　24V 开入电源按照不出屏柜的原则进行设计，以免因干扰引起信号异常变位； 1.3　各套保护之间的开关量输入回路完全独立，任一回路出现异常不影响其他保护装置的正常运行； 1.4　由控制系统输入的开关量信号的状态应以控制系统主系统的状态为准
6	开关量输出回路	开关量输出回路	重要	1．依据《国家电网公司直流专业精益化管理评价规范》第十六部分第 19 条，即： 1.1　直流保护按照“三取二”配置的，直流系统保护的跳闸指令信号（总线信号或无源接点信号），需经过“三取二”模块（“三取二”逻辑）运算后，再发送到控制系统； 1.2　直流保护按照“启动＋动作”配置的，冗余的两套极控制系统都能够接收直流系统保护的跳闸指令信号； 1.3　开关量输出信号应分别送到冗余的控制系统，送至冗余控制系统的回路应完全独立，任一回路出现异常不影响另外一套控制系统的正常运行； 1.4　跳闸信号的接点都必须采用常开接点，禁止跳闸回路采用常闭接点，以免回路中任一端子松动或者直流电源丢失导致跳闸出口； 1.5　保护出口均应独立起动跳闸及直流控制保护的跳闸信号应分别接至断路器的两个跳圈，直流闭锁信号应分别接至冗余的控制系统； 1.6　采用长电缆的跳闸回路（长电缆存在电容效应），不宜采用光耦，应采用动作电压在额定直流电源电压 55%～70%范围以内的出口继电器，并要求其动作功率不低于 5W；采用光耦的跳闸回路，光耦的动作电压在额定直流电源电压 55%～70%范围以内，且具有避免外部干扰或误动的措施

续表

序号	监督项目	监督内容	等级	监 督 要 求
7	故障录波接口	故障录波接口	重要	1．依据《国家电网公司直流专业精益化管理评价规范》第十六部分第20条，即： 1.1　各套保护装置都应接入故障录波，故障录波应能对各套保护装置所有的测量量及开关量输出信号进行录波； 1.2　任意一套保护动作、开关量变位、模拟量突变及越限均应起动故障录波； 1.3　故障录波的数据形式应为电力系统暂态数据交换通用格式COMTRADE
8	保护信息子站接口	保护信息子站接口	重要	1．依据《国家电网公司直流专业精益化管理评价规范》第十六部分第21条，即： 1.1　保护应能直接或通过规约转换装置接入保护及故障信息子站，以便保护及故障信息子站采集直流保护的动作信号、故障曲线，供站内及调度中心查阅数据和分析故障
9	GPS接口	GPS接口	重要	1．依据《国家电网公司直流专业精益化管理评价规范》第十六部分第22条，即： 1.1　保护装置时间应与全站 GPS 主时钟对时信息完全一致
10	保护开入开出	保护开入开出检查	重要	1．分别验证各切换把手及保护压板，装置开入变位、后台报文及回路断连正确； 2．开出传动菜单中，分别进行各跳闸开出，启动录波开出，远传开出，告警、遥信和中央信号开出，检查跳闸压板电位正确，故障录波装置启动正确，开出节点测量正常，装置和后台报文正确
11	整组传动	整组传动试验	重要	1．依据《防止电力生产事故的二十五项重点要求》第18.9.2、18.9.3条，即： 1.1　使用继电保护测试仪，模拟保护动作，分别至相关断路器保护、操作箱进行测量，验证压板和回路的唯一性、正确性； 1.2　将所有保护压板均在正常投入状态，定值整定完毕，断路器在合位，合上断路器控制电源；模拟各类变压器故障，相应保护均应能正确动作，启动录波、信号及报文等应完整
12	二次回路	二次回路试验	重要	1．依据《国家电网公司直流专业精益化管理评价规范》第十六部分第29条，即： 1.1　从保护屏柜的端子排处将所有外部引入的回路及电缆全部断开，分别将电流、电压、直流控制、信号回路的所有端子各自连接在一起，用1000V绝缘电阻表测量绝缘电阻，各回路对地以及各回路相互间阻值均应大于10MΩ

续表

<table>
<tr><th>序号</th><th>监督项目</th><th>监督内容</th><th>等级</th><th>监 督 要 求</th></tr>
<tr><td>13</td><td>自检功能</td><td>自检功能校验</td><td>重要</td><td>1．依据《国家电网公司十八项电网重大反事故措施》第8.5.1.4条，即：
1.1 直流控制保护系统应具备完善、全面的自检功能，自检到主机、板卡、总线故障时应根据故障级别进行报警、系统切换、退出运行、闭锁直流系统等操作，且给出准确的故障信息</td></tr>
<tr><td rowspan="4">14</td><td rowspan="4">保护试验</td><td>保护配置原则</td><td>重要</td><td>1．依据《国家电网公司直流专业精益化管理评价规范》第七部分第16条，即：
1.1 阀内冷保护应按双重化配置，每套保护装置有一个处理器，每套保护装置应能完成整套阀内冷系统的所有保护功能；
1.2 保护出口信号采用每套保护两个出口均有动作信号才出口，防止误动；同时在另一套保护装置检修或故障时，单套系统能保证保护正确出口，防止拒动；
1.3 内水冷不应设置流量高跳闸保护</td></tr>
<tr><td>保护出口设置</td><td>重要</td><td>1．依据《国家电网公司直流专业精益化管理评价规范》第七部分第16条，即：
1.1 阀内冷到极控系统的开出信号宜采用无源接点、冗余输出；
1.2 当阀内冷系统采用PLC控制方式，保护出口跳闸信号接点，应采用A、B系统两个常开接点串联方式输出；
1.3 当阀内冷系统采用PLC控制方式，A、B系统CPU同时故障时，应采用A、B系统串联的常闭接点方式输出，常闭接点应单独引入到PLC系统进行状态监视，接点异常能发出报警</td></tr>
<tr><td>保护跳闸功能试验</td><td>重要</td><td>1．依据《国家电网公司直流专业精益化管理评价规范》第七部分第16条，即：
1.1 模拟阀内冷却系统保护动作，测试跳闸功能、功率回降功能正确</td></tr>
<tr><td>温度保护</td><td>重要</td><td>1．依据《国家电网公司直流专业精益化管理评价规范》第七部分第16条，即：
1.1 进水温度保护投报警和跳闸；
1.2 阀内冷系统宜装设三个阀进水温度传感器，在每套水冷保护内，阀进水温度保护按三取二原则出口，动作后闭锁直流；保护动作延时应小于晶闸管换流阀过热允许时间，延时定值建议取3s或按照换流阀提供的时间为准；
1.3 内水冷系统应装设双重化的阀出水温度传感器，在每套水冷保护内，阀出水温度保护按“二取二”原则出口，</td></tr>
</table>

续表

序号	监督项目	监督内容	等级	监　督　要　求
14	保护试验	温度保护	重要	保护动作后执行功率回降命令，不闭锁直流；保护动作延时应小于晶闸管换流阀过热允许时间，延时定值建议取 3s 或按照换流阀提供的时间为准； 1.4　当进出阀温度差值超过请求功率回降定值且出阀温度达到高报警时，保护动作后执行功率回降请求，不闭锁直流；或根据换流阀厂家要求来选配功率回降保护；保护动作延时应小于晶闸管换流阀过热允许时间； 1.5　换流阀进水温度差超过换流阀厂家规定值时应进行相应的报警或跳闸指令； 1.6　温度保护的动作定值应根据水冷系统运行环境、晶闸管温度要求整定
		流量及压力保护	重要	1．依据《国家电网公司直流专业精益化管理评价规范》第七部分第 16 条，即： 1.1　注水流量保护投报警和跳闸； 1.2　应在换流阀内水冷主管道上至少装设两个流量传感器，在换流阀主循环泵前装设三台进阀压力传感器，在换流阀主循环泵后装设两台出阀压力传感器； 1.3　两台流量传感器按“二取一”原则判低、超低、高、超高报警，当出现超低报警，且进阀压力低或高报警，建议延时 10s 或按照换流阀提供的最低流量延时时间为准发跳闸请求； 1.4　三台流量传感器按“三取二”原则判低、超低、高、超高报警，当出现超低报警，且进阀压力低或高报警，建议延时 10s 或按照换流阀提供的最低流量延时时间为准发跳闸请求； 1.5　三台进阀压力传感器按“三取二”原则判低、超低、高、超高报警；两台出阀压力传感器按“二取二”逻辑判超高、超低报警，按“二取一”原则判高、低报警； 1.6　流量保护跳闸延时应大于主循环泵切换不成功再切回原泵的时间； 1.7　若配置了阀塔分支流量保护，应投报警； 1.8　若配置主循环泵压力差保护，应投报警
		液位保护	重要	1．依据《国家电网公司直流专业精益化管理评价规范》第七部分第 16 条，即： 1.1　膨胀罐或高位水箱水位保护投报警和跳闸； 1.2　应在膨胀罐或高位水箱装设三重化的液位传感器（建议两个电容式液位传感器和一个可就地显示的磁翻板液位传感器），用于液位保护和泄漏保护； 1.3　三台膨胀罐或高位水箱液位传感器按“三取二”原则；膨胀罐液位测量值低于膨胀罐液位低报警定值时，液位保护延时报警，低于膨胀罐液位超低报警定值时，液位保护延时 10s 跳闸；

续表

序号	监督项目	监督内容	等级	监督要求
14	保护试验	液位保护	重要	1.4　膨胀罐应装设可视的液位计或磁翻板式液位传感器，便于巡视低水位接点开关动作后仅报警； 1.5　膨胀罐液位变化定值和延时设置应有足够裕度，能躲过最大温度及传输功率变化引起的水位波动，防止水位正常变化导致保护误动
		微分泄漏保护	重要	1．依据《国家电网公司直流专业精益化管理评价规范》第七部分第16条，即： 1.1　微分泄漏保护投报警和跳闸，24小时泄漏保护仅投报警； 1.2　安装有两台电容式液位传感器的膨胀箱，微分泄漏保护采集两台电容式液位传感器的液位，按照“二取二”逻辑跳闸；安装有三台电容式液位传感器的膨胀箱，微分泄漏保护采集三台电容式液位传感器的液位，按照“三取二”逻辑跳闸。采样和计算周期不应大于2s，在30s内，当检测到膨胀罐液位持续下降速度超过换流阀泄漏允许值时，延时闭锁直流并在收到换流阀闭锁信号后5min内自动停止主循环泵； 1.3　膨胀罐液位变化定值和延时设置应有足够裕度，能躲过最大温度及传输功率变化引起的水位波动，防止水位正常变化导致保护误动； 1.4　对于采取内冷水内外循环运行方式的系统，在内外循环方式切换时应闭锁泄漏保护，并设置适当延时，防止膨胀罐水位在内外循环切换时发生变化，导致泄漏保护误动； 1.5　微分泄漏保护应具备手动投退功能
		电导率保护	重要	1．依据《国家电网公司直流专业精益化管理评价规范》第七部分第16条，即： 1.1　电导率保护仅投报警
15	功能试验	功能试验	重要	1．依据《国家电网公司直流专业精益化管理评价规范》第七部分第15条，即： 1.1　控制保护装置按双重化冗余配置，具备自诊断功能，并具备手动或故障时自动切换功能； 1.2　阀内冷系统和极控系统的接口应采用交叉冗余配置； 1.3　在阀内冷系统的各种运行状况中，不能自行停止阀内冷系统，而应发出请求停止命令或请求跳闸命令后由控制保护确定采用相应的具体措施； 1.4　当阀内冷配电柜、控制柜内照明电源取自柜内的交流母线时，应单独配置空气开关；

续表

序号	监督项目	监督内容	等级	监　督　要　求
15	功能试验	功能试验	重要	1.5　主水回路温度、流量、压力测量准确； 1.6　自检功能完善，控制系统切换功能正常； 1.7　通信功能正常； 1.8　报警事件定义清楚； 1.9　当阀内冷两套控制保护系统均不可用时，应向控制保护发跳闸请求信号； 1.10　阀内冷却系统中非重要 I/O 板卡故障不应导致相应控制保护系统紧急故障； 1.11　主循环泵安全开关辅助接点信号只能用于报警，不得用于程序中的主循环泵运行状态判断； 1.12　运行人员操作站界面显示正常、无报警信号； 1.13　外冷系统的冷却风机宜采用变频调速模式，当采用变频器控制和调节冷却风机运行时，应增加工频强投回路，确保当变频器异常时，能通过工频回路继续控制冷却风机运行； 1.14　外水冷风机应分组启停控制，且每组风机宜依次启停控制；当单组风机长期运行时，应具有整组风机定时切换、手动切换及故障切换功能。 2. 依据山西晋北—江苏南京±800kV 特高压直流输电工程　江苏南京±800kV 换流站工程初步设计说明书《33-B11081C-A0201 系统及电气部分》第 10.10.2.2 条，即： 2.1　阀冷却控制系统应能对主循环水泵、喷淋水泵、冷却风扇、电动阀门等设备进行正常控制
16	检查供电	检查供电	重要	1. 依据山西晋北—江苏南京±800kV 特高压直流输电工程江苏南京±800kV 换流站工程初步设计说明书《33-B11081C-A0201 系统及电气部分》第 10.10.3 条，即： 1.1　内冷水保护装置及各传感器电源应由两套电源同时供电，任一电源失电不影响保护及传感器的稳定运行； 1.2　冷却系统的控制和保护应由直流电源供电，以防止在交流扰动期间失去控制和保护；在阀冷却系统控制保护的直流电源消失时，不应导致阀的损坏； 1.3　装置工作电源和信号电源应分配配置独立的空气开关； 1.4　重化的模拟量输入应采用不同的 I/O 和电源
17	保护逻辑验证	保护逻辑验证	重要	1. 依据《国家电网公司防止直流换流站单、双极强迫停运二十一项反事故措施》第 3.1 条，即： 1.1　作用于跳闸的内冷水传感器应按照三套独立冗余配置，每个系统的内冷水保护对传感器采集量按照“三取二”原则出口；当一套传感器故障时，出口采用“二取一”逻辑；当两套传感器故障时，出口采用“一取一”逻辑出口；

续表

序号	监督项目	监督内容	等级	监 督 要 求
17	保护逻辑验证	保护逻辑验证	重要	1.2 传感器应具有自检功能，当传感器故障或测量值超范围时，该测量值不参与保护逻辑判断，不会导致保护误动； 1.3 内冷水保护装置及各传感器电源应由两套电源同时供电，任一电源失电不影响保护及传感器的稳定运行； 1.4 仪表、传感器、变送器等测量元件的装设应便于维护，能满足故障后不停运直流而进行检修及更换的要求；阀进出口水温传感器应装设在阀厅外； 1.5 内冷水系统各类阀门应装设位置指示装置和阀门闭锁装置，防止人为误动阀门或者阀门在运行中受震动发生变位； 1.6 内冷水系统自动排气阀不宜设置在阀厅内； 1.7 单个冷却塔退出时外冷水系统应能够满足直流系统满负荷运行需求，且不需要采取人为关闭退出运行冷却塔进出水阀门的措施； 1.8 对照软件、技术规范和厂家功能说明书，对保护判据进行核对； 1.9 核查保护定值设置范围正确； 1.10 按照换流站控制保护软件的入网管理、现场调试管理和运行管理应严格遵守《换流站直流控制保护软件管理规定》（国家电网公司调继〔2009〕167 号文）履行软件修改审批手续； 1.11 验证各种闭锁逻辑和方法； 1.12 了解并熟悉保护基本原理和二次回路图
18	反事故措施执行	检查反事故措施执行	重要	1. 依据《国家电网公司直流专业精益化管理评价规范》第七部分第 17 条，即： 1.1 阀内冷系统内外循环设计应结合地区特点，年最低温度高于 0℃的地区，宜取消内循环运行方式； 1.2 在新工程的设备采购技术协议谈判、图纸审查、安装调试、验收阶段，运维单位应在验收阶段通过模拟试验逐个验证保护定值及动作结果正确性； 1.3 逐一认真核查阀内冷保护的主机、板卡、测量回路及电源的配置情况是否满足保护冗余和系统独立性的要求； 1.4 检查主机和板卡电源冗余配置情况，并对主机和相关板卡、模块进行断电试验，验证电源供电可靠性； 1.5 两套阀内冷均不可用时应闭锁换流阀； 1.6 水冷闭锁指令无单接点隐患； 1.7 水冷功率回降指令无单接点隐患； 1.8 在阀内冷系统手动补水和排水期间，应退出泄漏保护，防止保护误动； 1.9 水冷 A、B 系统使用的 24V 信号电源各自独立

续表

序号	监督项目	监督内容	等级	监督要求
19	风险预防排查	风险预防排查	重要	1. 依据《特高压直流保护风险辨识库》第55条，即： 1.1 新建工程阀水冷主泵建议采用软启动方式，且冷却水流量低跳闸延时应与主泵切换时间配合；运维单位需针对软启动器的切换阀水冷主泵功能进行验证，确保站用电波动期间阀水冷切换时不因冷却水流量低而误动作

第五节 换流变压器非电量保护装置监督

一、到场监督

重点监督检查屏柜、技术资料及其工器具等附件完整性；掌握开箱检查内容，做好开箱记录。

序号	监督项目	监督内容	等级	监督要求
1	屏柜拆箱	屏柜外观检查	一般	屏柜外观应完整，颜色与订货相符，无外力损伤及变形痕迹，屏柜内无淋雨、受潮或凝水情况
		元器件完整性检查	重要	1. 屏内装置、打印机、转换开关、按钮、标签框、小母线、空气开关、端子排、端子盒、光纤接线盒、独立继电器、接地铜牌、门接地线等元器件应完整良好，且与装箱清单以及设计图纸数目、型号相符； 2. 设备应有铭牌或相当于铭牌的标志
		技术资料检查	一般	随屏图纸、说明书、合格证等相关资料齐全，并扫描存档
2	附件及专用工器具	备品备件	重要	检查是否有相关备品备件，数量及型号是否相符，做好相应记录
		专用工器具	重要	1. 记录随设备到场的专用工器具，列出专用工器具清单，并妥善保管； 2. 如施工单位需借用相关工器具，须履行借用手续

二、安装监督

换流变压器安装过程中，要详细记录设备安装的具体内容、进度及存在的问题。掌握屏柜吊装方法和安全注意事项，明确拆卸步骤。掌握柜内端子排布置，明确电缆走向。换流站控制保护系统的安装、调试应在控制室、继电器小室土建工作完成、环境条件满足要求后方可进行，严禁边土建边安装。

<table>
<tr><th>序号</th><th>监督项目</th><th>监督内容</th><th>等级</th><th>监 督 要 求</th></tr>
<tr><td rowspan="4">1</td><td rowspan="4">屏柜安装就位</td><td>屏柜就位找正</td><td>重要</td><td>1．屏柜应按照图纸设计的位置就位，就位后严格找平，与相邻屏位间距适当，保持平齐；
2．依据 Q/GDW 1224—2014《±800kV 换流站屏、柜及二次回路接线施工及验收规范》第 4.4 条，即：
2.1　屏、柜单独或成列安装时，其垂直、水平偏差及屏、柜面偏差和屏、柜间接缝等的允许偏差应符合下表的规定。模拟母线应对齐、完整，安装牢固，标识颜色应符合 GB 50171 的有关规定。
<table>
<tr><th colspan="2">项　　目</th><th>允许偏差（mm）</th></tr>
<tr><td colspan="2">垂直度（每米）</td><td><1.5</td></tr>
<tr><td rowspan="2">水平偏差</td><td>相邻两屏顶部</td><td><2</td></tr>
<tr><td>成列屏顶部</td><td><5</td></tr>
<tr><td rowspan="2">屏间偏差</td><td>相邻两屏边</td><td><1</td></tr>
<tr><td>成列屏面</td><td><5</td></tr>
<tr><td colspan="2">屏间接缝</td><td><2</td></tr>
</table>
</td></tr>
<tr><td>屏柜固定</td><td>一般</td><td>1．依据《国家电网公司直流专业精益化管理评价规范》第十七部分第 6 条，即：
1.1　屏柜固定良好，紧固件齐全完好。
2．依据 Q/GDW 1224—2014《±800kV 换流站屏、柜及二次回路接线施工及验收规范》第 4.3 条，即：
2.1　屏、柜间及屏、柜上的设备与各构件间连接应牢固。屏、柜与基础型钢应采用螺栓连接；
2.2　固定电器的支架等应刷漆</td></tr>
<tr><td>屏柜接地</td><td>重要</td><td>1．依据 Q/GDW 1224—2014《±800kV 换流站屏、柜及二次回路接线施工及验收规范》第 4.6 条，即：
1.1　屏、柜等的金属框架和底座均应可靠接地，标识规范。可开启的门应采用截面不小于 $4mm^2$ 且端部压接有终端附件的多股软铜导线与接地的金属框架可靠接地</td></tr>
<tr><td>屏柜设备检查</td><td>一般</td><td>1．依据《国家电网公司直流专业精益化管理评价规范》第十七部分第 6 条，即：
1.1　设备外观完好无损伤；
1.2　压板、转换开关、按钮完好，位置正确；
1.3　屏上标志正确、齐全、清晰；
1.4　屏柜内照明正常，打印机工作正常（如有）；
1.5　屏柜顶部应无通风管道，对于屏柜顶部有通风管道的，屏柜顶部应装有防冷凝水的挡水隔板。
2．依据 Q/GDW 1224—2014《±800kV 换流站屏、柜及二次回路接线施工及验收规范》第 9.1 条，即：
2.1　屏、柜内所装电器元件应齐全完好、标识规范，安装位置应正确，固定应牢固。</td></tr>
</table>

续表

序号	监督项目	监督内容	等级	监 督 要 求
1	屏柜安装就位	屏柜设备检查	一般	3．依据Q/GDW 1224—2014《±800kV换流站屏、柜及二次回路接线施工及验收规范》第5.5条，即： 3.1 屏、柜的正面及背面各电器、端子排等应标明编号、名称、用途及操作位置，且字迹应清晰、工整，不易脱色
2	端子排	端子排外观检查	一般	1．依据Q/GDW 1224—2014《±800kV换流站屏、柜及二次回路接线施工及验收规范》第5.2条，即： 1.1 端子排应无损坏，固定牢固，绝缘良好； 1.2 端子应有序号，应便于更换且接线方便
		强、弱电和正、负电源端子排的布置	重要	1．依据Q/GDW 1224—2014《±800kV换流站屏、柜及二次回路接线施工及验收规范》第5.2条，即： 1.1 强、弱电端子宜分开布置；由于设计困难无法分开布置的，应有明显标志并设空端子隔开或设加强绝缘的 隔板； 1.2 正、负电源之间以及经常带电的正电源与合闸或跳闸回路之间，宜以一个空端子隔开
		电流、电压回路等特殊回路端子检查	重要	1．依据Q/GDW 1224—2014《±800kV换流站屏、柜及二次回路接线施工及验收规范》第5.2条，即： 1.1 电流回路应经过试验端子，其他需断开的回路宜经特殊端子或试验端子；试验端子应接触良好
		端子与导线截面匹配	重要	1．依据Q/GDW 1224—2014《±800kV换流站屏、柜及二次回路接线施工及验收规范》第5.2条，即： 1.1 接线端子应与导线截面匹配，不应使用小端子配大截面导线。 2．依据《国家电网公司直流专业精益化管理评价规范》第十七部分第7条，即： 2.1 每个接线端子的每侧接线宜为1根，不得超过2根； 2.2 不同截面的两根导线不能接在同一端子上
		端子排接线检查	一般	1．依据《国家电网公司直流专业精益化管理评价规范》第十七部分第7条，即： 1.1 接线应采用铜质或有电镀金属防锈层的螺栓紧固，且应有防松装置，引线裸露部分不大于5mm； 1.2 接线应排列整齐、清晰、美观，绝缘良好无损伤
3	二次电缆敷设	电缆截面应合理	重要	1．依据《国家电网公司直流专业精益化管理评价规范》第十七部分第8条，即： 1.1 主机（装置）的直流电源、交流电流、电压及信号引入回路应采用屏蔽阻燃铠装电缆。 2.依据Q/GDW 1224—2014《±800kV换流站屏、柜及二次回路接线施工及验收规范》第6.2条，即： 2.1 屏、柜内的配线应采用标称电压不低于450 V/750V的铜芯绝缘导线，二次电流回路导线截面不应小于$2.5mm^2$，其他回路截面不应小于$1.5mm^2$；

续表

序号	监督项目	监督内容	等级	监督要求
3	二次电缆敷设	电缆截面应合理	重要	2.2 用于计量的二次电流回路，其导线截面积不应小于 $4mm^2$； 2.3 用于计量的二次电压回路，其导线截面积不应小于 $2.5mm^2$； 2.4 电子元件回路、弱电回路采用锡焊连接时，在满足载流量和电压降及有足够机械强度的情况下，可采用不小于 $0.5mm^2$ 截面的绝缘导线
		电缆敷设满足相关要求	重要	1．依据 Q/GDW 1224—2014《±800kV 换流站屏、柜及二次回路接线施工及验收规范》第 6.4 条，即： 1.1 强、弱电，交、直流回路不应使用同一根电缆，线芯应分别成束排列。 2．依据《国家电网公司直流专业精益化管理评价规范》第十七部分第 8 条，即： 2.1 冗余系统的电流回路、电压回路、直流电源回路、双跳闸绕组的控制回路等，不应合用一根多芯电缆。 3．依据 Q/GDW 1224—2014《±800kV 换流站屏、柜及二次回路接线施工及验收规范》第 7.2 条，即： 3.1 保护、控制用电缆与电力电缆不应同层敷设，且间距应符合设计要求
		电缆排列	一般	1．依据 Q/GDW 1224—2014《±800kV 换流站屏、柜及二次回路接线施工及验收规范》第 6.4 条，即： 1.1 电缆应排列整齐、编号清晰、避免交叉、固定牢固，不得使所接的端子承受机械应力
		电缆屏蔽与接地	重要	1．依据 Q/GDW 1224—2014《±800kV 换流站屏、柜及二次回路接线施工及验收规范》第 6.4 条，即： 1.1 铠装电缆进入屏、柜后，应将钢带切断，切断处的端部应扎紧；铠层应一点接地，接地点可选在端子箱或汇控柜接地铜排上
		电缆芯线布置	一般	1．橡胶绝缘的芯线应用外套绝缘管； 2．依据《国家电网公司直流专业精益化管理评价规范》第十七部分第 8 条，即： 2.1 电缆芯线和所配导线的端部均应标明其回路编号，编号应正确，字迹清晰且不易脱色； 2.2 屏内二次接线紧固、无松动，与出厂图纸相符
4	二次电缆接线	接线核对及紧固情况	重要	1．各短接片要压接良好，使用合理，工艺美观，无毛刺；特别是 TA、TV 二次回路的短接片使用，要能方便以后年度检修时做安全措施；在安全措施时需加装短接片的端子上宜保留固定螺栓； 2．依据 Q/GDW 1224—2014《±800kV 换流站屏、柜及二次回路接线施工及验收规范》第 6.1 条，即：

续表

序号	监督项目	监督内容	等级	监 督 要 求
4	二次电缆接线	接线核对及紧固情况	重要	2.1 按图施工，接线正确； 2.2 导线与电气元件间采用螺栓连接、插接、焊接或压接等，均应牢固可靠
		电缆绝缘与芯线外观检查	重要	1．屏柜内的导线不应有接头，导线芯线应无损伤； 2．多股铜芯线每股铜芯都应接入端子，避免裸露在外； 3．导线接引处预留长度适当，且各线余量一致； 4．用 1000V 绝缘电阻表测量电缆各芯线之间和各芯线对地的绝缘情况，阻值均应大于 10MΩ
		电缆芯线编号检查	一般	1．依据 Q/GDW 1224—2014《±800kV 换流站屏、柜及二次回路接线施工及验收规范》第 6.1 条，即： 1.1 电缆芯线和所配导线的端部均应标明其回路编号，编号应正确，字迹清晰且不易脱色
		配线检查	一般	1．依据 Q/GDW 1224—2014《±800kV 换流站屏、柜及二次回路接线施工及验收规范》第 6.1 条，即： 1.1 配线应整齐、清晰、美观，导线绝缘应良好，无损伤
		线束绑扎松紧和形式	一般	线束绑扎松紧适当、匀称、形式一致，固定牢固
		备用芯的处理	重要	备用芯预留长度至屏内最远端子处；芯线与屏柜外壳绝缘可靠，标识齐全
5	光缆敷设	光缆布局	一般	1．光缆布局合理，固定良好； 2．依据《国家电网公司直流专业精益化管理评价规范》第十七部分第 9 条，即： 2.1 光纤外护层完好，无破损； 2.2 光缆走向与敷设方式应符合施工图纸要求
		光缆弯曲半径	重要	1．依据《国家电网公司直流专业精益化管理评价规范》第十七部分第 9 条，即： 1.1 光纤（缆）弯曲半径应大于纤（缆）径的 15 倍
6	光纤连接	光纤及槽盒外观检查	一般	1．光纤外护层完好，无破损；端头清洁，无杂物； 2．光纤槽盒固定牢靠，槽口无锐边，槽盒表面的半导电漆层完好
		光纤弯曲度检查	重要	光纤弯曲半径为光纤截面直径的 20 倍，最小为 50mm
		光纤连接情况	重要	光纤连接可靠，接触良好
		光纤回路编号	一般	光纤端部均应标明其回路编号，编号应正确，字迹清晰且不易脱色

续表

序号	监督项目	监督内容	等级	监督要求
6	光纤连接	光纤备用芯检查	一般	同一光纤回路备用光纤备用芯数量应不少于在用芯数量或不低于3根，且均应制作好光纤头并安装好防护帽，固定适当无弯折，标识齐全
7	屏内接地	主机机箱外壳接地	重要	1．依据《国家电网公司直流专业精益化管理评价规范》第十七部分第10条，即： 1.1　主机（装置）的机箱外壳应可靠接地，以保证主机（装置）有良好的抗干扰能力
		接地铜排	重要	1．依据《国家电网公司直流专业精益化管理评价规范》第十七部分第10条，即： 1.1　接地铜排应用截面积不小于 $50mm^2$ 的铜缆与室内的等电位接地网可靠相连
		接地线	重要	1．依据《国家电网公司直流专业精益化管理评价规范》第十七部分第10条，即： 1.1　电缆屏蔽层应使用截面积不小于 $4mm^2$ 多股铜质软导线可靠连接到等电位接地铜排上； 1.2　屏柜的门等活动部分应使用截面积不小于 $4mm^2$ 多股铜质软导线与屏柜体良好连接
8	标示	标示安装	一般	屏柜的正面及背面各电器、端子牌等应标明编号、名称、用途及操作位置，其标明的字迹应清晰、工整，且不易脱色
9	防火密封	防火密封	重要	1．依据《国家电网公司直流专业精益化管理评价规范》第十七部分第11条，即： 1.1　电缆沟进线处和屏柜内底部应安装防火板，电缆缝隙、空洞应使用防火堵料进行封堵，要求密封良好，工艺美观

三、功能调试监督

功能调试阶段应对换流变压器非电量保护装置功能和硬件配置、采样回路和信号输入输出回路、功能压板、按钮、切换把手等进行重点检查验证，熟悉各插件具体功能、二次回路图、外部接线与内部插件之间的连接，掌握装置操作方法和操作流程等。

序号	监督项目	监督内容	等级	监督要求
1	保护装置上电	人机对话功能	一般	装置液晶显示正常，数据显示清晰，各按键、按钮操作灵敏可靠
		版本检查	重要	软件版本和CRC码正确，与对侧均一致
		时钟检查	一般	时钟显示正确，与GPS对时功能正常

续表

序号	监督项目	监督内容	等级	监 督 要 求
1	保护装置上电	定值	重要	装置定值的修改和固化功能正常，可以正确切换定值区；装置电源丢失后原定值不改变
		逆变电源检查	重要	用万用表测量逆变电源各级输出电压值满足要求，直流电源缓慢上升时的自启动性能满足要求
		打印机检查	一般	打印机功能使用正常，保护装置可以正常与之通信并 打印
2	冗余配置	冗余配置检查	重要	1．依据《国家电网公司直流专业精益化管理评价规范》第十七部分第12条，即： 1.1 保护采用三重化或双重化配置，各套保护均独立、完整，各套保护出口前无有任何电气联系，当一套保护退出时不应影响其他各套保护运行； 1.2 采用三重化配置的保护装置，当一套保护退出时，出口采用“二取一”模式任一个“三取二”模块故障，不会导致保护拒动和误动； 1.3 采用双重化配置的保护装置，各套保护应采用“启动+动作”逻辑，启动和动作的元件及回路从测量至跳闸出口完全独立，无公共部分互相影响； 1.4 各套保护间不应有公用的输入/输出设备，一套保护退出进行检修时，其他运行的保护不应受任何影响； 1.5 电压、电流回路上的元件、模块应稳定可靠，不同回路间各元件、模块、电源应完全独立，任一回路元件、模块、电源故障不得影响其他回路的运行。 2．依据《国家电网公司直流专业精益化管理评价规范》第二十部分第3.12条，即： 2.1 非电量保护装置按双重化配置。 3．依据《特高压直流保护风险辨识库》第52条，即： 3.1 作用于跳闸的非电量元件都应设置三副独立的跳闸接点，按照“三取二”原则出口，三个开入回路要独立，不允许多副跳闸接点并联上送，“三取二”出口判断逻辑装置及其电源应冗余配置
3	电源配置	电源配置	重要	1．依据《国家电网公司直流专业精益化管理评价规范》第十七部分第13条，即： 1.1 双电源配置的保护装置，各套保护装置采用两路完全独立的电源同时供电，电源取自站用

续表

序号	监督项目	监督内容	等级	监 督 要 求
3	电源配置	电源配置	重要	直流系统不同的直流母线段，一路电源失电，不影响保护装置工作； 1.2　每个“三取二”模块（如果有）采用两路完全独立的电源同时供电； 1.3　装置电源与信号电源共用一路直流电源的，装置的信号电源与装置电源应在屏内采用各自独立的空气开关，并满足上下级差的配合； 1.4　打印机（如果有）、屏内照明等交流设备应选用专用交流空气开关，并满足上下级差的配合
4	采样回路	交流量采样检查	重要	将装置电流电压回路断开，检查零漂值，要求其稳定在 0.01In 或 0.05V 以内；使用继电保护测试仪，在施加额定电压额定电流下，装置采样值误差不大于 5%，相角误差不大于 3°
5	开关量输入回路	开关量输入回路检查	重要	1．依据《国家电网公司直流专业精益化管理评价规范》第十七部分第 16 条，即： 1.1　各套保护装置的信号电源应完全独立，采用“启动＋动作”逻辑的，启动和动作的信号电源也应完全独立； 1.2　24V 开入电源按照不出屏柜的原则进行设计，以免因干扰引起信号异常变位； 1.3　各套保护之间的开关量输入回路完全独立，任一回路出现异常不影响其他保护装置的正常运行； 1.4　由控制系统输入的开关量信号的状态应以控制系统主系统的状态为准。 2．依据《国家电网公司十八项电网重大反事故措施》第 5.1.1.7 条，即： 2.1　在保护装置内，直跳回路开入量应设置必要的延时防抖回路，防止由于开入量的短暂干扰造成保护装置误动出口
6	开关量输出回路	开关量输出回路检查	重要	1．依据《国家电网公司直流专业精益化管理评价规范》第十七部分第 17 条，即： 1.1　采用三重化的保护，开关量输出信号应为经过“三取二”逻辑的信号； 1.2　开关量输出信号应分别送到冗余的控制系统，送至冗余控制系统的回路应完全独立，任一回路出现异常不影响另外一套控制系统的正常运行；

续表

序号	监督项目	监督内容	等级	监 督 要 求
6	开关量输出回路	开关量输出回路检查	重要	1.3 跳闸信号的接点都必须采用常开接点，禁止跳闸回路采用常闭接点，以免回路中任一端子松动或者直流电源丢失导致跳闸出口； 1.4 保护出口均应独立起动跳闸及直流控制保护的跳闸信号应分别接至断路器的两个跳圈，直流闭锁信号应分别接至冗余的控制系统； 1.5 采用长电缆的跳闸回路（长电缆存在电容效应），不宜采用光耦，应采用动作电压在额定直流电源电压 55%～70%范围以内的出口继电器，并要求其动作功率不低于 5W；采用光耦的跳闸回路，光耦的动作电压在额定直流电源电压55%～70%范围以内，且具有避免外部干扰或误动的措施
7	故障录波接口	故障录波接口	重要	1．依据《国家电网公司直流专业精益化管理评价规范》第十七部分第 18 条，即： 1.1 各套保护装置都应接入故障录波，故障录波应能对各套保护装置所有的测量量及开关量输出信号进行录波； 1.2 任意一套保护动作、开关量变位、模拟量突变及越限均应起动故障录波； 1.3 故障录波的数据形式应为电力系统暂态数据交换通用格式 COMTRADE
8	保护信息子站接口	保护信息子站接口	重要	1．依据《国家电网公司直流专业精益化管理评价规范》第十七部分第 19 条，即： 1.1 保护应能直接或通过规约转换装置接入保护及故障信息子站，以便保护及故障信息子站采集直流保护的动作信号、故障曲线，供站内及调度中心查阅数据和分析故障
9	GPS 接口	GPS 接口	重要	1．依据《国家电网公司直流专业精益化管理评价规范》第十七部分第 20 条，即： 1.1 保护装置时间应与全站 GPS 时主钟对间信息完全一致
10	保护开入开出	保护开入开出检查	重要	1．分别验证各切换把手及保护压板，装置开入变位、后台报文及回路断连正确； 2．开出传动菜单中，分别进行各跳闸开出，启动录波开出，远传开出，告警、遥信和中央信号开出，检查跳闸压板电位正确，故障录波装置启动正确，开出节点测量正常，装置和后台报文正确

续表

序号	监督项目	监督内容	等级	监督要求
11	非电量保护逻辑	1．本体瓦斯保护； 2．本体压力释放保护； 3．油温高和绕组温高保护； 4．分接开关油流继电器； 5．分接开关压力释放阀； 6．逆止阀； 7．本体油枕油位； 8．分接开关油枕油位； 9．阀侧套管 SF_6 压力； 10．分接开关手动调挡	重要	1．在各台变压器本体上分别进行重瓦斯、轻瓦斯、压力释放、油温高、SF_6 压力低和绕组温高等非电量动作，装置开入变位及信号正确，后台报文正确； 2．投入非电量延时保护功能压板，短接重瓦斯跳闸等外部回路节点，时间大于延迟时间定值后，保护动作正确； 3．压力释放、油温保护不投跳闸； 4．依据《国家电网公司直流二十一项反事故措施》第 1.2 条，即： 4.1　本体重瓦斯应投跳闸； 4.2　本体轻瓦斯、压力释放、速动压力继电器、油位传感器投报警，冷却器全停投报警； 4.3　换流变压器有载分接开关仅配置了油流或速动压力继电器一种的，应投跳闸，配置了油流或速动压力继电器的，油流应投跳闸，压力应投报警； 4.4　油温及绕组温度保护应投报警； 4.5　换流变压器充气套管的压力或密度继电器应分级设置报警和跳闸
12	整组传动	整组传动试验	重要	1．依据《防止电力生产事故的二十五项重点要求》第 18.9.2、18.9.3 条，即： 1.1　使用继电保护测试仪，模拟保护动作，分别至相关断路器保护、操作箱进行测量，验证压板和回路的唯一性、正确性； 1.2　将所有保护压板均在正常投入状态，定值整定完毕，断路器在合位，合上断路器控制电源；模拟各类变压器故障，相应保护均应能正确动作，启动录波、信号及报文等应完整
13	二次回路试验	二次回路试验	重要	1．非电气量保护回路用 1000V 绝缘电阻表测量绝缘电阻，各回路对地以及各回路相互间阻值均应大于 10MΩ； 2．试验完毕恢复二次回路端子时，为防止 TA 二次开路、TV 二次短路，需测量 TA、TV 回路的内阻、外阻及全回路电阻，发现问题及时处理； 3．检查 TA 变比、组别、极性使用正确，从现场 TA 至保护屏柜的电流二次回路进行通流试验，测量各点电流值符合要求，测量回路负载符合要求，检查无开路及两点接地情况； 4．检查 TV 变比、组别、极性使用正确，从现场 TV 至保护屏柜的电压二次回路进行加压试

续表

序号	监督项目	监督内容	等级	监 督 要 求
13	二次回路试验	二次回路试验	重要	验，采取防止反送电的措施，测量各点电压值符合要求，测量回路负载符合要求，检查无短路及二点接地情况； 5．依据《国家电网公司直流专业精益化管理评价规范》第十七部分第30条，即： 5.1 从保护屏柜的端子排处将所有外部引入的回路及电缆全部断开，分别将电流、电压、直流控制、信号回路的所有端子各自连接在一起，用1000V绝缘电阻表测量绝缘电阻，各回路对地以及各回路相互间阻值均应大于10MΩ。 6．依据《特高压直流保护风险辨识库》第50条，即： 6.1 非电量保护跳闸接点和模拟量采样不应经中间元件转接，应直接接入控制保护系统或非电量保护屏
14	自检功能	自检功能校验	重要	1．依据《国家电网公司十八项电网重大反事故措施》第8.5.1.4条，即： 1.1 直流控制保护系统应具备完善、全面的自检功能，自检到主机、 板卡、总线故障时应根据故障级别进行报警、系统切换、退出运行、 闭锁直流系统等操作，且给出准确的故障信息

第六节 交流滤波器保护装置监督

一、到场监督

重点监督检查屏柜、技术资料及其工器具等附件的完整性；掌握开箱检查内容，做好开箱记录。

序号	监督项目	监督内容	等级	监 督 要 求
1	屏柜拆箱	屏柜外观检查	一般	屏柜外观应完整，颜色与订货相符，无外力损伤及变形痕迹，屏柜内无淋雨、受潮或凝水情况
		元器件完整性检查	一般	1．屏内装置、打印机、转换开关、按钮、标签框、小母线、空气开关、端子排、端子盒、光纤接线盒、独立继电器、接地铜牌、门接地线等元器件应完整良好，且与装箱清单以及设计图纸数目、型号相符； 2．设备应有铭牌或相当于铭牌的标志，内容包括：①制造厂名称和商标；②设备型号和名称
		设备资料检查	一般	出厂试验报告、随屏图纸、技术说明书、保护软件（程序/逻辑图）、合格证等相关资料齐全，并扫描存档

续表

序号	监督项目	监督内容	等级	监 督 要 求
2	附件及专用工器具	备品备件	一般	检查是否有相关备品备件，数量及型号是否相符，做好相应记录
		专用工器具	一般	1. 记录随设备到场的专用工器具，列出专用工器具清单，并妥善保管； 2．如施工单位需借用相关工器具，须履行借用手续

二、安装监督

交流滤波器安装过程中，要详细记录设备安装的具体内容、进度及存在的问题。掌握屏柜吊装方法和安全注意事项，明确拆卸步骤。掌握柜内端子排布置，明确电缆走向。换流站控制保护系统的安装、调试应在控制室、继电器小室土建工作完成、环境条件满足要求后方可进行，严禁边土建边安装。

<table>
<tr><th>序号</th><th>监督项目</th><th>监督内容</th><th>等级</th><th>监 督 要 求</th></tr>
<tr><td rowspan="3">1</td><td rowspan="3">屏柜安装就位</td><td>屏柜就位找正</td><td>重要</td><td>1．屏柜应按照图纸设计的位置就位，就位后严格找平，与相邻屏位间距适当，保持平齐；
2．依据 Q/GDW 1224—2014《±800kV 换流站屏、柜及二次回路接线施工及验收规范》第 4.4 条，即：
2.1　屏、柜单独或成列安装时，其垂直、水平偏差及屏、柜面偏差和屏、柜间接缝等的允许偏差应符合下表的规定。模拟母线应对齐、完整，安装牢固，标识颜色应符合 GB 50171 的有关规定。
<table>
<tr><th colspan="2">项　　目</th><th>允许偏差（mm）</th></tr>
<tr><td colspan="2">垂直度（每米）</td><td>＜1.5</td></tr>
<tr><td rowspan="2">水平偏差</td><td>相邻两屏顶部</td><td>＜2</td></tr>
<tr><td>成列屏顶部</td><td>＜5</td></tr>
<tr><td rowspan="2">屏间偏差</td><td>相邻两屏边</td><td>＜1</td></tr>
<tr><td>成列屏面</td><td>＜5</td></tr>
<tr><td colspan="2">屏间接缝</td><td>＜2</td></tr>
</table></td></tr>
<tr><td>屏柜固定</td><td>一般</td><td>1．依据《国家电网公司直流专业精益化管理评价规范》第十九部分第 6 条，即：
1.1　屏柜固定良好，紧固件齐全完好。
2．依据 Q/GDW 1224—2014《±800kV 换流站屏、柜及二次回路接线施工及验收规范》第 4.3 条，即：
2.1　屏、柜间及屏、柜上的设备与各构件间连接应牢固。屏、柜与基础型钢应采用螺栓连接</td></tr>
<tr><td>屏柜接地</td><td>重要</td><td>1．依据 Q/GDW 1224—2014《±800kV 换流站屏、柜及二次回路接线施工及验收规范》第 4.6 条，即：</td></tr>
</table>

续表

序号	监督项目	监督内容	等级	监 督 要 求
1	屏柜安装就位	屏柜接地	重要	1.1 屏、柜等的金属框架和底座均应可靠接地，标识规范。可开启的门应采用截面不小于 $4mm^2$ 且端部压接有终端附件的多股软铜导线与接地的金属框架可靠接地
		屏柜设备检查	一般	1．依据《国家电网公司直流专业精益化管理评价规范》第十九部分第6条，即： 1.1 设备外观完好无损伤； 1.2 压板、转换开关、按钮完好，位置正确； 1.3 屏上标志正确、齐全、清晰； 1.4 屏柜内照明正常，打印机工作正常（如有）； 1.5 屏柜顶部应无通风管道，对于屏柜顶部有通风管道的，屏柜顶部应装有防冷凝水的挡水隔板。 2．依据 Q/GDW 1224—2014《±800kV 换流站屏、柜及二次回路接线施工及验收规范》第 9.1 条，即： 2.1 屏、柜的固定及接地应可靠，屏、柜漆层应完好、清洁整齐、标识规范； 2.2 屏、柜内所装电器元件应齐全完好、标识规范，安装位置应正确，固定应牢固； 2.3 所有二次回路接线应准确，连接应可靠，标识应齐全清晰，绝缘符合要求。 3．依据 Q/GDW 1224—2014《±800kV 换流站屏、柜及二次回路接线施工及验收规范》第 5.5 条，即： 3.1 屏、柜的正面及背面各电器、端子排等应标明编号、名称、用途及操作位置，且字迹应清晰、工整，不易脱色
2	端子排	端子排外观检查	一般	1．依据 Q/GDW 1224—2014《±800kV 换流站屏、柜及二次回路接线施工及验收规范》第 5.2 条，即： 1.1 端子排应无损坏，固定牢固，绝缘良好； 1.2 端子应有序号，应便于更换且接线方便；端子排末端离屏、柜底面高度宜大于 350mm
		强弱电和正负电源端子排的布置	重要	1．依据 Q/GDW 1224—2014《±800kV 换流站屏、柜及二次回路接线施工及验收规范》第 5.2 条，即： 1.1 强、弱电端子宜分开布置；由于设计困难无法分开布置的，应有明显标志并设空端子隔开或设加强绝缘的隔板； 1.2 正、负电源之间以及经常带电的正电源与合闸或跳闸回路之间，宜以一个空端子隔开
		电流、电压回路等特殊回路端子检查	重要	1．依据 Q/GDW 1224—2014《±800kV 换流站屏、柜及二次回路接线施工及验收规范》第 5.2 条，即： 1.1 电流回路应经过试验端子，其他需断开的回路宜经特殊端子或试验端子； 1.2 试验端子应接触良好

续表

序号	监督项目	监督内容	等级	监督要求
2	端子排	端子与导线截面匹配	重要	1．依据 Q/GDW 1224—2014《±800kV 换流站屏、柜及二次回路接线施工及验收规范》第 5.2 条，即： 1.1 接线端子应与导线截面匹配，不应使用小端子配大截面导线。 2．依据《国家电网公司直流专业精益化管理评价规范》第十九部分第 7 条，即： 2.1 每个接线端子的每侧接线宜为 1 根，不得超过 2 根； 2.2 不同截面的两根导线不得接在同一端子上
		端子排接线检查	一般	1．依据《国家电网公司直流专业精益化管理评价规范》第十九部分第 7 条，即： 1.1 接线应采用铜质或有电镀金属防锈层的螺栓紧固，且应有防松装置，引线裸露部分不大于 5mm； 1.2 接线应排列整齐、清晰、美观，绝缘良好无损伤
3	二次电缆敷设	电缆截面应合理	重要	1．依据《国家电网公司直流专业精益化管理评价规范》第十九部分第 8 条，即： 1.1 主机（装置）的直流电源、交流电流、电压及信号引入回路应采用屏蔽阻燃铠装电缆 2．依据 Q/GDW 1224—2014《±800kV 换流站屏、柜及二次回路接线施工及验收规范》第 6.2 条，即： 2.1 屏、柜内的配线应采用标称电压不低于 450 V/750 V 的铜芯绝缘导线，二次电流回路导线截面不应小于 2.5mm^2，其他回路截面不应小于 1.5mm^2； 2.2 用于计量的二次电流回路，其导线截面积不应小于 4mm^2； 2.3 用于计量的二次电压回路，其导线截面积不应小于 2.5mm^2； 2.4 电子元件回路、弱电回路采用锡焊连接时，在满足载流量和电压降及有足够机械强度的情况下，可采用不小于 0.5mm^2 截面的绝缘导线。 3．依据《国家电网公司十八项电网重大反事故措施》第 13.1.1.4、13.1.1.7 条，即： 3.1 同一受电端的双回或多回电缆线路宜选用不同制造商的电缆、附件； 3.2 电缆主绝缘、单芯电缆的金属屏蔽层、金属护层应有可靠的过电压保护措施；统包型电缆的金属屏蔽层、金属护层应两端直接接地。 4．依据《国家电网公司十八项电网重大反事故措施》第 13.1.2.4 条，即： 4.1 施工期间应做好电缆和电缆附件的防潮、防尘、防外力损伤措施；在现场安装高压电缆附件之前，其组装部件应试装配；安装现场的温度、湿度和清洁度应符合安装工艺要求，严禁在雨、雾、风沙等有严重污染的环境中安装电缆附件

续表

序号	监督项目	监督内容	等级	监 督 要 求
3	二次电缆敷设	电缆敷设满足相关要求	重要	1．依据 Q/GDW 1224—2014《±800kV 换流站屏、柜及二次回路接线施工及验收规范》第 6.4 条，即： 1.1　强、弱电，交、直流回路不应使用同一根电缆，线芯应分别成束排列。 2．依据《国家电网公司直流专业精益化管理评价规范》第十九部分第 8 条，即： 2.1　冗余系统的电流回路、电压回路、直流电源回路、双跳闸绕组的控制回路等，不应合用一根多芯电缆。 3．依据 Q/GDW 1224—2014《±800kV 换流站屏、柜及二次回路接线施工及验收规范》第 7.2 条，即： 3.1　保护、控制用电缆与电力电缆不应同层敷设，且间距应符合设计要求。 4．依据《国家电网公司十八项电网重大反事故措施》第 13.1.1.2 条，即： 4.1　应避免电缆通道邻近热力管线、腐蚀性介质的管道。 5．依据《国家电网公司十八项电网重大反事故措施》第 13.1.1.8 条，即： 5.1　合理安排电缆段长，尽量减少电缆接头的数量，严禁在变电站电缆夹层、桥架和竖井等缆线密集区域布置电力电缆接头。 6．敷设过程中要注意电缆的绝缘保护，防止割破擦伤； 7．在同一根电缆中不宜有不同安装单位的电缆芯； 8．和控制设备的直流电源、交流电流、电压及信号引入回路应采用屏蔽电缆
		电缆排列	一般	1．依据 Q/GDW 1224—2014《±800kV 换流站屏、柜及二次回路接线施工及验收规范》第 6.4 条，即： 1.1　电缆应排列整齐、编号清晰、避免交叉、固定牢固，不得使所接的端子承受机械应力
		电缆屏蔽与接地	重要	1．依据 Q/GDW 1224—2014《±800kV 换流站屏、柜及二次回路接线施工及验收规范》第 6.4 条，即： 1.1　铠装电缆进入屏、柜后，应将钢带切断，切断处的端部应扎紧；铠层应一点接地，接地点可选在端子箱或汇控柜接地铜排上
		电缆芯线布置	一般	1．依据《国家电网公司直流专业精益化管理评价规范》第十九部分第 8 条，即： 1.1　电缆芯线和所配导线的端部均应标明其回路编号，编号应正确，字迹清晰且不易脱色； 1.2　屏内二次接线紧固、无松动，与出厂图纸相符。

续表

序号	监督项目	监督内容	等级	监 督 要 求
3	二次电缆敷设	电缆芯线布置	一般	2．依据 Q/GDW 1224—2014《±800kV 换流站屏、柜及二次回路接线施工及验收规范》第 6.4.4 条，即： 2.1　屏柜内的电缆芯线，应按垂直或水平有规律地配置，不得任意歪斜交叉连接。 3．橡胶绝缘的芯线应用外套绝缘管
4	二次电缆接线	接线核对及紧固情况	重要	1．依据 Q/GDW 1224—2014《±800kV 换流站屏、柜及二次回路接线施工及验收规范》第 6.1 条，即： 1.1　按图施工，接线正确； 1.2　导线与电气元件间采用螺栓连接、插接、焊接或压接等，均应牢固可靠。 2．各短接片要压接良好，使用合理，工艺美观，无毛刺；特别是 TA、TV 二次回路的短接片使用，要能方便以后年度检修时做安全措施；在做安全措施时需加装短接片的端子上宜保留固定螺栓
		电缆绝缘与芯线外观检查	重要	1．依据 Q/GDW 217—2008《±800kV 换流站施工质量检验及评定规程》第七部分第 6.1 条，即： 1.1　屏柜内的导线不应有接头，导线芯线应无损伤； 1.2　导线接引处预留长度适当，且各线余量一致。 2．用 1000V 绝缘电阻表测量电缆各芯线之间和各芯线对地的绝缘情况，阻值均应大于 10MΩ； 3．多股铜芯线每股铜芯都应接入端子，避免裸露在外
		电缆芯线编号检查	一般	1．依据 Q/GDW 1224—2014《±800kV 换流站屏、柜及二次回路接线施工及验收规范》第 6.1.4 条，即： 1.1　电缆芯线和所配导线的端部均应标明其回路编号，编号应正确，字迹清晰且不易脱色
		配线检查	一般	1．依据 Q/GDW 1224—2014《±800kV 换流站屏、柜及二次回路接线施工及验收规范》第 6.1 条，即： 1.1　配线应整齐、清晰、美观，导线绝缘应良好，无损伤
		线束绑扎松紧和形式	一般	线束绑扎松紧适当、匀称、形式一致，固定牢固
		备用芯的处理	重要	1．依据 Q/GDW 217—2008《±800kV 换流站施工质量检验及评定规程》第七部分第 6.1 条，即： 1.1　备用芯预留长度至屏内最远端子处；芯线与屏柜外壳绝缘可靠，标识齐全
5	光缆敷设	光缆布局	一般	1．依据《国家电网公司直流专业精益化管理评价规范》第十九部分第 9 条，即： 1.1　光纤外护层完好，无破损；

续表

序号	监督项目	监督内容	等级	监督要求
5	光缆敷设	光缆布局	一般	1.2 光缆走向与敷设方式应符合施工图纸要求。 2．光缆布局合理，固定良好
		光缆弯曲半径	重要	1．依据《国家电网公司直流专业精益化管理评价规范》第十九部分第 9 条，即： 1.1 光纤（缆）弯曲半径应大于纤（缆）径的 15 倍
6	光纤连接	光纤及槽盒外观检查	一般	1．光纤外护层完好，无破损；端头清洁，无杂物； 2．光纤槽盒固定牢靠，槽口无锐边，槽盒表面的半导电漆层完好
		光纤弯曲度检查	重要	光纤弯曲半径为光纤截面直径的 20 倍，最小为 50mm
		光纤连接情况	重要	光纤连接可靠，接触良好
		光纤回路编号	一般	光纤端部均应标明其回路编号，编号应正确，字迹清晰且不易脱色
		光纤备用芯检查	一般	同一光纤回路备用光纤备用芯数量应不少于在用芯数量或不低于 3 根，且均应制作好光纤头并安装好防护帽，固定适当无弯折；标识齐全
7	屏内接地	主机机箱外壳接地	重要	1．依据《国家电网公司直流专业精益化管理评价规范》第十九部分第 10 条，即： 1.1 主机（装置）的机箱外壳应可靠接地，以保证主机（装置）有良好的抗干扰能力
		接地铜排	重要	1．依据《国家电网公司直流专业精益化管理评价规范》第十九部分第 10 条，即： 1.1 接地铜排应用截面不小于 $50mm^2$ 的铜缆与室内的等电位接地网可靠相连
		接地线	重要	1．依据《国家电网公司直流专业精益化管理评价规范》第十九部分第 10 条，即： 1.1 电缆屏蔽层应使用截面不小于 $4mm^2$ 多股铜质软导线可靠连接到等电位接地铜排上； 1.2 屏柜的门等活动部分应使用不小于 $4mm^2$ 多股铜质软导线与屏柜体良好连接
8	标示	标示安装	一般	屏柜的正面及背面各电器、端子牌等应标明编号、名称、用途及操作位置，其标明的字迹应清晰、工整，且不易脱色
9	防火	防火密封	重要	1．依据《国家电网公司直流专业精益化管理评价规范》第十九部分第 11 条，即： 1.1 电缆沟进线处和屏柜内底部应安装防火板，电缆缝隙、空洞应使用防火堵料进行封堵，要求密封良好，工艺美观

三、功能调试监督

功能调试阶段应对交流滤波器保护装置功能和硬件配置、采样回路和信号输入输出回路、功能压板、按钮、切换把手等进行重点检查验证，熟悉各插件具体功能，二次回路图，外部接线与内部插件之间的连接，掌握装置操作方法和操作流程等。

序号	监督项目	监督内容	等级	监督要求
1	保护装置上电	人机对话功能	重要	装置液晶显示正常，数据显示清晰，各按键、按钮操作灵敏可靠
		版本检查	重要	软件版本和CRC码正确，与对侧均一致
		时钟检查	重要	时钟显示正确，与GPS对时功能正常
		定值检查	重要	装置定值的修改和固化功能正常，可以正确切换定值区；装置电源丢失后原定值不改变
		逆变电源检查	重要	用万用表测量逆变电源各级输出电压值满足要求，直流电源缓慢上升时的自启动性能满足要求
		打印机检查	重要	打印机功能使用正常，线路保护装置可以正常与之通信并打印
2	冗余配置	冗余配置检查	重要	1．依据《国家电网公司直流专业精益化管理评价规范》第十九部分第12条，即： 1.1　保护采用三重化或双重化配置各套保护均独立、完整，各套保护出口前无有任何电气联系，当一套保护退出时不应影响其他各套保护运行； 1.2　各套保护应采用“启动+动作”逻辑，启动和动作的元件及回路从测量至跳闸出口完全独立，无公共部分互相影响； 1.3　各套保护间不应有公用的输入/输出设备，一套保护退出进行检修时，其他运行的保护不应受任何影响； 1.4　电压、电流回路上的元件、模块应稳定可靠，不同回路间各元件、模块、电源应完全独立，任一回路元件、模块、电源故障不得影响其他回路的运行
3	电源配置	电源配置检查	重要	1．依据《国家电网公司直流专业精益化管理评价规范》十九部分第13条，即： 1.1　双电源配置的保护装置，各套保护装置采用两路完全独立的电源同时供电，电源取自站用直流系统不同的直流母线段，一路电源失电，不影响保护装置工作；

续表

序号	监督项目	监督内容	等级	监 督 要 求
3	电源配置	电源配置检查	重要	1.2 装置电源与信号电源共用一路直流电源的，装置的信号电源与装置电源应在屏内采用各自独立的空气开关，并满足上下级差的配合； 1.3 打印机（如果有）、屏内照明等交流设备应选用专用交流空气开关，并满足上下级差的配合
4	开关量输入回路	开关量输入回路检查	重要	1．依据《国家电网公司直流专业精益化管理评价规范》第十九部分第15条，即： 1.1 各套保护装置的信号电源应完全独立，采用“启动＋动作”逻辑的，启动和动作的信号电源也应完全 独立； 1.2 24V 开入电源按照不出屏柜的原则进行设计，以免因干扰引起信号异常变位； 1.3 各套保护之间的开关量输入回路完全独立，任一回路出现异常不影响其他保护装置的正常运行； 1.4 由控制系统输入的开关量信号的状态应以控制系统主系统的状态为准。 2．依据《国家电网公司十八项电网重大反事故措施》第5.1.1.7条，即： 2.1 在保护装置内，直跳回路开入量应设置必要的延时防抖回路，防止由于开入量的短暂干扰造成保护装置误动出口
5	开关量输出回路	开关量输出回路检查	重要	1．依据《国家电网公司直流专业精益化管理评价规范》第十九部分第16条，即： 1.1 开关量输出信号应分别送到冗余的控制系统，送至冗余控制系统的回路应完全独立，任一回路出现异常不影响另外一套控制系统的正常运行； 1.2 跳闸信号的接点都必须采用常开接点，禁止跳闸回路采用常闭接点，以免回路中任一端子松动或者直流电源丢失导致跳闸出口； 1.3 保护出口均应独立起动跳闸及直流控制保护的跳闸信号应分别接至断路器的两个跳圈，直流闭锁信号应分别接至冗余的控制系统； 1.4 采用长电缆的跳闸回路（长电缆存在电容效应），不宜采用光耦，应采用动作电压在额定直流电源电压 55%～70%范围以内的出口继电器，并要求其动作功率不低于 5W；采用光耦的跳闸回路，光耦的动作电压在额定直流电源电压55%～70%范围以内，且具有避免外部干扰或误动的措施

续表

序号	监督项目	监督内容	等级	监 督 要 求
6	故障录波接口	故障录波接口检查	重要	1．依据《国家电网公司直流专业精益化管理评价规范》第十九部分第17条，即： 1.1　各套保护装置都应接入故障录波，故障录波应能对各套保护装置所有的测量量及开关量输出信号进行录波； 1.2　任意一套保护动作、开关量变位、模拟量突变及越限均应起动故障录波； 1.3　故障录波的数据形式应为电力系统暂态数据交换通用格式COMTRADE
7	保护信息子站接口	保护信息子站接口检查	重要	1．依据《国家电网公司直流专业精益化管理评价规范》第十九部分第18条，即： 1.1　保护应能直接或通过规约转换装置接入保护及故障信息子站，以便保护及故障信息子站采集直流保护的动作信号、故障曲线，供站内及调度中心查阅数据和分析故障
8	GPS接口	GPS接口检查	重要	1．依据《国家电网公司直流专业精益化管理评价规范》第十九部分第19条，即： 1.1　保护装置时间应与全站GPS时主钟对间信息完全一致
9	保护开入开出检查	保护开入功能检查	重要	验证各切换把手、压板、端子排开入正确；信号复归、打印等按键功能正常
		保护开出功能检查	重要	检查各跳闸出口（压板一一对应）、启动录波、遥信开出正确
10	二次回路试验	二次回路试验	重要	1．从保护屏柜的端子排处将所有外部引入的回路及电缆全部断开，分别将电流、电压、直流控制、信号回路的所有端子各自连接在一起，用1000V绝缘电阻表测量绝缘电阻，各回路对地以及各回路相互间阻值均应大于10MΩ； 2．试验完毕恢复二次回路端子时，为防止TA二次开路、TV二次短路，需测量TA、TV回路的内阻、外阻及全回路电阻，发现问题及时处理； 3．检查TA变比、组别、极性使用正确，从现场TA至保护屏柜的电流二次回路进行通流试验，测量各点电流值符合要求，测量回路负载符合要求，检查无开路及两点接地情况； 4．检查TV变比、组别、极性使用正确，从现场TV至保护屏柜的电压二次回路进行加压试验，采取防止反送电的措施，测量各点电压值符合要求，测量回路负载符合要求，检查无短路及二点接地情况；

续表

序号	监督项目	监督内容	等级	监　督　要　求
10	二次回路试验	二次回路试验	重要	5．了解并熟悉极性校验的方法；熟悉掌握绝缘电阻表和相位测试仪的使用方法
11	保护采样	采样回路检查	重要	1．依据《国家电网公司直流专业精益化管理评价规范》第十九部分第14条，即： 1.1　各套保护系统所对应的二次绕组及二次回路完全独立；采用“启动＋动作”逻辑的，启动和动作所对应的二次绕组及二次回路也应完全独立； 1.2　二次回路必须有且只能有一点接地； 1.3　各套保护装置测量值正确，相互比对无明显差异； 1.4　测量回路出现异常，测量系统应能向保护系统发出故障信号或保护系统能自检出故障，防止保护误动作或误出口。 2．依据《国家电网公司十八项电网重大反事故措施》第11.2.1.4条，即： 2.1　互感器的二次引线端子应有防转动措施，防止外部操作造成内部引线扭断。 3．双重化或三重化直流保护如果取开关或刀闸的辅助接点，应每套保护分别取一个辅助接点，严禁各套保护共用一个辅助接点，避免辅助接点不到位导致保护误动； 4．在快速的差动保护中应使用相同性能的电流互感器，避免因电流互感器性能不同造成保护误动
		交流量采样检查	重要	1．将装置电流电压回路断开，检查零漂值，要求其稳定在$0.01I_n$或0.05V以内；使用继电保护测试仪，在施加额定电压额定电流下，装置采样值误差不大于5%，相角误差不大于3°； 2．掌握直流电压电流采样装置的加压方法，按照技术规范要求检查误差符合要求
12	保护逻辑功能验证	逻辑验证	重要	1．依据《特高压直流保护风险辨识库》第36条，即： 1.1　核查交流滤波器不平衡保护采用不平衡电流与穿越电流之比（I_{umb}/I_{tro}）的原理实现； 1.2　对于HP3等类型交流滤波器配置低端电容器不平衡保护时，不平衡定值采用的I_{tro}需使用对应电容支路电流。 2．依据《特高压直流保护风险辨识库》第38条，即：

续表

序号	监督项目	监督内容	等级	监 督 要 求
12	保护逻辑功能验证	逻辑验证	重要	2.1　核查交流滤波器投入检测时间同信号返回时间配合。 3．依据《国家电网公司十八项电网重大反事故措施》第 8.6.1.11 条，即： 3.1　交流滤波器设计应避免一组滤波器跳闸后引起其他滤波器过负荷保护动作，切除全部滤波器。 4．对照软件、技术规范和厂家功能说明书，对保护判据进行核对； 5．核查保护定值设置范围正确
		主机逻辑检查	重要	1．检查主机手动、不同故障等级的切换响应逻辑，验证手动、自动逻辑正常； 2．检查分合闸闭锁逻辑正常； 3．检查模拟量参数监视功能，如光电流互感器的参数监视报警功能，对交流模拟量的三相测量设置比较分析报警功能，对位于同一通流回路的直流模拟量设置比较分析报警功能； 4．查看故障等级分类，以及采集的报警信息是否全面； 5．检查报警和监视的事件记录是否完整，试验事件记录报警功能正常； 6．按照换流站控制保护软件的入网管理、现场调试管理和运行管理应严格遵守《换流站直流控制保护软件管理规定》履行软件修改审批手续； 7．验证各种闭锁逻辑和方法
		站控主机功能验证	重要	1．在远方和就地两种位置操作开关、刀闸、地刀；按照闭锁逻辑将开关和刀闸摆在不同的状态，验证闭锁逻辑正常； 2．验证手动、自动切换功能，验证轻微、严重、紧急故障等级的切换功能； 3．验证站控所有系统均存在紧急故障的后果； 4．验证开关的检同期、检无压功能正常
13	交流滤波器保护逻辑验证	交流滤波器小组保护逻辑验证： 1．差动保护校验； 2．差动保护制动特性校验； 3．差流速断保护； 4．过流保护； 5．零序电流保护；	重要	1．接入单相电流，在试验仪上设定 $0.95\times I_{dset}$ 的输出电流，差动保护、过流保护、零序电流保护、电容器不平衡保护不动作；在试验仪上设定 $1.05\times I_{dset}$ 的输出电流，差动保护、过流保护、零序电流保护、电容器不平衡保护应可靠动作，盘面“跳闸” 灯亮，液晶面板显示相应保护动作事件，并能听到继电器动作响声，记录动作电流和时间；

续表

序号	监督项目	监督内容	等级	监督要求
13	交流滤波器保护逻辑验证	6. 滤波器小组失谐监视； 7. 高压电容器不平衡保护、HP3 低压电容器不平衡保护； 8. 高压电抗/电阻热过负荷保护； 9. 高压电容器峰值过压 保护； 10. 电阻/电抗基波过流保护； 11. 电阻/电抗谐波过负荷保护； 12. 断路器失灵保护 交流滤波器大组保护逻辑 验证： 1. 大组差动保护（比例制动式差动保护、增量差动保护、差流速断保护、差流越限保护）； 2. 大组过流保护（定时限过流和反时限 过流）； 3. 大组过电压保护； 4. 小组断路器失灵保护； 5. 小组断路器非全相保护	重要	2. 在试验仪上设定 I_a、I_b，I_a、I_b 角度为 0°并设定 I_b 变化步长，试验仪输出设定为自动；启动输出电流后，差动保护动作，手动停止输出电流，记录 I_b 值，计算比例制动系数：$I_d/(I_r-I_d) \geqslant K_r$，$I_d=\left\|I_1+I_2\right\|$，$I_r=(\left\|I_1\right\|+\left\|I_2\right\|)$； 3. 在试验仪上分别设定 $0.95\times I_{dset}$（$0.35\times I_{dset}$ 谐波）的输出电流，保护不动作；在试验仪上设定 $1.05\times I_{dset}$（$0.35\times I_{dset}$ 谐波）的输出电流，保护应可靠动作，盘面“告警”灯亮，液晶面板显示失谐保护动作事件，记录动作电流和时间； 4. 加入失灵高定值电流，短接外部跳闸输入接点，失灵保护应可靠动作，盘面“跳闸”灯亮，液晶面板显示失灵保护动作事件，记录动作电流和时间； 5. 交流滤波器光 TA 故障应不得影响系统运行，在滤波器检修状态，应报轻微故障，能够进行故障处理； 6. 交流滤波器过负荷保护动作时间与无功控制投切滤波器时间配合，避免滤波器切除过快导致无功不满足； 7. 合理配置各保护，滤波器大差保护与滤波器母线差动保护之间的配合关系； 8. 非全相保护不应在就地和保护柜内重复设置；非全相保护应有电流辅助判据，防止分合闸接点故障时引起保护误动；非全相保护时间继电器延时设置是否合理； 9. 熟悉保护装置处理器板卡、采样板卡、电源板卡、开入开出板卡和通讯板卡等硬件模块的基本功能和更换方法
14	整组传动试验	整组传动试验	重要	1. 依据《防止电力生产事故的二十五项重点要求》第 18.9.2、18.9.3 条，即： 1.1 使用继电保护测试仪，模拟保护动作，分别至相关断路器保护、操作箱进行测量，验证压板和回路的唯一性、正确性； 1.2 将所有保护压板均在正常投入状态，定值整定完毕，断路器在合位，合上断路器控制电源；模拟各类变压器故障，相应保护均应能正确动作，启动录波、信号及报文等应完整

第七节　直流线路故障定位装置监督

一、到场监督

重点监督检查屏柜、技术资料及其工器具等附件完整性；掌握开箱检查内容，做好开箱记录。

序号	监督项目	监督内容	等级	监 督 要 求
1	屏柜拆箱	屏柜外观检查	一般	屏柜外观应完整，颜色与订货相符，无外力损伤及变形痕迹，屏柜内无淋雨、受潮或凝水情况
		元器件完整性检查	重要	1．屏内装置、打印机、转换开关、按钮、标签框、小母线、空气开关、端子排、端子盒、光纤接线盒、独立继电器、接地铜牌、门接地线等元器件应完整良好，且与装箱清单以及设计图纸数目、型号相符； 2．设备应有铭牌或相当于铭牌的标志，内容包括：制造厂名称、商标、设备型号和名称
		设备资料检查	一般	出厂试验报告、随屏图纸、技术说明书、保护软件（程序/逻辑图）、合格证等相关资料齐全，并扫描存档
2	附件及专用工器具	备品备件	重要	检查是否有相关备品备件，数量及型号是否相符，做好相应记录
		专用工器具	重要	1．记录随设备到场专用工器具，列出专用工器具清单，并妥善保管； 2．如施工单位需借用相关工器具，须履行借用手续

二、安装监督

直流线路安装过程中，要详细记录设备安装的具体内容、进度及存在的问题。掌握屏柜吊装方法和安全注意事项，明确拆卸步骤。明确电缆走向，掌握柜内端子排布置。直流线路故障定位装置的安装、调试应在控制楼土建工作完成、环境条件满足要求后方可进行，严禁边土建边安装。

序号	监督项目	监督内容	等级	监 督 要 求
1	屏柜安装就位	屏柜就位找正	重要	1．屏柜应按照图纸设计的位置就位，就位后严格找平，与相邻屏位间距适当，保持平齐； 2．依据 Q/GDW 1224—2014《±800kV 换流站屏、柜及二次回路接线施工及验收规范》第 4.4 条，即： 2.1　屏、柜单独或成列安装时，其垂直、水平偏差及屏、柜面偏差和屏、柜间接缝等的允许偏差应符合下表的规定。模拟母线应对齐、完整，安装牢固，标识颜色应符合 GB 50171 的有关规定。

续表

<table>
<tr><th>序号</th><th>监督项目</th><th>监督内容</th><th>等级</th><th>监 督 要 求</th></tr>
<tr><td rowspan="4">1</td><td rowspan="4">屏柜安装就位</td><td>屏柜就位找正</td><td>重要</td><td>屏、柜安装的允许偏差
<table>
<tr><th colspan="2">项 目</th><th>允许偏差（mm）</th></tr>
<tr><td colspan="2">垂直度（每米）</td><td>1.5</td></tr>
<tr><td rowspan="2">水平偏差</td><td>相邻两屏顶部</td><td>2</td></tr>
<tr><td>成列屏顶部</td><td>5</td></tr>
<tr><td rowspan="2">屏间偏差</td><td>相邻两屏边</td><td>1</td></tr>
<tr><td>成列屏面</td><td>5</td></tr>
<tr><td colspan="2">屏间接缝</td><td>2</td></tr>
</table></td></tr>
<tr><td>屏柜固定</td><td>一般</td><td>1．依据《国家电网公司直流专业精益化管理评价规范》第十七部分第6条，即：
1.1 屏柜固定良好，紧固件齐全完好。
2．依据Q/GDW 1224—2014《±800kV换流站屏、柜及二次回路接线施工及验收规范》第4.3条，即：
2.1 屏、柜间及屏、柜上的设备与各构件间连接应牢固。屏、柜与基础型钢应采用螺栓连接</td></tr>
<tr><td>屏柜接地</td><td>重要</td><td>1．依据Q/GDW 1224—2014《±800kV换流站屏、柜及二次回路接线施工及验收规范》第4.6条，即：
1.1 屏、柜等的金属框架和底座均应可靠接地，标识规范。可开启的门应采用截面不小于4mm^{2}且端部压接有终端附件的多股软铜导线与接地的金属框架可靠接地</td></tr>
<tr><td>屏柜设备检查</td><td>一般</td><td>1．依据《国家电网公司直流专业精益化管理评价规范》第十七部分第6条，即：
1.1 设备外观完好无损伤；
1.2 压板、转换开关、按钮完好，位置正确；
1.3 屏上标志正确、齐全、清晰；
1.4 屏柜内照明正常，打印机工作正常（如有）；
1.5 屏柜顶部应无通风管道，对于屏柜顶部有通风管道的，屏柜顶部应装有防冷凝水的挡水隔板。
2．依据Q/GDW 1224—2014《±800kV换流站屏、柜及二次回路接线施工及验收规范》第5.5条和9.1.2条，即：
2.1 屏、柜的正面及背面各电器、端子牌等应标明编号、名称、用途及操作位置，其标明的字迹应清晰，工整，且不易脱色。
2.2 屏、柜内所装电器元件应齐全完好，安装位置正确，固定牢固</td></tr>
<tr><td>2</td><td>端子排</td><td>端子排外观检查</td><td>一般</td><td>1．依据Q/GDW 1224—2014《±800kV换流站屏、柜及二次回路接线施工及验收规范》第5.2条，即：
1.1 端子排应无损坏，固定牢固，绝缘良好；
1.2 端子应有序号，应便于更换且接线方便</td></tr>
</table>

续表

序号	监督项目	监督内容	等级	监督要求
2	端子排	强、弱电和正、负电源端子排的布置	重要	1．依据 Q/GDW 1224—2014《±800kV 换流站屏、柜及二次回路接线施工及验收规范》第 5.2 条，即： 1.1　强、弱电端子应分开布置，当有困难时，应有明显标志，并应设空端子隔开或设置绝缘的隔板； 1.2　正、负电源之间以及经常带电的正电源与合闸或跳闸回路之间，应以空端子或绝缘隔板隔开
		电流、电压回路等特殊回路端子检查	重要	1．依据 Q/GDW 1224—2014《±800kV 换流站屏、柜及二次回路接线施工及验收规范》第 5.2 条，即： 1.1　电流回路应经过试验端子，其他需断开的回路宜经特殊端子或试验端子； 1.2　试验端子应接触良好
		端子与导线截面匹配	重要	1．依据 Q/GDW 1224—2014《±800kV 换流站屏、柜及二次回路接线施工及验收规范》第 5.2 条，即： 1.1　接线端子应与导线截面匹配，不应使用小端子配大截面导线。 2．依据《国家电网公司直流专业精益化管理评价规范》第十七部分第 7 条，即： 2.1　每个接线端子的每侧接线宜为 1 根，不得超过 2 根； 2.2　不同截面的两根导线不能接在同一端子上
		端子排接线检查	一般	1．依据《国家电网公司直流专业精益化管理评价规范》第十七部分第 7 条，即： 1.1　接线应采用铜质或有电镀金属防锈层的螺栓紧固，且应有防松装置，引线裸露部分不大于 5mm； 1.2　接线应排列整齐、清晰、美观，绝缘良好无损伤
3	二次电缆敷设	电缆截面应合理	重要	1．依据《国家电网公司直流专业精益化管理评价规范》第十七部分第 8 条，即： 1.1　主机（装置）的直流电源、交流电流、电压及信号引入回路应采用屏蔽阻燃铠装电缆。 2．依据 Q/GDW 1224—2014《±800kV 换流站屏、柜及二次回路接线施工及验收规范》第 6.2 条，即： 2.1　屏、柜内的配线应采用标称电压不低于 450 V/750 V 的铜芯绝缘导线，二次电流回路导线截面不应小于 $2.5mm^2$，其他回路截面不应小于 $1.5mm^2$； 2.2　电子元件回路、弱电回路采用锡焊连接时，弱电回路在满足载流量和电压降及有足够机械强度的情况下，可采用截面不小于 $0.5mm^2$ 的绝缘导线
		电缆敷设满足相关要求	重要	1．依据 Q/GDW 1224—2014《±800kV 换流站屏、柜及二次回路接线施工及验收规范》第 6.4 条和 7.2 条，即： 1.1　电缆、导线不应有中间接头；

续表

序号	监督项目	监督内容	等级	监督要求
3	二次电缆敷设	电缆敷设满足相关要求	重要	1.2 强、弱电，交、直流回路不应使用同一根电缆，线芯应分别成束排列； 1.3 保护、控制用电缆与电力电缆不应同层敷设，且间距应符合设计要求。 2．依据《国家电网公司直流专业精益化管理评价规范》第十七部分第8条，即： 2.1 冗余系统的电流回路、电压回路、直流电源回路、双跳闸绕组的控制回路等，不应合用一根多芯电缆
		电缆排列	一般	1．依据Q/GDW 1224—2014《±800kV换流站屏、柜及二次回路接线施工及验收规范》第6.4条，即： 1.1 电缆应排列整齐、编号清晰、避免交叉、固定牢固，不得使所接的端子承受机械应力
		电缆屏蔽与接地	重要	1．依据Q/GDW 1224—2014《±800kV换流站屏、柜及二次回路接线施工及验收规范》第6.4条，即： 1.1 铠装电缆进入屏、柜后，应将钢带切断，切断处的端部应扎紧； 1.2 铠层应一点接地，接地点可选在端子箱或汇控柜接地铜排上。 2．橡胶绝缘的芯线应用外套绝缘管保护
		电缆芯线布置	一般	屏柜内的电缆芯线，应按垂直或水平有规律地配置，不得任意歪斜交叉连接
4	二次电缆接线	接线核对及紧固情况	重要	1．依据Q/GDW 1224—2014《±800kV换流站屏、柜及二次回路接线施工及验收规范》第6.1条，即： 1.1 应按有效图纸施工，接线正确； 1.2 导线与电气元件间采用螺栓连接、插接、焊接或压接等，均应牢固可靠
		电缆绝缘与芯线外观检查	重要	1．屏柜内的导线不应有接头，导线芯线应无损伤； 2．多股铜芯线每股铜芯都应接入端子，避免裸露在外； 3．导线接引处预留长度适当，且各线余量一致； 4．用1000V绝缘电阻表测量电缆各芯线之间和各芯线对地的绝缘情况，阻值均应大于10MΩ
		电缆芯线编号检查	一般	1．依据Q/GDW 1224—2014《±800kV换流站屏、柜及二次回路接线施工及验收规范》第6.1条，即： 1.1 电缆芯线和所配导线的端部均应标明其回路编号，编号应正确，字迹清晰且不易脱色
		配线检查	一般	1．依据Q/GDW 1224—2014《±800kV换流站屏、柜及二次回路接线施工及验收规范》第6.1条，即： 1.1 配线应整齐、清晰、美观，导线绝缘应良好，无损伤

续表

序号	监督项目	监督内容	等级	监 督 要 求
4	二次电缆接线	线束绑扎松紧和形式	一般	线束绑扎松紧适当、匀称、形式一致，固定牢固
		备用芯的处理	重要	备用芯预留长度至屏内最远端子处；芯线与屏柜外壳绝缘可靠，标识齐全
5	光缆敷设	光缆布局	一般	1．依据《国家电网公司直流专业精益化管理评价规范》第十七部分第9条，即： 1.1 光纤外护层完好，无破损； 1.2 光缆走向与敷设方式应符合施工图纸要求。 2．光缆布局合理，固定良好
		光缆弯曲半径	重要	1．依据《国家电网公司直流专业精益化管理评价规范》第十七部分第9条，即： 1.1 光纤（缆）弯曲半径应大于纤（缆）径的15倍
6	光纤连接	光纤及槽盒外观检查	一般	1．光纤外护层完好，无破损；端头清洁，无杂物； 2．光纤槽盒固定牢靠，槽口无锐边，槽盒表面的半导电漆层完好
		光纤弯曲度检查	重要	光纤弯曲半径为光纤截面直径的20倍，最小为50mm
		光纤连接情况	重要	光纤连接可靠，接触良好
		光纤回路编号	一般	光纤端部均应标明其回路编号，编号应正确，字迹清晰且不易脱色
		光纤备用芯检查	一般	同一光纤回路备用光纤备用芯数量应不少于在用芯数量或不低于3根，且均应制作好光纤头并安装好防护帽，固定适当无弯折，标识齐全
7	屏内接地	主机机箱外壳接地	重要	1．依据《国家电网公司直流专业精益化管理评价规范》第十七部分第10条，即： 1.1 主机（装置）的机箱外壳应可靠接地，以保证主机（装置）有良好的抗干扰能力
		接地铜排	重要	1．依据《国家电网公司直流专业精益化管理评价规范》第十七部分第10条，即： 1.1 接地铜排应用截面不小于 $50mm^2$ 的铜缆与室内的等电位接地网可靠相连
		接地线	重要	1．依据《国家电网公司直流专业精益化管理评价规范》第十七部分第10条，即： 1.1 电缆屏蔽层应使用截面不小于 $4mm^2$ 多股铜质软导线可靠连接到等电位接地铜排上； 1.2 屏柜的门等活动部分应使用不小于 $4mm^2$ 多股铜质软导线与屏柜体良好连接

续表

序号	监督项目	监督内容	等级	监 督 要 求
8	标示	标示安装	一般	屏柜的正面及背面各电器、端子牌等应标明编号、名称、用途及操作位置，其标明的字迹应清晰、工整，且不易脱色
9	防火密封	防火密封	重要	1．依据《国家电网公司直流专业精益化管理评价规范》第十七部分第11条，即： 1.1　电缆沟进线处和屏柜内底部应安装防火板，电缆缝隙、空洞应使用防火堵料进行封堵，要求密封良好，工艺美观

三、功能调试监督

功能调试阶段应对直流线路故障定位装置硬件配置和功能、采样回路和信号输入回路等进行重点检查验证，熟悉各插件具体功能、二次回路图、外部接线与内部插件之间的连接，掌握故障测距装置操作方法和操作流程以及测距软件使用方法等。

序号	监督项目	监督内容	等级	监 督 要 求
1	屏柜外观及装置结构	测距装置的硬件配置、标注及接线	重要	屏柜接线符合图纸要求
		测距装置各插件上的元器件检查	重要	测距装置各插件上的元器件检查的外观质量、焊接质量应良好，所有芯片应插紧，型号正确，芯片放置位置正确
		背板接线检查	重要	无断线、断路和焊接不良等现象，并检查背板上抗干扰元件的焊接、连线和元器件外观是否良好
		测距装置的各部件固定情况	重要	测距装置的各部件固定良好，无松动现象，装置外形应端正，无明显损坏及变形现象
		导线与端子以及采用材料等的质量	重要	装置端子排连接应可靠，且标号应清晰正确，符合设计、合同及相关的技术协议
2	测距装置上电	逆变电源检查	重要	1．逆变电源在下列条件下应能正常工作： 1.1　拉合直流电源； 1.2　直流电源缓升缓降至80%U_n； 1.3　工作范围在（−20%至+15%U_n）之间
		键盘、鼠标、显示器等	重要	各接口运行正常

续表

序号	监督项目	监督内容	等级	监督要求
2	测距装置上电	程序安装、配置文件、终端设置、终端软件查毒等	重要	设置正确，配置齐全
		测距分析软件使用情况	重要	1. 软件运行良好； 2. 掌握测距专用软件操作方法，编制软件操作手册
		GPS 对时检查	重要	1. 应具有自动对时功能（宜具有硬对时和软对时功能），精度满足设计要求； 2. 掌握故障测距装置对时原理，明确对时回路接线和软件对时协议
		参数和定值固化检查	重要	1. 整定、显示、打印的定值应与整定单一致； 2. 掌握定值整定方法，熟悉操作流程，能够分析定值合理性
3	模数变换系统	零漂检查	重要	零漂应小于 $0.01I_n$
		电流、电压幅值检查	重要	模拟量采样误差不超过额定值的±1%，相位大小不超过3°
		电流、电压回路极性检查	重要	三相电压、电流采样相位显示正确
		学习目标	重要	1. 掌握采样异常时的故障处理方法，能够编制检修作业指导书； 2. 掌握采样回路极性校验工作方法，熟悉极性回路
4	系统性功能	手动测距	重要	1. 使用手动测距，实现双端测距间的数据交换，传输时间明确； 2. 掌握手动测距方法，熟练使用测距软件
		自动测距	重要	自动测距参数设置正确
		开关量输出检查	重要	1. 模拟装置失电、录波启动等功能，相应接点动作正确，信号清晰； 2. 掌握双端测距间的数据交换，明确传输时间，掌握测距参数设置方法
		线路两侧通信检查	重要	1. 通信正常、指示灯正确、测距指示正确； 2. 掌握两端故障定位信号传输路径，了解测距启动条件，能够分析故障测距波形
5	二次回路	绝缘测试	重要	1. 从保护屏柜的端子排处将所有外部引入的回路及电缆全部断开，分别将电流、电压、直流控制、信号回路的所有端子各自连接在一起，用 1000V 绝缘电阻表测量

续表

序号	监督项目	监督内容	等级	监督要求
5	二次回路	绝缘测试	重要	绝缘电阻，各回路对地以及各回路相互间阻值均应大于10MΩ； 2. 装置开入量回路，用1000V绝缘电阻表测量绝缘电阻，各回路对地以及各回路相互间阻值均应大于10MΩ； 3. 掌握绝缘电阻表使用方法，能够对试验结果进行分析；熟悉电源回路、采样回路和信号开入回路
		电流、电压二次回路试验	重要	1. 检查TA变比、组别、极性使用正确，从现场TA至保护屏柜的电流二次回路进行通流试验，确认回路无分流，回路交流阻抗值符合TA铭牌要求，检查无开路及两点接地情况； 2. 检查TV变比、组别、极性使用正确，从现场TV至保护屏柜的电压二次回路进行加压试验，采取防止反送电的措施，测量各点电压值符合要求，检查无短路及二点接地情况； 3. 试验完毕恢复二次回路端子时，为防止TA二次开路、TV二次短路，需测量TA、TV回路的内阻、外阻及全回路电阻，发现问题及时处理
6	带负荷试验	电压二次回路核相	重要	三相电压幅值正常，相序为正序
		电流二次回路带负荷校验	重要	1. 在负荷电流不小于10%I_n（额定电流）时进行，三相电流幅值平衡，相序为正序； 2. 检查保护装置差流正常； 3. 测量值与装置采样值相符； 4. 根据现场结果绘制六角图，符合计算值要求

第八节 站SCADA监控系统监督

一、到场监督

重点监督检查屏柜、技术资料及其工器具等附件的完整性；掌握开箱检查内容，做好开箱记录。

序号	监督项目	监督内容	等级	监督要求
1	屏柜拆箱	屏柜外观检查	一般	屏柜外观应完整，颜色与订货相符，无外力损伤及变形痕迹，屏柜内无淋雨、受潮或凝水情况
		元器件完整性检查	重要	1. 屏内装置、打印机、转换开关、按钮、标签框、小母线、空气开关、端子排、端子盒、光纤接线盒、独立继电器、接地铜牌、门接地线等元器件应完整良好，且与装箱清单以及设计图纸数目、型号相符；

续表

序号	监督项目	监督内容	等级	监督要求
1	屏柜拆箱	元器件完整性检查	重要	2．设备应有铭牌或相当于铭牌的标志，内容包括：①制造厂名称和商标；②设备型号和名称
		技术资料检查	一般	随屏图纸、说明书、合格证等相关资料齐全；并扫描存档
2	附件及专用工器具	备品备件	重要	检查是否有相关备品备件，数量是否相符，做好相应记录
		专用工器具	重要	1．记录随设备到场的专用工器具，列出专用工器具清单，并妥善保管； 2．如施工单位需借用相关工器具，须履行借用手续

二、安装监督

站SCADA监控系统安装过程中，要详细记录设备安装的具体内容、进度及存在的问题。掌握屏柜吊装方法和安全注意事项，明确拆卸步骤。掌握柜内端子排布置，明确电缆走向。换流站控制保护系统的安装、调试应在控制室、继电器小室土建工作完成、环境条件满足要求后方可进行，严禁边土建边安装。

<table>
<tr><th>序号</th><th>监督项目</th><th>监督内容</th><th>等级</th><th>监督要求</th></tr>
<tr><td rowspan="2">1</td><td rowspan="2">屏柜安装就位</td><td>屏柜就位找正</td><td>重要</td><td>1．屏柜应按照图纸设计的位置就位，就位后严格找平，与相邻屏位间距适当，保持平齐；
2．依据Q/GDW 1224—2014《±800kV换流站屏、柜及二次回路接线施工及验收规范》第4.4条，即：
2.1　屏、柜单独或成列安装时，其垂直、水平偏差及屏、柜面偏差和屏、柜间接缝等的允许偏差应符合下表的规定。模拟母线应对齐、完整，安装牢固，标识颜色应符合GB 50171的有关规定。
<table>
<tr><th colspan="2">项目</th><th>允许偏差（mm）</th></tr>
<tr><td colspan="2">垂直度（每米）</td><td><1.5</td></tr>
<tr><td rowspan="2">水平偏差</td><td>相邻两屏顶部</td><td><2</td></tr>
<tr><td>成列屏顶部</td><td><5</td></tr>
<tr><td rowspan="2">屏间偏差</td><td>相邻两屏边</td><td><1</td></tr>
<tr><td>成列屏面</td><td><5</td></tr>
<tr><td colspan="2">屏间接缝</td><td><2</td></tr>
</table>
</td></tr>
<tr><td>屏柜固定</td><td>一般</td><td>1．屏柜固定良好，紧固件齐全完好。
2．依据Q/GDW 1224—2014《±800kV换流站屏、柜及二次回路接线施工及验收规范》第4.3条，即：
2.1　屏、柜间及屏、柜上的设备与各构件间连接应牢固。屏、柜与基础型钢应采用螺栓连接；
2.2　固定电器的支架等应刷漆</td></tr>
</table>

续表

序号	监督项目	监督内容	等级	监督要求
1	屏柜安装就位	屏柜接地	重要	1．依据Q/GDW 1224—2014《±800kV换流站屏、柜及二次回路接线施工及验收规范》第4.6条，即： 1.1 屏、柜、箱等的金属框架和底座均应可靠接地，装有电器的可开启的门，应以多股软铜线与接地的金属构架可靠地连接，成套柜应装有供检修用的接地装置
		屏柜设备检查	一般	1．依据《国家电网公司直流专业精益化管理评价规范》第十七部分第6条，即： 1.1 设备外观完好无损伤； 1.2 压板、转换开关、按钮完好，位置正确； 1.3 屏上标志正确、齐全、清晰； 1.4 屏柜内照明正常，打印机工作正常（如有）； 1.5 屏柜顶部应无通风管道，对于屏柜顶部有通风管道的，屏柜顶部应装有防冷凝水的挡水隔板。 2．屏、柜内所装电器元件应齐全完好、标识规范，安装位置应正确，固定应牢固。 3．屏、柜的正面及背面各电器、端子排等应标明编号、名称、用途及操作位置，且字迹应清晰、工整，不易脱色
2	端子排	端子排外观检查	一般	1．依据Q/GDW 1224—2014《±800kV换流站屏、柜及二次回路接线施工及验收规范》第5.2条，即： 1.1 端子排应无损坏，固定牢固，绝缘良好； 1.2 端子应有序号，应便于更换且接线方便
		强、弱电和正、负电源端子排的布置	重要	1．依据Q/GDW 1224—2014《±800kV换流站屏、柜及二次回路接线施工及验收规范》第5.2条，即： 1.1 强、弱电端子宜分开布置；由于设计困难无法分开布置的，应有明显标志并设空端子隔开或设加强绝缘的隔板； 1.2 正、负电源之间以及经常带电的正电源与合闸或跳闸回路之间，宜以一个空端子隔开
		电流、电压回路等特殊回路端子检查	重要	1．依据Q/GDW 1224—2014《±800kV换流站屏、柜及二次回路接线施工及验收规范》第5.2条，即： 1.1 电流回路应经过试验端子，其他需断开的回路宜经特殊端子或试验端子； 1.2 试验端子应接触良好
		端子与导线截面匹配	重要	1．接线端子应与导线截面匹配，不应使用小端子配大截面导线。 2．依据《国家电网公司直流专业精益化管理评价规范》第十七部分第7条，即： 2.1 每个接线端子的每侧接线宜为1根，不得超过2根； 2.2 不同截面的两根导线不能接在同一端子上
		端子排接线检查	一般	1．依据《国家电网公司直流专业精益化管理评价规范》第十七部分第7条，即：

续表

序号	监督项目	监督内容	等级	监督要求
2	端子排	端子排接线检查	一般	1.1　接线应采用铜质或有电镀金属防锈层的螺栓紧固，且应有防松装置，引线裸露部分不大于5mm； 1.2　接线应排列整齐、清晰、美观，绝缘良好无损伤
3	二次电缆敷设	电缆截面应合理	重要	1．主机（装置）的直流电源、交流电流、电压及信号引入回路应采用屏蔽阻燃铠装电缆。 2．依据Q/GDW 1224—2014《±800kV换流站屏、柜及二次回路接线施工及验收规范》第6.2条，即： 2.1　屏、柜内的配线应采用标称电压不低于450 V/750 V的铜芯绝缘导线，二次电流回路导线截面不应小于2.5mm^2，其他回路截面不应小于1.5mm^2； 2.2　用于计量的二次电流回路，其导线截面积不应小于4mm^2； 2.3　用于计量的二次电压回路，其导线截面积不应小于2.5mm^2； 2.4　电子元件回路、弱电回路采用锡焊连接时，在满足载流量和电压降及有足够机械强度的情况下，可采用不小于0.5mm^{2}截面的绝缘导线
		电缆敷设满足相关要求	重要	1．强、弱电，交、直流回路不应使用同一根电缆，线芯应分别成束排列。 2．冗余系统的电流回路、电压回路、直流电源回路、双跳闸绕组的控制回路等，不应合用一根多芯电缆。 3．保护、控制用电缆与电力电缆不应同层敷设，且间距应符合设计要求
		电缆排列	一般	电缆应排列整齐、编号清晰、避免交叉、固定牢固，不得使所接的端子承受机械应力
		电缆屏蔽与接地	重要	铠装电缆进入屏、柜后，应将钢带切断，切断处的端部应扎紧；铠层应一点接地，接地点可选在端子箱或汇控柜接地铜排上
		电缆芯线布置	一般	1．橡胶绝缘的芯线应用外套绝缘管； 2．依据《国家电网公司直流专业精益化管理评价规范》第十七部分第8条，即： 2.1　电缆芯线和所配导线的端部均应标明其回路编号，编号应正确，字迹清晰且不易脱色； 2.2　屏内二次接线紧固、无松动，与出厂图纸相符。 3．屏柜内的电缆芯线，应按垂直或水平有规律地配置，不得任意歪斜交叉连接
4	二次电缆接线	接线核对及紧固情况	重要	1．依据Q/GDW 1224—2014《±800kV换流站屏、柜及二次回路接线施工及验收规范》第6.1条，即： 1.1　按图施工，接线正确； 1.2　导线与电气元件间采用螺栓连接、插接、焊接或压接等，均应牢固可靠。

续表

序号	监督项目	监督内容	等级	监督要求
4	二次电缆接线	接线核对及紧固情况	重要	2. 各短接片要压接良好，使用合理，工艺美观，无毛刺；特别是TA、TV二次回路的短接片使用，要能方便以后年度检修时做安全措施，在安全措施时需加装短接片的端子上宜保留固定螺栓
		电缆绝缘与芯线外观检查	重要	1．屏柜内的导线不应有接头，导线芯线应无损伤； 2．多股铜芯线每股铜芯都应接入端子，避免裸露在外； 3．导线接引处预留长度适当，且各线余量一致； 4．用1000V绝缘电阻表测量电缆各芯线之间和各芯线对地的绝缘情况，阻值均应大于10MΩ
		电缆芯线编号检查	一般	电缆芯线和所配导线的端部均应标明其回路编号，编号应正确，字迹清晰且不易脱色
		配线检查	一般	配线应整齐、清晰、美观，导线绝缘应良好，无损伤
		线束绑扎松紧和形式	一般	线束绑扎松紧适当、匀称、形式一致，固定牢固
		备用芯的处理	重要	备用芯预留长度至屏内最远端子处；芯线与屏柜外壳绝缘可靠，标识齐全
5	光缆敷设	光缆布局	一般	1．光纤外护层完好，无破损。 2．光缆走向与敷设方式应符合施工图纸要求。 3．光缆布局合理，固定良好
		光缆弯曲半径	重要	光纤（缆）弯曲半径应大于纤（缆）径的15倍
6	光纤连接	光纤及槽盒外观检查	一般	1．光纤外护层完好，无破损；端头清洁，无杂物； 2．光纤槽盒固定牢靠，槽口无锐边，槽盒表面的半导电漆层完好
		光纤弯曲度检查	重要	光纤弯曲半径为光纤截面直径的20倍，最小为50mm
		光纤连接情况	重要	光纤连接可靠，接触良好
		光纤回路编号	一般	光纤端部均应标明其回路编号，编号应正确，字迹清晰且不易脱色
		光纤备用芯检查	一般	同一光纤回路备用光纤备用芯数量应不少于在用芯数量或不低于3根，且均应制作好光纤头并安装好防护帽，固定适当无弯折，标识齐全

续表

序号	监督项目	监督内容	等级	监督要求
7	屏内接地	主机机箱外壳接地	重要	主机（装置）的机箱外壳应可靠接地，以保证主机（装置）有良好的抗干扰能力
		接地铜排	重要	接地铜排应用截面不小于 $50mm^2$ 的铜缆与室内的等电位接地网可靠相连
		接地线	重要	1．依据《国家电网公司直流专业精益化管理评价规范》第十七部分第10条，即： 1.1　电缆屏蔽层应使用截面不小于 $4mm^2$ 多股铜质软导线可靠连接到等电位接地铜排上； 1.2　屏柜的门等活动部分应使用不小于 $4mm^2$ 多股铜质软导线与屏柜体良好连接
8	标示	标示安装	一般	屏柜的正面及背面各电器、端子牌等应标明编号、名称、用途及操作位置，其标明的字迹应清晰、工整，且不易脱色
9	防火密封	防火密封	重要	电缆沟进线处和屏柜内底部应安装防火板，电缆缝隙、空洞应使用防火堵料进行封堵，要求密封良好，工艺美观

三、功能调试监督

功能调试阶段应对站 SCADA 监控系统装置硬功能和硬件配置等进行重点检查验证，熟悉各工作站具体功能，网络连接图，掌握服务器使用方法和操作流程等。

序号	监督项目	监督内容	等级	监督要求
1	装置上电	人机对话功能	一般	装置液晶显示正常，数据显示清晰，各按键、按钮操作灵敏可靠
		版本检查	重要	软件版本和CRC码正确，与对侧均一致
		时钟检查	一般	时钟显示正确，与GPS对时功能正常
		定值	重要	装置定值的修改和固化功能正常，可以正确切换定值区；装置电源丢失后原定值不改变
		逆变电源检查	重要	用万用表测量逆变电源各级输出电压值满足要求，直流电源缓慢上升时的自启动性能满足要求
		打印机检查	一般	打印机（如有）功能使用正常
2	电源配置	电源配置	重要	1．依据《国家电网公司十八项电网重大反事故措施》第16.1.1.4条，即： 1.1　发电厂、变电站远动装置、计算机监控系统及其测控单元、变送器等自动化设备应采用冗余配置的不间断

续表

序号	监督项目	监督内容	等级	监 督 要 求
2	电源配置	电源配置	重要	电源（UPS）或站内直流电源供电；具备双电源模块的装置或计算机，两个电源模块应由不同电源供电；相关设备应加装防雷（强）电击装置，相关机柜及柜间电缆屏蔽层应可靠接地。 2. 微机防误闭锁装置电源应与继电保护及控制回路电源独立；微机防误装置主机应由不间断电源供电
3	监控功能	监控功能检查	重要	1. 依据《国家电网公司防止变电站全停十六项措施》第7.1.1条，即： 1.1 变电站的遥控操作应在监控系统间隔图上进行，间隔图应布局合理，能清晰显示开关遥测和遥信信息； 1.2 变电站监控系统应具备完善的集中监控和五防功能，支持调度主站的远方遥控操作。 2. 采用计算机监控系统时，远方、就地操作均应具备电气闭锁功能。 3. 同一集控站范围内应选用同一类型的微机防误系统，以保证集控主站和受控子站之间的“五防”信息能够互联互通、“五防”功能相互配合。 4. OWS画面上应实时显示当前每个阀故障可控硅的数量和故障类型、位置。 5. OWS画面上应实时显示阀冷系统流量、温度等各传感器的测量值，并能够显示串内GIS三相电流，便于对比分析。 6. 具有远程操控对站的换流站控制室内应至少配置四台壁挂式显示器（不包括工业视频显示器），显示器尺寸应不小于70英寸。 7. SCADA系统应能够自动生成日报表，至少应包括以下数据量。 7.1 水冷部分：主水流量、阀进出水温度、进出水压力、冷却塔进出水温度、内水冷膨胀箱水位、外水冷平衡水池水位、主泵切换记录、电导率等。 7.2 直流部分：换流变进线电压、触发角、直流母线电压、直流功率、换流变交流侧有功、换流变交流侧无功、换流变交流侧电流、接地极电流、直流滤波器不平衡电流等。 7.3 交流部分：交流母线电压、频率、交流进线有功/无功/功率因数、交流滤波器不平衡电流等。 7.4 光电流互感器运行参数
4	系统服务器	服务器开、关机	重要	1. 形成消缺维护标准化作业指导书（服务器开/关机）； 2. 拍照、摄像并形成影像资料后存档
		服务器硬盘管理	重要	1. 服务器的存储容量和CPU负载应满足相关规定要求； 2. 掌握硬盘空间查询方法；

续表

序号	监督项目	监督内容	等级	监 督 要 求
4	系统服务器	服务器硬盘管理	重要	3．形成消缺维护标准化作业指导书（硬盘数据备份及清理）； 4．形成技术知识总结（硬盘更换及配置方法）； 5．拍照、摄像并形成影像资料后存档
		服务器软件		系统服务器应安装系统管理数据库、系统管理软件，以作为网络服务器管理网络用户和网络设备
		服务器常规维护	重要	掌握服务器清洁方法及过滤网更换方法
5	工作站	工作站客户端程序安装	重要	1．形成消缺维护标准化作业指导书（工作站客户端程序安装及重启）； 2．形成工作站软件配置表； 3．拍照、摄像并形成影像资料后存档； 4．掌握工作站所安装的各类软件功能
		工作站操作系统及病毒库软件升级	重要	1．形成消缺维护标准化作业指导书（工作站操作系统及病毒库升级）； 2．拍照、摄像并形成影像资料后存档
6	站局域网	系统接线	重要	1．站内 SCADA 系统 LAN 网设计应尽量采取简洁的网络拓扑结构，避免物理环网过多，造成网络瘫痪进而导致直流双极强迫停运； 2．屏内布线美观、整齐，接线路径布置合理，具有一定预留长度，接线两头标识清楚，便于维护； 3．形成 SCADA 系统网络连接图
		交换机配置	重要	形成各网络设备网址配置表
		硬件防火墙	重要	1．调度端及厂站端电力二次系统安全防护应满足“安全分区、网络专用、横向隔离、纵向认证”基本原则要求； 2．为保证系统的安全性，MIS 接口工作站、工程师工作站、站长工作站连接在单独的网络内，并通过硬件防火墙和网络隔离装置运行人员控制系统的网络连接； 3．掌握网络测试方法，形成技术知识点总结； 4．掌握防火墙的配置方法，及检查防火墙是否隔离的方法
7	时间同步系统	主时钟配置	重要	1．变电站应建立时间同步机制， 设置双机冗余的全站统一时钟装置， 实现对站内各系统和设备的统一授时管理，站内时钟装置应支持北斗和 GPS 对时，并优先采用北斗对时； 2．对时信号类型通常包括：串口输出的完整时间信息、秒脉冲/分脉冲、IRIG-B 等其他格式的输出信号类型；应确定全站主钟系统的分布结构，至少包括：主时钟源、站

续表

序号	监督项目	监督内容	等级	监 督 要 求
7	时间同步系统	主时钟配置	重要	极局域网层的工作站，以及极控/站控/直流保护主机、就地分布的控制保护子系统或设备层、就地 I/O 装置层、其他系统等；并根据性能和数量要求确定对时信号类型； 3．依据 DL/T 5426—2009《±800kV 高压直流输电系统成套设计规程》8.3.3，第 7 条，即： 3.1 时间精度通常不劣于 0.5ms； 3.2 时间分辨率通常不劣于 1ms； 3.3 失去 GPS 信号时，守时精度通常不劣于 1ms/d
		全站对时设备连接	重要	1．依据 Q/GDW 264—2009《±800kV 直流输电工程换流站电气二次设备交接验收试验规程》第 2.3 条，即： 1.1 熟练掌握全站 GPS 系统连接方式、对时方式； 1.2 每根光纤两头标识清楚，光纤熔接盒各芯标识清楚
		对时错误处理	重要	1．形成消缺维护标准化作业指导书（时钟对时）； 2．拍照、摄像并形成影像资料后存档
8	换流站文档管理系统	换流站文档管理系统	一般	文档管理系统负责存贮、管理整个换流站的全套设计资料以及研究报告、运行手册、维护手册等文档，文档资料以文本文件、接线图、图表、报告等多种形式，存储在服务器的数据库或工作站中；并提供便捷、友好的人机对话方式和数据库查询、检索功能，便于用户调用和查询
9	网络打印机	网络打印机检查	一般	应提出网络打印机的配置数量和性能要求，包括打印速度、分辨率、纸张大小、颜色要求

第九节　调度自动化系统监督

一、到场监督

重点监督检查屏柜、技术资料及其工器具等附件的完整性；掌握开箱检查内容，做好开箱记录。

序号	监督项目	监督内容	等级	监 督 要 求
1	屏柜拆箱	屏柜外观检查	一般	屏柜外观应完整，颜色与订货相符，无外力损伤及变形痕迹，屏柜内无淋雨、受潮或凝水情况
		元器件完整性检查	重要	1．屏内装置、打印机、转换开关、按钮、标签框、小母线、空气开关、端子排、端子盒、光纤接线盒、独立继电器、接地铜牌、门接地线等元器件应完整良好，且与装箱清单以及设计图纸数目、型号相符； 2．设备应有铭牌或相当于铭牌的标志，内容包括：制造厂名称、商标、设备型号和名称

续表

<table>
<tr><th>序号</th><th>监督项目</th><th>监督内容</th><th>等级</th><th>监督要求</th></tr>
<tr><td>1</td><td>屏柜拆箱</td><td>技术资料检查</td><td>一般</td><td>随屏图纸、说明书、合格证等相关资料齐全，并扫描存档</td></tr>
<tr><td rowspan="2">2</td><td rowspan="2">附件及专用工器具</td><td>备品备件</td><td>重要</td><td>检查是否有相关备品备件，数量及型号是否相符，做好相应记录</td></tr>
<tr><td>专用工器具</td><td>重要</td><td>1. 记录随设备到场的专用工器具，列出专用工器具清单，并妥善保管；
2. 如施工单位需借用相关工器具，须履行借用手续</td></tr>
</table>

二、安装监督

设备安装过程中，要详细记录设备安装的具体内容、进度及存在的问题。掌握屏柜吊装方法和安全注意事项，明确拆卸步骤。掌握柜内端子排布置，明确电缆走向。换流站调度自动化系统的安装、调试应在通信设备小室土建工作完成、环境条件满足要求后方可进行，严禁边土建边安装。

<table>
<tr><th>序号</th><th>监督项目</th><th>监督内容</th><th>等级</th><th>监督要求</th></tr>
<tr><td rowspan="2">1</td><td rowspan="2">屏柜安装就位</td><td>屏柜就位找正</td><td>重要</td><td>1. 屏柜应按照图纸设计的位置就位，就位后严格找平，与相邻屏位间距适当，保持平齐；
2. 依据 Q/GDW 1224—2014《±800kV 换流站屏、柜及二次回路接线施工及验收规范》第 4.4 条，即：
2.1 屏、柜单独或成列安装时，其垂直、水平偏差及屏、柜面偏差和屏、柜间接缝等的允许偏差应符合下表的规定。模拟母线应对齐、完整，安装牢固，标识颜色应符合 GB 50171 的有关规定。
<table>
<tr><th colspan="2">项目</th><th>允许偏差（mm）</th></tr>
<tr><td colspan="2">垂直度（每米）</td><td>＜1.5</td></tr>
<tr><td rowspan="2">水平偏差</td><td>相邻两屏顶部</td><td>＜2</td></tr>
<tr><td>成列屏顶部</td><td>＜5</td></tr>
<tr><td rowspan="2">屏间偏差</td><td>相邻两屏边</td><td>＜1</td></tr>
<tr><td>成列屏面</td><td>＜5</td></tr>
<tr><td colspan="2">屏间接缝</td><td>＜2</td></tr>
</table></td></tr>
<tr><td>屏柜固定</td><td>一般</td><td>1. 依据《国家电网公司直流专业精益化管理评价规范》第十七部分第 6 条，即：
1.1 屏柜固定良好，紧固件齐全完好。
2. 依据 Q/GDW 1224—2014《±800kV 换流站屏、柜及二次回路接线施工及验收规范》第 4.3 条，即：
2.1 屏、柜间及屏、柜上的设备与各构件间连接应牢固。屏、柜与基础型钢应采用螺栓连接</td></tr>
</table>

续表

序号	监督项目	监督内容	等级	监 督 要 求
1	屏柜安装就位	屏柜接地	重要	1．依据 Q/GDW 1224—2014《±800kV 换流站屏、柜及二次回路接线施工及验收规范》第 4.6 条，即： 1.1　屏、柜等的金属框架和底座均应可靠接地，标识规范。可开启的门应采用截面不小于 4mm^2 且端部压接有终端附件的多股软铜导线与接地的金属框架可靠接地
		屏柜设备检查	一般	1．依据《国家电网公司直流专业精益化管理评价规范》第十七部分第 6 条，即： 1.1　设备外观完好无损伤； 1.2　压板、转换开关、按钮完好，位置正确； 1.3　屏上标志正确、齐全、清晰； 1.4　屏柜内照明正常，打印机工作正常（如有）； 1.5　屏柜顶部应无通风管道，对于屏柜顶部有通风管道的，屏柜顶部应装有防冷凝水的挡水隔板。 2．依据 Q/GDW 1224—2014《±800kV 换流站屏、柜及二次回路接线施工及验收规范》第 5.5 条和 9.1.2 条，即： 2.1　屏、柜的正面及背面各电器、端子牌等应标明编号、名称、用途及操作位置，其标明的字迹应清晰，工整，且不易脱色。 2.2　屏、柜内所装电器元件应齐全完好，安装位置正确，固定牢固
2	端子排	端子排外观检查	一般	1．依据 Q/GDW 1224—2014《±800kV 换流站屏、柜及二次回路接线施工及验收规范》第 5.2 条，即： 1.1　端子排应无损坏，固定牢固，绝缘良好； 1.2　端子应有序号，应便于更换且接线方便
		强、弱电和正、负电源端子排的布置	重要	1．依据 Q/GDW 1224—2014《±800kV 换流站屏、柜及二次回路接线施工及验收规范》第 5.2 条，即： 1.1　强、弱电端子应分开布置，当有困难时，应有明显标志，并应设空端子隔开或设置绝缘的隔板； 1.2　正、负电源之间以及经常带电的正电源与合闸或跳闸回路之间，应以空端子或绝缘隔板隔开
		电流、电压回路等特殊回路端子检查	重要	1．依据 Q/GDW 1224—2014《±800kV 换流站屏、柜及二次回路接线施工及验收规范》第 5.2 条，即： 1.1　电流回路应经过试验端子，其他需断开的回路宜经特殊端子或试验端子； 1.2　试验端子应接触良好
		端子与导线截面匹配	重要	1．依据 Q/GDW 1224—2014《±800kV 换流站屏、柜及二次回路接线施工及验收规范》第 5.2 条，即： 1.1　接线端子应与导线截面匹配，不应使用小端子配大截面导线。

续表

序号	监督项目	监督内容	等级	监 督 要 求
2	端子排	端子与导线截面匹配	重要	2．依据《国家电网公司直流专业精益化管理评价规范》第十七部分第7条，即： 2.1　每个接线端子的每侧接线宜为1根，不得超过2根； 2.2　不同截面的两根导线不能接在同一端子上
		端子排接线检查	一般	1．依据《国家电网公司直流专业精益化管理评价规范》第十七部分第7条，即： 1.1　接线应采用铜质或有电镀金属防锈层的螺栓紧固，且应有防松装置，引线裸露部分不大于5mm； 1.2　接线应排列整齐、清晰、美观，绝缘良好无损伤
3	二次电缆敷设	电缆截面应合理	重要	1．依据《国家电网公司直流专业精益化管理评价规范》第十七部分第8条，即： 1.1　主机（装置）的直流电源、交流电流、电压及信号引入回路应采用屏蔽阻燃铠装电缆。 2．依据Q/GDW 1224—2014《±800kV换流站屏、柜及二次回路接线施工及验收规范》第6.2条，即： 2.1　屏、柜内的配线应采用标称电压不低于450 V/750 V的铜芯绝缘导线，二次电流回路导线截面不应小于2.5mm^2，其他回路截面不应小于1.5mm^2； 2.2　电子元件回路、弱电回路采用锡焊连接时，弱电回路在满足载流量和电压降及有足够机械强度的情况下，可采用截面不小于0.5mm^{2}的绝缘导线
		电缆敷设满足相关要求	重要	1．依据Q/GDW 1224—2014《±800kV换流站屏、柜及二次回路接线施工及验收规范》第6.4条和7.2条，即： 1.1　电缆、导线不应有中间接头； 1.2　强、弱电，交、直流回路不应使用同一根电缆，线芯应分别成束排列； 1.3　保护、控制用电缆与电力电缆不应同层敷设，且间距应符合设计要求。 2．依据《国家电网公司直流专业精益化管理评价规范》第十七部分第8条，即： 2.1　冗余系统的电流回路、电压回路、直流电源回路、双跳闸绕组的控制回路等，不应合用一根多芯电缆
		电缆排列	一般	1．依据Q/GDW 1224—2014《±800kV换流站屏、柜及二次回路接线施工及验收规范》第6.4条，即： 1.1　电缆应排列整齐、编号清晰、避免交叉、固定牢固，不得使所接的端子承受机械应力
		电缆屏蔽与接地	重要	1．依据Q/GDW 1224—2014《±800kV换流站屏、柜及二次回路接线施工及验收规范》第6.4条，即： 1.1　铠装电缆进入屏、柜后，应将钢带切断，切断处的

续表

序号	监督项目	监督内容	等级	监 督 要 求
3	二次电缆敷设	电缆屏蔽与接地	重要	端部应扎紧； 1.2 铠层应一点接地，接地点可选在端子箱或汇控柜接地铜排上。 2．橡胶绝缘的芯线应用外套绝缘管保护
		电缆芯线布置	一般	屏柜内的电缆芯线，应按垂直或水平有规律地配置，不得任意歪斜交叉连接
4	二次电缆接线	接线核对及紧固情况	重要	1．依据 Q/GDW 1224—2014《±800kV 换流站屏、柜及二次回路接线施工及验收规范》第 6.1 条，即： 1.1 应按有效图纸施工，接线正确； 1.2 导线与电气元件间采用螺栓连接、插接、焊接或压接等，均应牢固可靠
		电缆绝缘与芯线外观检查	重要	1．屏柜内的导线不应有接头，导线芯线应无损伤； 2．多股铜芯线每股铜芯都应接入端子，避免裸露在外； 3．导线接引处预留长度适当，且各线余量一致； 4．用 1000V 绝缘电阻表测量电缆各芯线之间和各芯线对地的绝缘情况，阻值均应大于 10MΩ
		电缆芯线编号检查	一般	1．依据 Q/GDW 1224—2014《±800kV 换流站屏、柜及二次回路接线施工及验收规范》第 6.1 条，即： 1.1 电缆芯线和所配导线的端部均应标明其回路编号，编号应正确，字迹清晰且不易脱色
		配线检查	一般	1．依据 Q/GDW 1224—2014《±800kV 换流站屏、柜及二次回路接线施工及验收规范》第 6.1 条，即： 1.1 配线应整齐、清晰、美观，导线绝缘应良好，无损伤
		线束绑扎松紧和形式	一般	线束绑扎松紧适当、匀称、形式一致，固定牢固
		备用芯的处理	重要	备用芯预留长度至屏内最远端子处；芯线与屏柜外壳绝缘可靠，标识齐全
5	光缆敷设	光缆布局	一般	1．依据《国家电网公司直流专业精益化管理评价规范》第十七部分第 9 条，即： 1.1 光纤外护层完好，无破损； 1.2 光缆走向与敷设方式应符合施工图纸要求。 2．光缆布局合理，固定良好
		光缆弯曲半径	重要	1．依据《国家电网公司直流专业精益化管理评价规范》第十七部分第 9 条，即： 1.1 光纤（缆）弯曲半径应大于纤（缆）径的 15 倍
6	光纤连接	光纤及槽盒外观检查	一般	1．光纤外护层完好，无破损；端头清洁，无杂物； 2．光纤槽盒固定牢靠，槽口无锐边，槽盒表面的半导电漆层完好

续表

序号	监督项目	监督内容	等级	监督要求
6	光纤连接	光纤弯曲度检查	重要	光纤弯曲半径为光纤截面直径的20倍，最小为50mm
		光纤连接情况	重要	光纤连接可靠，接触良好
		光纤回路编号	一般	光纤端部均应标明其回路编号，编号应正确，字迹清晰且不易脱色
		光纤备用芯检查	一般	同一光纤回路备用光纤备用芯数量应不少于在用芯数量或不低于3根，且均应制作好光纤头并安装好防护帽，固定适当无弯折，标识齐全
7	屏内接地	主机机箱外壳接地	重要	1．依据《国家电网公司直流专业精益化管理评价规范》第十七部分第10条，即： 1.1 主机（装置）的机箱外壳应可靠接地，以保证主机（装置）有良好的抗干扰能力
		接地铜排	重要	1．依据《国家电网公司直流专业精益化管理评价规范》第十七部分第10条，即： 1.1 接地铜排应用截面不小于 $50mm^2$ 的铜缆与室内的等电位接地网可靠相连
		接地线	重要	1．依据《国家电网公司直流专业精益化管理评价规范》第十七部分第10条，即： 1.1 电缆屏蔽层应使用截面不小于 $4mm^2$ 多股铜质软导线可靠连接到等电位接地铜排上； 1.2 屏柜的门等活动部分应使用不小于 $4mm^2$ 多股铜质软导线与屏柜体良好连接
8	标示	标示安装	一般	屏柜的正面及背面各电器、端子牌等应标明编号、名称、用途及操作位置，其标明的字迹应清晰、工整，且不易脱色
9	防火密封	防火密封	重要	1．依据《国家电网公司直流专业精益化管理评价规范》第十七部分第11条即： 1.1 电缆沟进线处和屏柜内底部应安装防火板，电缆缝隙、空洞应使用防火堵料进行封堵，要求密封良好，工艺美观

三、功能调试监督

功能调试阶段应对换流站调度自动化系统装置功能和硬件配置、采样回路和信号输入输出回路、功能压板、按钮、切换把手等进行重点检查验证，熟悉各插件具体功能，二次回路图，外部接线与内部插件之间的连接，掌握装置操作方法和操作流程等。

序号	监督项目	监督内容	等级	监　督　要　求
1	装置上电检查	人机对话功能	一般	装置液晶显示正常，数据显示清晰，各按键、按钮操作灵敏可靠
		版本检查	重要	软件版本和CRC码正确，与对侧均一致
		时钟检查	一般	时钟显示正确，与GPS对时功能正常
		定值	重要	装置定值的修改和固化功能正常，可以正确切换定值区；装置电源丢失后原定值不改变
		逆变电源检查	重要	用万用表测量逆变电源各级输出电压值满足要求，直流电源缓慢上升时的自启动性能满足要求
		打印机检查	一般	打印机（如有）功能使用正常
2	电源配置	电源配置	重要	1．依据《国家电网公司直流专业精益化管理评价规范》第二十一部分第7条，即： 1.1　站内重要监控设备，如监控服务器、远动工作站、运行人员工作站、网络交换机等应由不间断电源供电
3	远动 工作站	远动工作站	重要	1．依据《国家电网公司十八项电网重大反事故措施》第16.1.1.6条，即： 1.1　调度范围内的发电厂、110kV及以上电压等级的变电站的自动化设备通信模块应冗余配置，优先采用专用装置，无旋转部件，采用专用操作系统；支持调控一体化的厂站间隔层应具备双通道组成的双网，至调度主站（含主调和备调）应具有两路不同路由的通信通道（主/备双通道）。 2．依据Q/GDW 253—2009《±800kV直流输电系统成套设计技术规程》第8.7.1条，即： 2.1　远动工作站需冗余配置，用于按照要求的通信规约传输站LAN网与远动LAN网之间的信息转换和传输。 3．依据Q/GDW 263—2009《±800kV直流系统电气设备监造导则》第2.3条，即： 3.1　远动接口设备应配置远传数据库和各级相关调度网络通信规约，按照规约的特定格式组织报文和解释报文的程序，实现与调度端的远程通信
4	行政调度电话系统	调度交换机	重要	1．依据YD/T 5077—2005《固定电话交换设备安装工程验收规范》第2.13.1条，即： 1.1　程控交换设备的标称直流工作电压为−48V，直流电压许变化范围−57～−40V。 2．依据DL/T 5223—2005《高压直流换流站设计技术规定》9.0.2第6条，即： 2.1　数字调度程控交换机必须具备组网、路由选择、优先等特殊功能，并应附设调度控制台和应能自动及手动启动录音装置

续表

序号	监督项目	监督内容	等级	监督要求
4	行政调度电话系统	行政交换机	重要	交换机必须具备组网、路由选择、优先等功能，重要板卡（主控板、电源板、铃流板等）宜冗余配置；支持双电源输入
5	检修计划工作站	检修计划工作站	重要	配置1台计划终端（Ⅱ区），1台检修终端（Ⅱ区）均通过安全文件网关接入站控层网络，用于实现调度计划、检修工作票、保护定值单等管理功能
6	远动局域网	网络交换机	重要	网络交换机之间的布线采用光纤，至各信息点采用超五类双绞线，出线盒采用双模块信息接口
		纵向加密机或防火墙	重要	1．依据Q/GDW 253—2009《±800kV直流输电系统成套设计技术规程》8.7.2第5条，即： 1.1　换流站远动LAN网与SPDnet相连的设备之间应设置网络隔离或加装安全防护设备等，保证SPDnet接入远动LAN后直流输电系统和SPDnet的安全性
		路由器	重要	1．依据《国家电网十八项电网重大反事故措施》第16.2.1.2条，即： 1.1　电网调度机构与其调度范围内的下级调度机构、集控中心（站）、重要变电站、直调发电厂和重要风电场之间应具有两个及以上独立通信路由。 2．依据《国家电网十八项电网重大反事故措施》第16.1.2.2条，即： 2.1　现场设备的接口和传输规约必须满足调度自动化主站系统的要求
7	PMU同步向量测量装置	PMU同步向量测量装置	重要	1．依据《国家电网十八项电网重大反事故措施》第16.1.1.3条，即： 1.1　主网500kV及以上厂站、220kV枢纽变电站、大电源、电网薄弱点、风电等新能源接入站（风电接入汇集点）、通过35kV及以上电压等级线路并网且装机容量40MW及以上的风电场均应部署相量测量装置（PMU）；其测量信息能上传至相关调度机构并提供给厂站进行就地分析；PMU与主站之间的通信方式应统一考虑，确保前期和后期工程的一致性

第三章

辅助设备监督

第一节 内冷水系统监督

一、到场监督

设备到场监督的目的是检查设备在装卸和运输的过程中是否发生碰撞、破损等设备损坏情况，并记录到场物件清单、检查情况等。

序号	监督项目	监督内容	等级	监 督 要 求
1	本体监督	外观检查	一般	1．包装及密封应良好； 2．按装箱单检查清点，其规格、数量和技术参数应符合设计要求； 3．按本规范要求，外观检查合格
		管道及阀门检查	重要	1 依据《防止电力生产重大事故的二十五项重点要求》第3.4.3条，即： 1.1 加强对汽水系统中的高中压疏水、排污、减温水等小径管的管座焊缝、内壁冲刷和外表腐蚀现象的检查，发现问题及时更换。 2．依据DL 5031—1994《电力建设施工及验收技术规范（管道篇）》第3.1.3条，即： 2.1 无裂纹、缩孔、夹渣、粘砂、折叠、漏焊、重皮等缺陷； 2.2 表面应光滑，不允许有尖锐划痕； 2.3 凹陷深度不得超过1.5mm，凹陷最大尺寸不应大于管子周长的5%，且不大于40mm。 3．依据DL 5031—1994《电力建设施工及验收技术规范（管道篇）》第3.5.15条，即： 3.1 各类阀门，当制造厂家确保产品质量且提供产品质量及使用保证书时，可不作解体和严密性检查。 4．依据DL 5031—1994《电力建设施工及验收技术规范（管道篇）》第3.5.16条，即： 4.1 阀门的操作机构和传动装置，应按设计要求进行检查与必要的调整，达到动作灵活、指示正确
		离子交换罐检查	重要	1．依据《国家电网公司直流专业精益化管理评价规范》第七部分，即：

续表

序号	监督项目	监督内容	等级	监 督 要 求
1	本体监督	离子交换罐检查	重要	1.1 离子交换罐无锈蚀; 1.2 过滤器表面无损伤、无异物
		膨胀罐检查	重要	1. 依据《国家电网公司直流专业精益化管理评价规范》第七部分，即： 1.1 罐体无锈蚀
		补水泵及原水泵检查	重要	1. 依据《国家电网公司直流专业精益化管理评价规范》第七部分，即： 1.1 装置本体无锈蚀
		铭牌检查	一般	1. 设备应有铭牌或相当于铭牌的标志，内容包括：制造厂名称、商标、设备型号和名称。 2. 抄录水冷系统各部件以及附件铭牌参数，并拍照片存档，编制设备清册
2	附件监督	备品备件检查	重要	1. 依据《国家电网公司特高压变电站和直流换流站备品备件管理办法》，即： 1.1 检查是否有相关备品备件，型号及数量是否相符，做好相应记录
		专业工器具检查	重要	1. 依据《国家电网公司直流专业精益化管理评价规范》第七部分，即： 1.1 专业工器具（黄油枪、主循环泵电机轴连接水平垂直度监测器、水质测量工具）齐备，能正常使用，储存、保管良好

二、安装监督

设备安装监督的目的是了解设备的参数、理解设备的结构原理、掌握设备的操作方法及相关注意事项，并记录设备安装的具体内容、进度及存在的问题。

序号	监督项目	监督内容	等级	监 督 要 求
1	安装投运技术文件	相关文件及资料核查	重要	1. 依据《国家电网公司直流专业精益化管理评价规范》第七部分，即： 1.1 采购技术协议或技术规范书、出厂试验报告、交接试验报告安装质量检验及评定报告、工程、竣工图纸、设备说明书（含阀内冷控制保护软件或跳闸逻辑框图）、控制保护功能及定值表、阀内冷系统控制保护配置及定值计算技术报告（由厂家提供）、阀内冷主循环泵电源进线开关配置及定值计算技术报告、阀内冷变频器/软启动器保护配置及定值计算技术报告等资料应齐全，扫描并存档

续表

序号	监督项目	监督内容	等级	监 督 要 求
2	管道及阀门	管道安装检查	重要	1．依据《国家电网公司直流专业精益化管理评价规范》第七部分，即： 1.1 管道应在工厂预制、现场组装、管道之间采用法兰连接，除阀外冷和土建接口处管道，其他管道不允许现场焊接； 1.2 阀内冷主管道与阀塔主水管道应采用法兰连接，法兰处各螺栓受力均匀，紧固，管道无变形、扭曲。 2．依据 DL 5031—1994《电力建设施工及验收技术规范（管道篇）》第 5.3.2 条，即： 2.1 穿墙及过楼板的管道，所加套管应符合设计规定。当设计无要求时，穿墙套管长度不应小于墙厚，穿楼板套管宜高出楼面或地面 25～30mm。 3．依据 DL 5031—1994《电力建设施工及验收技术规范（管道篇）》第 5.3.3 条，即： 3.1 管道与套管的空隙应按设计要求填塞。当设计没有明确给出要求时，应用不燃烧软质材料填塞； 3.2 记录管道法兰和接头紧固力矩要求，并对紧固的螺栓做好标记； 3.3 换流阀冷却系统所有管道、阀门、管箱等接液部分采用洁净制作工艺，进行酸洗、中和、冲洗等清洗工作；对难于处理的焊缝、接口、氧化层等采用打磨、抛光、刷洗等工艺，确保各种金属碎屑、颗粒、异物等能完全冲洗出来；循环冲洗等工艺过程中采用高精度的过滤装置，防止冲洗水中杂质等的二次污染；所有需要现场拼装的接口、空洞均有严密的封堵，保证与接液部分的洁净。 4．依据 GBJ 109—1987《工业用水软化除盐设计规范》第 2.3.1 条，即： 4.1 管线短，附件少，整齐美观； 4.2 便于安装、检修和支吊； 4.3 不影响设备的起吊和搬运； 4.4 不应布置在配电盘和控制盘的上方。 5．根据《国家电网公司直流专业精益化管理评价规范》第七部分，即： 5.1 主水回路标识正确； 5.2 与冷却介质接触的各种材料表面不应发生腐蚀。金属材料应采用不锈钢 AISI304L 及以上等级的耐腐蚀材料，各种材料的老化速度应保证至少 40 年的设计寿命； 5.3 管道应在工厂预制、现场组装、管道之间采用法兰连接，除阀外冷和土建接口处管道，其他管道不允许现场焊接； 5.4 管道表面及连接处无裂纹、无锈蚀，表面不得有明显凹陷，焊缝无明显夹渣，疤痕；

续表

序号	监督项目	监督内容	等级	监 督 要 求
2	管道及阀门	管道安装检查	重要	5.5 管道及阀门运行过程中无异常振动，无漏水、溢水现象； 5.6 管道本体表计安装密封良好，无渗漏； 5.7 阀内冷主管道与阀塔主水管道应采用法兰连接，法兰处各螺栓受力均匀，紧固，管道无变形、扭曲
		阀门安装检查	重要	1．依据《国家电网公司直流专业精益化管理评价规范》第七部分，即： 1.1 阀门位置正确，无松动，阀内冷系统中的各种阀门均应设置自锁装置以防止设备运行过程中因振动而导致阀门开度变化； 1.2 自动排气阀不应安装在阀厅内，以便在排气阀漏水时及时处理
3	主水回路	电加热器绝缘测量	重要	1．依据《国家电网公司直流专业精益化管理评价规范》第七部分，即： 1.1 电加热器绝缘电阻合格（绝缘＞1MΩ）
		主循环泵检查	重要	1．依据《国家电网公司直流专业精益化管理评价规范》第七部分，即： 1.1 无锈蚀； 1.2 主循环泵及其电动机应固定在一个单独的铸铁或钢座上； 1.3 主循环泵进出口应设置柔性连接接头； 1.4 主循环泵都应通过弹性联轴器和电动机相连，联轴器都应有保护装置； 1.5 主循环泵的轴封应采用机械密封，且应密封完好，并配置轴封漏水检测装置； 1.6 主循环泵宜采用低速泵，叶轮应采用 AISI316 材质，叶轮无锈蚀现象； 1.7 每台主循环泵应提供两个信号接点，供阀内冷两套系统使用； 1.8 主循环泵电机绕组绝缘电阻应＞1MΩ； 1.9 主循环泵电机直阻初值差＜5%； 1.10 同心度正常，偏差小于＜0.2mm。 2．依据《国家电网公司防止直流二十一项反事故措施》第 11 条，即： 2.1 主泵与管道连接部分宜采用软连接； 2.2 主泵前后应设置阀门，以便在不停运阀内冷系统时进行主泵故障检修
		主循环泵电源回路检查	重要	1．依据《国家电网公司防止直流二十一项反事故措施》第 9.1.3 条，即： 1.1 内冷水主泵电源馈线开关应专用，禁止连接其他负荷。同一极相互备用的两台内冷水泵电源应取自不同母线

续表

序号	监督项目	监督内容	等级	监督要求
4	传感器	总体安装检查	重要	1．外观无损伤、脱漆、锈蚀； 2. 冷却系统压力测量类表计均通过不锈钢细管从主管道上引出，并安装固定在专门的支架上，避免因主循环泵启停冲击造成表计损坏； 3．温度传感器、压力传感器、电导率传感器在设计时均应考虑在线维护方案，便于在线检修或更换； 4．冷却系统中的传感器均采用的是弱电流信号，采用的接线端子均可以在线将测量表计串入传感器测量回路中测量传感器输出电流
		温度传感器检查	重要	1．依据《国家电网公司防止直流二十一项反事故措施》第3.1.4条，即： 1.1 阀进出口水温传感器应装设在阀厅外
		流量传感器检查	重要	1．依据《国家电网公司直流专业精益化管理评价规范》第七部分，即： 1.1 应装设在阀厅外或有巡视通道可到达的位置，便于巡视和不停电消缺
		液位传感器检查	重要	1．依据《国家电网公司直流专业精益化管理评价规范》第七部分，即： 1.1 A、B 系统对同一测点均应至少配置两台电容式液位计和一台翻板式液位计； 1.2 装设位置便于维护，满足故障后不停运直流而进行检修及更换的要求
5	水处理回路	去离子系统检查	重要	1．依据《国家电网公司直流专业精益化管理评价规范》第七部分，即： 1.1 去离子装置应包含由离子交换树脂构成的去离子罐、精密过滤器和调节纯水流量的调节阀； 1.2 过滤器表面无损伤、无异物； 1.3 在去离子水出口应设置电导率传感器，用于监视离子交换树脂是否失效； 1.4 在去离子水出口应设置精密过滤器，用于防止树脂流入主水回路中，去离子过滤装置过滤精度不宜低于10μm
		稳压系统检查	重要	1．依据《国家电网公司直流专业精益化管理评价规范》第七部分，即： 1.1 氮气补充应设置主备用切换装置，可满足在线更换氮气瓶
		补水装置检查	重要	1．依据《国家电网公司直流专业精益化管理评价规范》第七部分，即： 1.1 补水装置电机绕组绝缘电阻应＞1MΩ

续表

序号	监督项目	监督内容	等级	监 督 要 求
5	水处理回路	主过滤器检查	重要	1．依据《国家电网公司直流专业精益化管理评价规范》第七部分，即： 1.1　主过滤器应设置在阀进水管路侧； 1.2　主过滤器应能在不停运阀内冷系统的条件下进行清洗或更换，滤芯应具备足够的机械强度以防止在冷却水冲刷下的损伤，过滤精度应满足换流阀的要求

三、试验监督

设备试验监督的目的是了解设备的试验、调试方法，掌握设备的维护方法，并记录设备试验的具体内容、进度及存在的问题。

序号	监督项目	监督内容	等级	监 督 要 求
1	密封性检查	注水、加压、排气试验	重要	1．掌握系统注水、排气、加压流程及工艺要求，过程中各阀门状态，收集影像资料； 2．掌握注水水质要求，静置排气时间等工艺要求； 3．系统加压要求试验压力为系统标称压力 1.5 倍，持续 10min 以上，压力不下降，系统无渗漏现象； 4．依据《国家电网公司直流专业精益化管理评价规范》第七部分，即： 4.1　管道本体表计安装处密封良好，无渗漏； 4.2　管道连接良好，自动排气阀功能正常
2	运行检查	设备运行检查	重要	1．设备运行时无异常声响、无异常振动； 2．依据《国家电网公司直流专业精益化管理评价规范》第七部分，即： 2.1　主循环泵无渗漏，润滑油的油位正常； 2.2　内冷水系统冷却水应采用电导率小于 0.2μS/cm 的去离子软化水或除盐水，厂家应提供内冷水水质检测报告及补水水质要求； 2.3　屏柜内板卡工作正常、无报警指示
3	信号核对	信号核对检查	重要	1．依据《国家电网公司直流专业精益化管理评价规范》第七部分，即： 1.1　温度传感器：A、B 系统对同一测点的温度测量值相互比对差异不超过 1℃； 1.2　流量传感器：A、B 系统对同一测点的流量测量值相互比对差异不超过 3%； 1.3　液位传感器：每个测点的液位测量值相互比对差异不超量程的 10%； 1.4　电导率传感器：A、B 系统对同一测点的电导率测量值相互比对差异不超过报警定值的 30%；

续表

序号	监督项目	监督内容	等级	监 督 要 求
3	信号核对	信号核对检查	重要	1.5 A、B 系统对同一测点的压力测量值相互比对差异不超过 5%。 2．电动阀门信号核对：电动阀门位置与指示保持一致
4	功能调试	主循环泵功能调试	重要	1．依据《国家电网公司直流专业精益化管理评价规范》第七部分，即： 1.1 内冷互为备用的两台主循环泵应具有故障切换、定时切换、手动切换、远程切换、主循环泵计时复归功能； 1.2 主循环泵应配过热保护装置，备用泵可用时允许切换主泵，备用泵不可用时禁止切换主泵
		加热器功能调试	重要	1．依据《国家电网公司直流专业精益化管理评价规范》第七部分，即： 1.1 主循环泵未运行、冷却水流量超低、进阀温度高等任一条件满足时，禁止启动电加热器； 1.2 加热器的控制具有先启先停、故障切换的控制功能； 1.3 加热器投退时应有事件记录
		补水装置功能调试	重要	1．依据《国家电网公司直流专业精益化管理评价规范》第七部分，即： 1.1 补水装置应同时具备手动补水和自动补水的功能； 1.2 自动补水泵应可根据膨胀罐或高位水箱水位自动进行补水； 1.3 内冷互为备用的两台补水泵应具有自动启停控制和故障切换功能
		主过滤器功能调试	重要	1．依据《国家电网公司直流专业精益化管理评价规范》第七部分，即： 1.1 主过滤器应配置压差检测功能，以监视过滤器堵塞情况，并能向后台提供报警信号
		稳压装置功能调试	重要	1．依据《国家电网公司直流专业精益化管理评价规范》第七部分，即： 1.1 氮气补充应设置主备用切换装置，可满足在线更换氮气瓶；氮气瓶应配置压力监测功能，当氮气瓶压力低时应报警提示； 1.2 液位传感器配置正确、工作正常，液位正； 1.3 氮气稳压控制中，应根据膨胀罐压力实时值自动启停补气或排气； 1.4 膨胀罐水位监测装置显示正常
		去离子系统功能调试	重要	1．依据《国家电网公司直流专业精益化管理评价规范》第七部分，即：

续表

序号	监督项目	监督内容	等级	监督要求
4	功能调试	去离子系统功能调试	重要	1.1 去离子装置应设置两套离子交换器，采用1用1备工作方式； 1.2 去离子水量在系统的设计流量应能满足在2～3h内将内冷水循环一遍的要求；去离子系统应具备去离子水流量监视和调节功能

第二节 外冷水系统监督

一、到场监督

外冷水系统到场监督的目的是检查设备在装卸和运输的过程中是否发生碰撞、破损等设备损坏情况，并记录到场物件清单、检查情况等。

序号	监督项目	监督内容	等级	监督要求
1	本体监督	外观检查	一般	1. 包装及密封应良好； 2. 按装箱单检查清点，其规格、数量和技术参数应符合设计要求； 3. 按本规范要求，外观检查合格
		管道及阀门检查	重要	1. 依据《防止电力生产重大事故的二十五项重点要求》第3.4.3条，即： 1.1 加强对汽水系统中的高中压疏水、排污、减温水等小径管的管座焊缝、内壁冲刷和外表腐蚀现象的检查，发现问题及时更换。 2. 依据DL 5031—1994《电力建设施工及验收技术规范（管道篇）》第3.1.3条，即： 2.1 无裂纹、缩孔、夹渣、粘砂、折叠、漏焊、重皮等缺陷； 2.2 表面应光滑，不允许有尖锐划痕； 2.3 凹陷深度不得超过1.5mm，凹陷最大尺寸不应大于管子周长的5%，且不大于40mm。 3. 依据DL 5031—1994《电力建设施工及验收技术规范（管道篇）》第3.5.15条，即： 3.1 各类阀门，当制造厂家确保产品质量且提供产品质量及使用保证书时，可不作解体和严密性检查。 4. 依据DL 5031—1994《电力建设施工及验收技术规范（管道篇）》第3.5.16条，即： 4.1 阀门的操作机构和传动装置，应按设计要求进行检查与必要的调整，达到动作灵活、指示正确

续表

序号	监督项目	监督内容	等级	监　督　要　求
1	本体监督	冷却塔检查	重要	1．依据《国家电网公司直流专业精益化管理评价规范》第八部分，即： 1.1　冷却塔塔体整体应采用框架结构，框架、底座、换热盘管，集水盘，风筒采用不锈钢 AISI304L 及以上等级制造并应具有足够的强度； 1.2　冷却盘管应由多组蛇形换热管组成，换热盘管采用 AISI316L 及以上等级不锈钢材质，盘管宜采用连续制管工艺，避免焊接造成漏水隐患
		铭牌检查	一般	1．设备应有铭牌或相当于铭牌的标志，内容包括：制造厂名称、商标、设备型号和名称。 2．抄录外冷水系统各部件以及附件铭牌参数，并拍照片存档，编制设备清册
2	附件监督	备品备件检查	重要	1．依据《国家电网公司特高压变电站和直流换流站备品备件配置定额》，即： 1.1　检查是否有相关备品备件，型号及数量是否相符，做好相应记录
		专业工器具	重要	1．依据《国家电网公司直流专业精益化管理评价规范》第八部分，即： 1.1　专业工器具齐备，能正常使用，储存、保管良好

二、安装监督

外冷水系统安装监督的目的是记录设备的铭牌参数，了解设备的结构原理，掌握设备的操作方法及相关注意事项，并记录设备安装的具体内容、进度及存在的问题。

序号	监督项目	监督内容	等级	监　督　要　求
1	安装投运技术文件	相关文件及资料核查	重要	1．依据《国家电网公司直流专业精益化管理评价规范》第八部分，即： 1.1　采购技术协议或技术规范书、出厂试验报告、交接试验报告、安装质量检验及评定报告、工程、竣工图纸及设备说明书等资料应齐全，扫描并存档
2	阀外冷整体要求	布置检查	重要	1．依据《国家电网公司直流专业精益化管理评价规范》第八部分，即： 1.1　为提高阀冷却系统运行的可靠性，应配置喷淋水旁滤水处理设备，且旁滤水处理系统处理水量可按总循环水的 5% 考虑； 1.2　冷却塔的布置应通风良好，远离高温或有害气体，并应避免飘逸水和蒸发水对环境和电气设备的影响

续表

序号	监督项目	监督内容	等级	监 督 要 求
2	阀外冷整体要求	设计检查	重要	1．依据《国家电网公司直流专业精益化管理评价规范》第八部分，即： 1.1 冷却塔设计时，应保证在一台冷却塔退出运行后（喷淋泵和风机停运，进出水阀门不关）经退出运行冷却塔的热水与经正常运行冷却塔的冷水混合后，进阀温度低于跳闸值； 1.2 喷淋泵坑内应设置集水坑，坑内应设置2台排污泵，排污泵具备自动启动、手动切换和故障报警功能； 1.3 阀外冷房电缆沟封堵良好，集水坑排污泵能自动启动排水，不会发生水淹泵房事故
3	管道及阀门	管道安装检查	重要	1．依据《国家电网公司直流专业精益化管理评价规范》第八部分，即： 1.1 管道应在工厂预制、现场组装、管道之间采用法兰连接，除阀外冷和土建接口处管道，其他管道不允许现场焊接； 1.2 阀内冷主管道与阀塔主水管道应采用法兰连接，法兰处各螺栓受力均匀，紧固，管道无变形、扭曲。 2．依据DL 5031—1994《电力建设施工及验收技术规范（管道篇）》第5.3.2条，即： 2.1 穿墙及过楼板的管道，所加套管应符合设计规定。当设计无要求时，穿墙套管长度不应小于墙厚，穿楼板套管宜高出楼面或地面25～30mm。 3．依据DL 5031—1994《电力建设施工及验收技术规范（管道篇）》第5.3.3条，即： 3.1 管道与套管的空隙应按设计要求填塞。当设计没有明确给出要求时，应用不燃烧软质材料填塞； 3.2 记录管道法兰和接头紧固力矩要求，并对紧固的螺栓做好标记； 3.3 换流阀冷却系统所有管道、阀门、管箱等接液部分采用洁净制作工艺，进行酸洗、中和、冲洗等清洗工作；对难于处理的焊缝、接口、氧化层等采用打磨、抛光、刷洗等工艺，确保各种金属碎屑、颗粒、异物等能完全冲洗出来；循环冲洗等工艺过程中采用高精度的过滤装置，防止冲洗水中杂质等的二次污染；所有需要现场拼装的接口、空洞均有严密的封堵，保证与接液部分的洁净
		阀门安装检查	重要	1．依据《国家电网公司直流专业精益化管理评价规范》第八部分，即： 1.1 阀门位置正确，无松动，阀内冷系统中的各种阀门均应设置自锁装置以防止设备运行过程中因振动而导致阀门开度变化； 1.2 外冷水系统管道阀门具备锁定功能，可以防止误碰

续表

序号	监督项目	监督内容	等级	监 督 要 求
4	水处理回路	布置检查	重要	1．依据 GBJ 109—1987《工业用水软化除盐设计规范》第 2.2.5 条，即： 1.1　经常检修的水处理设备和阀门应设检修扶梯、平台和起吊装置
5	水池及泵	监测装置检查	重要	1．依据《国家电网公司十八项电网重大反事故措施》第 8.1.1.12 条，即： 1.1　换流阀外冷水水池应配置两套水位监测装置，并设置高低水位报警
		平衡水池检查	重要	1．依据《国家电网公司直流专业精益化管理评价规范》第八部分，即： 1.1　平衡水池应采用防渗水设计，防水施工完成后应进行闭水试验，无渗漏水现象； 1.2　平衡水池顶部应设置排气孔； 1.3　平衡水池应具有排污、放空和溢流设施； 1.4　外冷水房电缆沟封堵良好，不会发生水淹泵房的故障
		高压泵及工业泵检查	重要	1．依据《国家电网公司直流专业精益化管理评价规范》第八部分，即： 1.1　外观无锈蚀，无渗漏； 1.2　泵电机绕组绝缘电阻应＞1MΩ
6	冷却塔与喷淋泵	冷却塔检查	重要	1．依据 GB/T 50102—2003《工业循环水冷却设计规范》第 2.1.31 条，即： 视不同塔型和具体条件冷却塔应有下列设施： 1.1　通向塔内的人孔； 1.2　从地面通向塔内和塔顶的扶梯或爬梯； 1.3　配水系统顶部的人行道和栏杆； 1.4　运行监测的仪表。 2．依据《国家电网公司直流专业精益化管理评价规范》第八部分，即： 2.1　风机高度大于 4m 时，冷却塔应装设从地面通向塔顶的扶梯，扶梯应保持一定坡度，并在扶梯四周设置护栏，当场地布置空间有限时可考虑爬梯； 2.2　在不影响进风的前提下，应在冷却塔侧风口处交错安装降噪棉或格栅挡板以防止杂物进入冷却塔； 2.3　冷却塔喷淋水回水口应设置不锈钢滤网，以防止杂物流入缓冲水池； 2.4　风扇电机应就地设置安全开关，安全开关应有防雨防潮措施； 2.5　风扇电机的绝缘等级不低于 F 级，防护等级不低于 IP54；

续表

序号	监督项目	监督内容	等级	监 督 要 求
6	冷却塔与喷淋泵	冷却塔检查	重要	2.6 电机绕组绝缘电阻应＞1MΩ。 3. 依据《国家电网公司防止直流二十一项反事故措施》第9.1.5条，即： 3.1 禁止将外风冷系统的全部风扇电源设计在一条母线上，外风冷系统风扇电源应分散布置在不同母线上。外风冷系统风扇两路电源应相互独立不得有共用元件
		喷淋泵检查	重要	1. 依据《国家电网公司直流专业精益化管理评价规范》第八部分，即： 1.1 喷淋泵电机的绝缘等级不低于F级，防护等级不低于IP54; 1.2 喷淋泵同心度正常，偏差小于＜0.2mm; 1.3 喷淋泵电机绕组绝缘电阻应＞1MΩ; 1.4 喷淋泵电机直阻初值差＜5%; 1.5 喷淋泵控制电源各自独立，没有共用； 1.6 同一冷却塔的两台冗余喷淋泵（若有）应由禁止采用一段母线供电，应由2段独立的交流母线供电； 1.7 为了便于检修和维护，冷却风机和喷淋泵电机侧应增加安全隔离开关
7	配电柜	安装检查	重要	1. 依据《国家电网公司直流专业精益化管理评价规范》第八部分，即： 1.1 配电室应有温度控制措施； 1.2 柜体的固定连接应牢固，接地可靠； 1.3 设备外观完好、无损伤； 1.4 电器元件固定牢固，盘上标志、回路名称、表计及指示灯正确、齐全、清晰； 1.5 导线外观绝缘层应完好，导线连接（螺接、插接、焊接或压接）应牢固、可靠； 1.6 外冷变频器频率设定变送器电源各自独立，没有共用

三、试验监督

设备试验监督的目的是了解设备的试验、调试方法，掌握设备的维护方法，并记录设备试验的具体内容、进度及存在的问题。

序号	监督项目	监督内容	等级	监 督 要 求
1	密封性检查	注水、加压、排气试验检查	重要	1. 掌握系统注水、排气、加压流程及工艺要求，过程中各阀门状态，收集影像资料； 2. 掌握注水水质要求，静置排气时间等工艺要求； 3. 系统加压要求试验压力为系统标称压力1.5倍，持续10min以上，压力不下降，系统无渗漏现象；

续表

序号	监督项目	监督内容	等级	监 督 要 求
1	密封性检查	注水、加压、排气试验检查	重要	4．依据《国家电网公司直流专业精益化管理评价规范》第八部分，即： 4.1　管道及阀门运行过程中无异常振动，无漏水、溢水现象； 4.2　管道本体表计安装处密封良好，无渗漏
2	信号核对	信号核对检查	重要	1．依据《国家电网公司直流专业精益化管理评价规范》第八部分，即： 1.1　平衡水池液位传感器配置合理，工作正常； 1.2　控制柜内板卡工作正常、无报警指示； 1.3　二次回路：运行期间对比检查液位电导率传感器精度
3	电源配置	电源配置检查	重要	1．依据《国家电网公司直流专业精益化管理评价规范》第八部分，即： 1.1　阀外水冷 *N* 台冷却塔，需站用电系统提供 2*N*+2 路外部交流电源进线。其中来自不同段 400V 母线每 2 路交流电源切换形成一段交流母线，给一台冷却塔的喷淋泵和风机供电，阀外水冷系统中共有 *N* 段交流母线向喷淋泵和风机供电；且保证每台冷却塔的喷淋泵、风机供电分配在不同的母线段上。最后两路交流进线电源经 2 套双电源切换装置后，形成 2 段母线供电，其他水处理及辅助设备可均匀分布在这 2 段母线上。 2．依据《国家电网公司十八项电网重大反事故措施》第 8.1.1.3 条，即： 2.1　10kV 及 400V 备用电源自动投切装置、换流阀外冷却系统电源切换装置的动作时间应逐级配合，保证不因站用电源切换导致单双极闭锁

第三节　空调系统监督

一、到场监督

空调系统到场监督的目的是检查设备在装卸和运输的过程中是否发生碰撞、破损等设备损坏情况，并记录到场物件清单、检查情况等。

序号	监督项目	监督内容	等级	监 督 要 求
1	本体监督	外观检查	一般	1．外观无破损，进水受潮现象； 2．拍照留存并记录
2	附件监督	铭牌	重要	抄录本体及附件铭牌参数，并拍照片存档，编制设备清册

二、安装监督

空调系统安装监督的目的是记录设备的铭牌参数，了解设备的结构原理，掌握设备的操作方法及相关注意事项，并记录设备安装的具体内容、进度及存在的问题。

序号	监督项目	监督内容	等级	监 督 要 求
1	通风设备	通风机及空气过滤设备的安装	重要	1．依据Q/GDW 218—2008《±800kV换流站换流阀厅施工及验收规范》第12.7.1条，即： 1.1 通风机型号、规格应符合设计规定，其出口方向应正确； 1.2 通风机叶轮旋转应平稳，停转后不应每次停留在同一位置上； 1.3 通风机的固定螺栓应紧固，并有防松动措施。 2．依据Q/GDW 218—2008《±800kV换流站换流阀厅施工及验收规范》第12.4.5条，即： 2.1 安装平整、牢固，方向正确。过滤器与框架、框架与围护结构之间应严密无穿透缝； 2.2 框架式或粗效、中效袋式空气过滤器的安装，过滤器四周与框架应均匀压紧，无可见缝隙，并应便于拆卸和更换滤料； 2.3 卷绕式过滤器的安装，框架应平整、展开的滤料，应松紧适度、上下筒体应平行； 2.4 空调系统室外机区域应设置水源，方便检修时冲洗设备或者高温时进行辅助降温。 3．依据Q/GDW 218—2008《±800kV换流站换流阀厅施工及验收规范》第12.7.5条，即： 3.1 排烟窗的手动操作机构能开启关闭自如，如有不灵活的应在安装前修理或更换，以免在安装好以后不容易修理或更换
2	制冷系统	制冷设备与制冷附属设备的安装	重要	1．依据Q/GDW 218—2008《±800kV换流站换流阀厅施工及验收规范》第12.5.2条，即： 1.1 型号、规格和技术参数必须符合设计要求，并具有产品合格证书、产品性能检验报告； 1.2 安装的位置、标高和管口方向必须符合设计要求，用地脚螺栓固定的制冷设备或制冷附属设备，其垫铁的放置位置应正确、接触紧密；螺栓必须拧紧，并有防松动措施； 1.3 采用隔振措施的制冷设备或制冷附属设备，其隔振器安装位置应正确，各个隔振器的压缩量，应均匀一致； 1.4 设置弹簧隔振的制冷机组，应设有防止机组运行时水平位移的定位装置； 1.5 设备应可靠接地。 2．依据Q/GDW 218—2008《±800kV换流站换流阀厅施工及验收规范》第12.5.11条，即：

续表

序号	监督项目	监督内容	等级	监督要求
2	制冷系统	制冷设备与制冷附属设备的安装	重要	2.1　本条文规定管路系统吹扫排污应采用压力为0.6MPa干燥压缩空气或氮气，为的是控制管内的流速不致过大，又能满足管路清洁、安全施工的目的
3	空调水系统	水冷机组管道、水泵及阀门安装	重要	1．依据Q/GDW 218—2008《±800kV换流站换流阀厅施工及验收规范》第12.6.1条，即： 1.1　系统的设备、管道、配件及阀门的型号、规格、材质及连接形式应符合设计规定； 1.2　金属管道法兰间应采用跨接线连接，管道应可靠接地； 1.3　焊接钢管、镀锌钢管不得采用热煨弯； 1.4　管道柔性接管的安装不得强行对口连接，与其连接的管道应设置独立支架； 1.5　管道系统与设备贯通应在系统冲洗、排污合格，再循环试运行2h以上，且水质正常后才能与制冷机组、空调设备相贯通； 1.6　管道穿越墙体或楼板处应设钢制套管，管道接口不得置于套管内，钢制套管应与墙体饰面或楼板底部平齐，上部应高出楼层地面20～50mm，并不得将套管作为管道支撑。保温管道与套管四周间隙应使用不燃绝热材料填塞紧密
4	控制系统	外观检查和安装要求	重要	1．外观完好，无破损。 2．掌握控制系统结构及工作原理。 3．掌握温湿度传感器安装方法及工作原理。 4．掌握PLC安装方法及工艺要求，掌握PLC模块故障处理及更换方法。 5．掌握二次回路接线
		空调系统报警信号	重要	1．依据《国家电网公司直流二十一项反事故措施》第1.2.1条，即： 1.1　换流站消防系统、空调系统相关保护不应发闭锁直流命令。如厂家有特殊要求，应经省级公司生产技术部门审核后报总部生产技术部门备案

三、试验监督

设备试验监督的目的是了解设备的试验、调试方法，掌握设备的维护方法，并记录设备试验的具体内容、进度及存在的问题。

序号	监督项目	监督内容	等级	监督要求
1	设备单机	通风机	重要	通风机、空调机组中的风机，叶轮旋转方向正确，运转平稳，无异常振动与声响，其电机运行功率应符合产品的技术规定。在额定转速下连续运转2h后滑动轴承外壳最高温度不得超过70℃，滚动轴承不得超过80℃

续表

序号	监督项目	监督内容	等级	监督要求
1	设备单机	水泵	一般	水泵叶轮旋转方向正确，无异常振动和声响，紧固连接部位无松动，其电机运行功率值符合产品的技术规定，水泵连续运转2h后，滑动轴承外壳最高温度不得超过70℃，滚动轴承不得超过75℃
		冷却机	重要	制冷机组、单元式空调机组的试运转，应符合设备技术文件和现行国家标准GB 50274《制冷设备、空气分离设备安装工程施工及验收规范》的有关规定，正常运转不应少于8h
		电控排烟风阀	一般	电控排烟风阀（口）的手动、电动操作应灵活，可靠，信号输出正确
2	通风与空调系统无生产负荷的联合试运调试	空调设备	重要	1．依据Q/GDW 218—2008《±800kV换流站换流阀厅施工及验收规范》第12.9.4条，即： 1.1　系统总风量调试结果与设计风量的偏差不应大于10%； 1.2　空调冷热水、冷却水总流量测试结果与设计流量的偏差不应大于10%； 1.3　舒适空调的温度、相对湿度应符合设计的要求。恒温、恒湿房间室内空气温度、相对湿度及波动范围应符合设计规定
3	隐患排查反事故措施执行情况	空调系统	重要	1．核查换流站空调系统相关保护应只投报警，不投跳闸； 2．核查阀厅空调户外电源控制柜设计标准是否是IP56或按设计要求的更高标准； 3．核查阀厅空调单元表计、控制单元、电子水处理仪是否需加装防雨罩； 4．核查阀厅空调电缆槽盒是否需增加防雨、防风措施； 5．核查空调系统除尘效果是否理想，厂家更换阀厅空调滤网； 6．核查阀厅空调屋顶是否需增加巡视照明，以方便处理夜间巡视或者故障处理

第四节　消防系统监督

一、到场监督

消防系统到场监督的目的是检查设备在装卸和运输的过程中是否发生碰撞、破损等设备损坏情况，并记录到场物件清单、检查情况等。

序号	监督项目	监督内容	等级	监　督　要　求
1	本体监督	外观检查	一般	1．外观无破损，进水受潮现象； 2．拍照留存并记录
2	附件监督	铭牌	重要	抄录本体及附件铭牌参数，并拍照片存档，编制设备清册

二、安装监督

设备安装监督的目的是记录设备的铭牌参数，了解设备的结构原理，掌握设备的操作方法及相关注意事项，并记录设备安装的具体内容、进度及存在的问题。

<table>
<tr><th>序号</th><th>监督项目</th><th>监督内容</th><th>等级</th><th>监　督　要　求</th></tr>
<tr><td>1</td><td>布线</td><td>布线方式及通道</td><td>重要</td><td>
1．依据 GB 50116—2013《火灾自动报警系统设计规范》第 11.1 条，即：
1.1　火灾自动报警系统的传输线路和 50V 以下供电控制线路，应采用电压等级不低于交流 250V 的铜芯绝缘导线或铜芯电缆。采用交流 220/380V 的供电或控制线路应采用电压等级不低于交流 500V 的铜芯绝缘导线或铜芯电缆；
1.2　火灾自动报警系统的传输线路的线芯截面选择，除应满足自动报警装置技术条件的要求外，还应满足机械强度的要求。铜芯绝缘导线、铜芯电缆线芯的最小截面面积不应小于下表的规定。
<table>
<tr><th>序号</th><th>类　　别</th><th>线芯的最小截面面积（mm^2）</th></tr>
<tr><td>1</td><td>穿管敷设的绝缘导线</td><td>1.00</td></tr>
<tr><td>2</td><td>线槽内敷设的绝缘导线</td><td>0.75</td></tr>
<tr><td>3</td><td>多芯电缆</td><td>0.50</td></tr>
</table>
2．依据 GB 50116—2013《火灾自动报警系统设计规范》第 11.2 条，即：
2.1　火灾自动报警系统的传输线路应采用金属管、可挠（金属）电气导管、B I 级以上的钢性塑料管或封闭式线槽保护；
2.2　火灾自动报警系统的供电线路、消防联动控制线路应采用耐火铜芯电线电缆，报警总结、消防应急广播和消防专用电话等传输线路应采用阻燃或阻燃耐火电线电缆；
2.3　线路暗敷设时，应采用金属管、可挠（金属）电气导管或 B I 级以上的刚性塑料管保护，并应敷设在不燃烧体的结构层内，且保护层厚度不宜小于 30mm；线路明敷设时，应采用金属管、可挠（金属）电气导管或金属封闭线槽保护。矿物绝缘类不燃性电缆可直接明敷；
</td></tr>
</table>

续表

序号	监督项目	监督内容	等级	监督要求
1	布线	布线方式及通道	重要	2.4　火灾自动报警系统用的电缆竖井，宜与电力、照明用的低压配电线路电缆竖井分别设置。受条件限制必须合用时，应将火灾自动报警系统用的电缆和电力、照明用的低压配电线路电缆分别布置在竖井的两侧； 2.5　不同电压等级的线缆不应穿入同一根保护管肉，当合用同一线槽时，线槽内应有隔极分雨； 2.6　采用穿管水平敷设时，除报警总线外，不同防火分区的线路不应穿入同一根管内； 2.7　从接线盒、线槽等处引到探测器底座盒、控制设备盒、扬声器箱的线路，均应加金属保护管保护； 2.8　火灾探测器的传输线路，宜选择不同颜色的绝缘导线或电缆。正极“+”线应为红色，负极“−”线应为蓝色或黑色。同一工程中相同用途导线的颜色应一致，接线端子应有标号。 3．依据 Q/GDW 218—2008《±800kV 换流站换流阀厅施工及验收规范》第 13.2.1 条，即： 3.1　在管内或线槽内布线时，应先清除管内或槽内杂物，然后进行布线施工；不同电压等级、不同电流类别的线路，不应穿在同一管内或线槽的同一槽孔内； 3.2　导线在管内或线槽内，不应有接头或扭结。导线的接头，应在接线盒内焊接或用端子连接； 3.3　管子入盒时，盒外侧应套锁母，内侧应装护口，在吊顶内敷设时，盒的内外侧均应套锁母； 3.4　火灾自动报警系统导线敷设后，应对每个回路用绝缘电阻表测量绝缘电阻，其对地电阻值不应小于 20MΩ
2	火灾报警控制器、区域显示器、消防联动控制器等控制器类设备	控制器安装方式及工艺要求	重要	1．依据 Q/GDW 218—2008《±800kV 换流站换流阀厅施工及验收规范》第 13.2.4 条，即： 1.1　火灾报警控制器在墙上安装时，其底边距地（楼）面高度不应小于 1.5m，且安装牢固，不得倾斜，落地安装时应高出地面 0.1～0.2m； 1.2　配线应整齐，不宜交叉，并应固定牢靠； 1.3　电缆芯线和所配导线的端部，均应标明编号，并与图纸一致，字迹应清晰且不易褪色； 1.4　端子板的每个接线端，接线不得超过 2 根； 1.5　电缆芯和导线，应留有不小于 200mm 的余量；导线应绑扎成束；在导线引入穿线后，在将进线管处应封堵； 1.6　控制器的主电源引入线，应直接与消防电源连接，严禁使用电源插头。主电源应有明显标志； 1.7　控制器的接地应可靠，并有明显的永久性标志

续表

序号	监督项目	监督内容	等级	监督要求
3	火灾探测器	各类火灾探测器安装方式及工艺要求	重要	1．依据Q/GDW 218—2008《±800kV换流站换流阀厅施工及验收规范》第13.2.2条，即： 1.1　探测器至墙壁、梁边的水平距离，不应小于0.5m； 1.2　探测器周围水平距离0.5m内，不应有遮挡物； 1.3　探测器至空调送风口最近的水平距离，不应小于1.5m；至多孔送风顶棚孔口的水平距离，不应小于0.5m； 1.4　在宽度小于3m的内走道顶棚上安装探测器时，宜居中安装。点型感温火灾探测器的安装间距，不应超过10m；典型感烟火灾探测器的安装间距，不应超过15m。探测器至端墙的距离，不应大于安装间距的一半； 1.5　探测器宜水平安装，当确需倾斜安装时，倾斜角不应大于45°； 1.6　探测器的正极线应为红色，负极线应为蓝色，其余线应根据不同用途采用其他颜色区分。但在同一工程中相同用途的导线颜色应一致； 1.7　探测器底座的外接导线，应留有不小于150mm的余量，入端处应有明显标志； 1.8　探测器在即将调试时方可安装，在安装前应妥善保管，并应采取防潮、防腐蚀措施
4	手动火灾报警按钮	手动火灾报警按钮安装方式及工艺要求	重要	1．依据GB 50116—2013《火灾自动报警系统设计规范》第6.3条，即： 1.1　每个防火分区应至少设置一只手动火灾报警按钮。从一个防火分区内的任何位置到最邻近的一个手动火灾报警按钮的距离，不应大于30m。手动火灾报警按钮宜设置在公共活动场所的出入口处； 1.2　手动火灾报警按钮应设置在明显的和便于操作的部位。当安装在墙上时其底边距地高度宜为1.3～1.5m，且应有明显的标志。 2．依据Q/GDW 218—2008《±800kV换流站换流阀厅施工及验收规范》第13.2.3条，即： 2.1　手动火灾报警按钮应安装牢固，并不得倾斜；其外接导线应留有不小于100mm的余量，且在其端部应有明显标志
5	消防电气控制装置	消防电气控制装置安装方式及工艺要求	重要	1．依据Q/GDW 218—2008《±800kV换流站换流阀厅施工及验收规范》第13.2.5条，即： 1.1　消防控制装置在安装前应进行功能检查，不合格的不得安装； 1.2　消防控制装置外接导线的端部，应有明显标志； 1.3　消防控制设备屏（柜）内不同电压等级、不同电流类别的端子应分开，并有明显标志； 1.4　消防控制装置应安装牢固、不应倾斜；安装在轻质墙上时，应采取加固措施

续表

序号	监督项目	监督内容	等级	监督要求
6	模块	模块安装方式及工艺要求	重要	1．依据 GB 50116—2013《火灾自动报警系统设计规范》第 6.8 条，即： 1.1　每个报警区域内的模块宜相对集中设置在本报警区域内的金属模块箱中； 1.2　模块严禁设置在配电（控制）柜（箱）内； 1.3　本报警区域内的模块不应控制其他报警区域的设备； 1.4　未集中设置的模块附近应有尺寸不小于 100mm×100mm 的标识
7	火灾声警报器和火灾应急广播	火灾声警报器和火灾应急广播安装方式及工艺要求	重要	1．依据 GB 50116—2013《火灾自动报警系统设计规范》第 7.5 条，即： 1.1　每台警报器覆盖的楼层不应超过 3 层，且首层明显部位应设置用于直接启动火灾声警报器的于动火灾报警按钮。 2．依据 GB 50116—2013《火灾自动报警系统设计规范》第 7.6 条，即： 2.1　应急广播应能接受联动控制或由于动火灾报警按钮信号直接控制进行广播； 2.2　每台扬声器覆盖的楼层不应超过 3 层； 2.3　广播功率放大器应具有消防电话插孔，消防电话插入后应能直接讲话； 2.4　广播功率放大器应配有备用电池，电池持续工作不能达到 1h 时，应能向消防控制室或物业值班室发送报警信息； 2.5　广播功率放大器应设置在首层内走道侧面墙上，箱体面板应有防止非专业人员打开的措施
8	消防专用电话	消防专用电话安装方式及工艺要求	重要	1．依据 GB 50116—2013《火灾自动报警系统设计规范》第 5.6 条，即： 1.1　消防专用电话网络应为独立的消防通信系统； 1.2　消防控制室应设置消防专用电话总机，且宜选择共电式电话总机或对讲通信电话设备； 1.3　消防水泵房、备用发电机房、配变电室、主要通风和空调机房、排烟机房、消防电梯机房及其他与消防联动控制有关的且经常有人值班的机房； 1.4　灭火控制系统操作装置处或控制室； 1.5　企业消防站、消防值班室、总调度室； 1.6　设有手动火灾报警按钮、消火栓按钮等处宜设置电话塞孔。电话塞孔在墙上安装时，其底边距地面高度宜为 1.3～1.5m； 1.7　特级保护对象的各避难层应每隔 20m 设置一个消防专用电话分机或电话塞孔； 1.8　消防控制室、消防值班室或企业消防站等处，应设置可直接报警的外线电话

续表

序号	监督项目	监督内容	等级	监 督 要 求
9	消防设备应急电源	消防设备应急电源安装方式及工艺要求	重要	1. 消防设备应急电源的电池应安装在通风良好地方，当安装在密封环境中时应有通风装置； 2. 酸性电池不得安装在带有碱性介质的场所，碱性电池不得安装在带酸性介质的场所； 3. 消防设备应急电源不应安装在靠近带有可燃气体的管道、仓库、操作间等场所； 4. 单相供电额定功率大于 30kW、三相供电额定功率大于 120kW 的消防设备应安装独立的消防应急电源
10	系统接地	系统接地安装方式及工艺要求	重要	1. 依据 GB50116—2013《火灾自动报警系统设计规范》第 10.2 条，即： 1.1 采用专用接地装置时，接地电阻值不应大于 4Ω； 1.2 采用共用接地装置时，接地电阻值不应大于 1Ω； 1.3 消防控制室内的电气和电子设备的金属外壳、机柜、机架和金属管、槽等，应采用等电位连接； 1.4 由消防控制室接地板引至各消防电子设备的专用接地线应选用铜芯绝缘导线，其芯线截面面积不应小于 $4mm^2$； 1.5 消防控制室接地板与建筑接地体之间，应采用线芯截面面积不小于 $25mm^2$ 的铜芯绝缘导线连接
11	水消防系统	水消防系统安装及工艺要求	重要	1. 水喷雾灭火系统的取水设施应采取防止被杂物堵塞的措施，严寒和寒冷地区的水喷雾灭火系统的给水设施应采取防冻措施。 2. 掌握消防泵房电动泵及柴油泵手动定期启动操作方法，掌握排水设备使用方法： 2.1 水雾喷头应布置在变压器的四周，不应布置在变压器顶部； 2.2 保护变压器顶部的水雾不应直接喷向套管； 2.3、水喷雾喷头之间的水平距离与垂直距离应满足水雾锥相交的要求； 2.4 油枕、冷却器、集油坑应设水雾喷头保护。 3. 具有手动应急操作阀，手动应急操作阀应有防护罩以防止误碰。 4. 水喷雾布置应符合以下规定：雨淋阀组的功能应符合下列要求： 4.1 过滤器后的管道，应采用内外镀锌钢管，且宜采用丝扣连接； 4.2 雨淋阀后的管道上不应设置其他用水设施； 4.3 应设泄水阀、排污口； 4.4 雨淋阀室环境温度不低于 4℃、并有排水设施，雨淋阀组安装位置宜在靠近保护对象并便于操作的地点

三、试验监督

消防系统试验监督的目的是了解设备的试验、调试方法，掌握设备的维护方法，并记录设备试验的具体内容、进度及存在的问题。

序号	监督项目	监督内容	等级	监督要求
1	火灾报警系统	控制器调试	重要	1．检查自检功能和操作级别； 2．使控制器与探测器之间的连线断路和短路，控制器应在100s内发出故障信号（短路时发出火灾报警信号除外）；在故障状态下，使任一非故障部位的探测器发出火灾报警信号，控制器应在1min内发出火灾报警信号，并应记录火灾报警时间；再使其他探测器发出火灾报警信号，检查控制器的再次报警功能； 3．检查消音和复位功能； 4．使控制器与备用电源之间的连线断路和短路，控制器应在100s内发出故障信号； 5．检查屏蔽功能； 6．使总线隔离器保护范围内的任一点短路，检查总线隔离器的隔离保护功能； 7．使任一总线回路上不少于10只的火灾探测器同时处于火灾报警状态，检查控制器的负载功能； 8．检查主、备电源的自动转换功能，并在备电工作状态下重复第7款检查； 9．检查控制器特有的其他功能
		火灾探测器调试	重要	1. 对于可恢复的探测器采用专用的检测仪器或模拟火灾的方法，逐个检查每只火灾探测器的报警功能，探测器应能发出火灾报警信号； 2. 对于不可恢复的火灾探测器应采取模拟报警方法逐个检查其报警功能，探测器应能发出火灾报警信号。当有备品时，可抽样检查其报警功能
		手动火灾报警按钮调试	重要	1．对可恢复的手动火灾报警按钮，施加适当的推力使报警按钮动作，报警按钮应发出火灾报警信号； 2．对不可恢复的手动火灾报警按钮应采用模拟动作的方法使报警按钮发出火灾报警信号（当有备用启动零件时，可抽样进行动作试验），报警按钮应发出火灾报警信号
		消防联动控制器调试	重要	1．使消防联动控制器分别处于自动工作和手动工作状态，检查其状态显示： 1.1　自检功能和操作级别； 1.2　消防联动控制器与各模块之间的连线断路和短路时，消防联动控制器能在100s内发出故障信号； 1.3　消防联动控制器与备用电源之间的连线断路和短路时，消防联动控制器应能在100s内发出故障信号；

续表

序号	监督项目	监督内容	等级	监　督　要　求
1	火灾报警系统	消防联动控制器调试	重要	1.4　检查消音、复位功能； 1.5　检查屏蔽功能； 1.6　使总线隔离器保护范围内的任一点短路，检查总线隔离器的隔离保护功能； 1.7　使至少 50 个输入/输出模块同时处于动作状态（模块总数少于 50 个时，使所有模块动作），检查消防联动控制器的最大负载功能； 1.8　检查主、备电源的自动转换功能，并在备用电源工作状态下重复第 1.7 款检查； 1.9　按设计的联动逻辑关系，使相应的火灾探测器发出火灾报警信号，检查消防联动控制器接收火灾报警信号情况、发出联动信号情况、模块动作情况、受控设备的动作情况、受控现场设备动作情况、接收反馈信号（对于启动后不能恢复的受控现场设备，可模拟现场设备启动反馈信号）及各种显示情况
		消防电话调试	重要	1．在消防控制室与所有消防电话、电话插孔之间互相呼叫与通话，总机应能显示每部分机或电话插孔的位置，呼叫铃声和通话语音应清晰； 2．消防控制室的外线电话与另外一部外线电话模拟报警电话通话，语音应清晰； 3．检查群呼、录音等其他功能，均应符合要求
		消防设备应急电源调试	重要	1．检查应急电源的控制功能和转换功能，并观察其输入电压、输出电压、输出电流、主电工作状态、应急工作状态、电池组及各单节电池电压的显示情况，做好记录，显示情况应与产品使用说明书规定相符，并满足要求； 2．检查应急电源的保护功能，并做好记录。应急电源充电回路与电池之间、电池与电池之间连线断线，应急电源应在 100s 内发出声、光故障信号，声故障信号应能手动消除
		消防控制中心图形显示装置调试	重要	1．显示装置应能显示覆盖完整系统区域的模拟图和各层平面图，图中应明确指示出报警区域、主要部位和各消防设备的名称和物理位置，显示界面应为中文界面； 2．使火灾报警控制器和消防联动控制器分别发出火灾报警信号和联动控制信号，显示装置应在 3s 内接收，准确显示相应信号的物理位置，并能优先显示火灾报警信号相对应的界面； 3．使具有多个报警平面图的显示装置处于多报警平面显示状态，各报警平面应能自动和手动查询，并应有总数显示，且应能手动插入使其立即显示首火警相应的报警平面图；

续表

序号	监督项目	监督内容	等级	监督要求
1	火灾报警系统	消防控制中心图形显示装置调试	重要	4．使显示装置显示故障或联动平面，输入火灾报警信号，显示装置应能立即转入火灾报警平面的显示
2	消防管道	试压	重要	各管道、阀门符合设计压力要求，无破裂、无渗漏、无堵塞
3	水消防系统	水消防系统喷淋调试	重要	1．消防泵房设备能正常启动；雨淋阀组能正常动作；无渗漏现象。 2．各台换流变压器区域内感温电缆探测温度超过设定值时，泡沫罐电磁阀打开，喷淋头喷出水雾正常、无阻塞
4	联动功能	消防系统与空调通风系统的联动	重要	室内两台点型感烟报警器报警或任意一台吸气感烟装置报警时能自动断开空调暖通电源，同时该房间内吸气排烟风机能正常开启等
5	隐患排查	执行情况排查	重要	1.核查换流站消防系统相关保护应只投报警，不投跳闸； 2．消防管道设计放水阀门，并考虑防冻措施，避免冬季结冰； 3．核查全站火警报警箱是否有标识，是否接地。核查全站烟感探头、红外探头应编号

第四章

换流站设备安装和验收关键环节管控作业指导书

1. 设备管控总体要求

1.1 编制依据

《电气设备安装工程电气设备交接试验标准》GB/ 50150—2006

《电气装置安装工程盘、柜及二次回路接线施工及验收规范》GB/ 50171—2012

《±800kV 及以下换流站换流变压器施工及验收规范》GB/ 50776—2012

《±800kV 及以下换流站换流阀施工及验收规范》GB/T 50775—2012

《±800kV 及以下直流输电接地极施工及验收规程》DL/T 5231—2010

《±800kV 及以下直流换流站电气装置安装工程施工及验收规程》DL/T 5232—2010

《±800kV 直流输电工程换流站电气二次设备交接验收试验规程》Q/GDW 264—2009

《±800kV 换流站屏、柜及二次回路接线施工及验收规范》Q/GDW 1224—2014

《±800kV 换流站换流变压器施工及验收规范》Q/GDW 1220—2014

《国家电网公司防止直流换流站单、双极强迫停运二十一项反事故措施》国家电网生〔2011〕961 号

1.2 管控方法

1.2.1 包括资料检查、现场检查、旁站见证、专项检查和现场抽检。

1.2.2 资料检查：主要是核实相关设备安装、试验数据或参数应满足相关规程规范和设计要求，安装调试前后数值应有比对，数值应无明显变化。

1.2.3 现场检查：包括现场设备外观检查和功能检查。

1.2.4 旁站见证：指对关键工序或关键点见证。

1.2.5 专项检查：指针对某一类或某几类设备从外观或功能上进行有针对性的、目的性明确的重点检查。

1.2.6 现场抽检：指工程安装调试完毕后，项目管理单位组织运检单位抽取少量设备对交接试验项目进行的检查，据以判断全部设备的交接试验是否按规范执行。

1.3 设备到场及开箱验收

1.3.1 设备到场

针对换流变压器、GIS 组合电气设备、直流套管等重要设备，在其设备到场后应

核查三维冲撞记录仪读数是否在正常范围，需由业主、监理、运维方多方见证，并拍照记录存档。

1.3.2 备品备件及工机具和仪器仪表到场

备品备件正式移交前型号、数量应正确，试验应合格。工机具和仪器仪表到场后，监理方应通知运维方见证，共同清点核对其型号、数量无误，签字存档后交于运维方。若后续施工方需要用到相关工器具、仪器仪表等，可向运维方办理借用手续。

1.3.3 设备开箱

设备开箱时，监理方应通知运维方见证开箱情况，并对随箱资料进行核实。随箱资料的收存依据随箱资料的数量情况进行区分：若相应资料存在多份，则运维方带走其中一份；若相关资料仅有一份（“单本资料”），则优先由运维方进行收存，并请施工方、监理单位、运维方协同完成该类“单本资料”的扫描存档，完成后再将纸质的“单本资料”交与施工方，过程中履行相应签字手续。

1.4 室外设备安装

1.4.1 室外设备安装前场地应无大型土建工程，场地基础已完成，设备安装混凝土基础已浇筑完成，其构架达到允许安装的强度，焊接构件的质量符合要求；预埋件及预留孔符合设计，预埋件牢固，预埋吊环应标明限定荷重；专用起吊设备经过专业部门验收合格；临时建筑施工设施已拆除，场地清理干净；具有足够的施工用场地，道路通畅；土建与安装之间移交程序完备。

1.4.2 换流变压器、站用变压器等油务处理（含抽真空、真空注油、热油循环、静放排气等）应严格执行相关工艺及标准，转序时须经运维方应见证并确认。

1.5 室内设备安装

1.5.1 GIS 设备安装时，应利用除尘设备清洁安装房间内部，并检测空间清洁度满足安装要求后方可进行。安装工艺严格执行相关标准，转序时须建管、监理、运维方共同见证确认方可。

1.5.2 GIS 设备、开关、套管、直流分压器等充气设备，SF_6充气前应核对设备密闭情况，记录真空度和静置时间对应表，及 SF_6新气微水、分解物、纯度等理化报告。

1.5.3 室内二次设备安装前室内地面应已完成面层处理，墙面已完成粉刷层涂刷，电缆层已完成清灰并有临时封堵，设备间门窗已安装完毕，设备室空调、排水系统已完成，电缆沟设有挡水墙。

1.5.4 交直流控制保护设备进场应取得运维方同意，在控制保护室、继电器室门窗安装完毕、后部装修完毕并做好清洁除尘的前提下方可拆箱安装，杜绝隐患。

1.5.5 阀厅阀塔设备安装前阀厅结构应满足换流阀组的安装要求，悬挂换流阀的桁架梁应严格按照安装手册要求进行连接和检测，换流阀组安装结束应对桁架梁连接点进行复查，符合安装手册的检测要求；阀厅结构各部分的屏蔽接地应满足设计和产品的具体要求。

1.5.6 换流阀组安装之前应安排做好阀厅顶部钢梁、墙壁、地面清洁工作，并由建管、监理、运维方验收认可后开始安装。

1.5.7 换流阀组安装之前阀厅所有辅助设施主体部分应安装完善，包括永久性地坪、电缆沟及盖板安装、接地系统、照明系统、空调暖通系统、热风系统、消防及报警系统、探测及检测系统、监视系统等。

1.5.8 阀内冷水注水前应提供检测报告，并严格执行公司阀塔水管防泄漏工作要求，施工厂家提供法兰接头力矩检测表，水管静态加压后外观检测并双方划线确认。

1.6 隐蔽工程

1.6.1 对接地网、接地装置、避雷针及接地引下线、直埋电缆、电缆沟、生活水池、消防水池、工业泵房、雨水泵、排污泵、事故油池等辅助系统等隐蔽工程及回填掩埋前，转序时应通知监理、运维方多方见证验收，并拍照记录存档后方可进入下一阶段施工。

1.6.2 外冷水、生活水、消防水池注水前应清洁干净，通知监理、运维方多方见证，并拍照记录存档后方可。

1.6.3 所有隐蔽性工程均需形成记录，并存有影像资料备查。

1.7 设备预验收

工程带电调试前，应提前两周时间通知运行单位进行预验收，并提供相关验收材料，以保障必要的验收时间以确保验收质量。

1.7.1 设备外观验收

设备外观验收是指通过现场观察所反映的设备及工程安装质量方面的验收，应包括但不限于：

a）设备场地洁净，本体无明显锈蚀，防腐和面漆应完好，相色标志正确；

b）设备器身上无遗留杂物，电气设备未受潮或进水；

c）设备电气连接净空距离满足要求；

d）油或水系统的所有阀门位置正确；

e）设备无异常振动或异常声响，无异常气味散发；

f）设备工作指示灯、各传感器、仪表显示值无异常；

g）设备本体固定牢固，安装方向正确、无倾斜，紧固力矩符合要求；

h）设备外壳接地良好，接地引下线所用材料、数量和安装位置正确。

1.7.2 设备功能验收

设备功能验收是指通过操作观察和必要的测量或试验所反映的设备及工程安装质量方面的验收，应包括但不限于：

a）设备的操作或自动及手动切换应动作可靠，且指示位置正确；

b）各传感器、仪表显示值与设备实际工况相符，就地显示值与远传显示值保持一致；

c）设备各种情况下的动作后果、响应时间及响应顺序符合工程或反措要求；

d）各设备的电气量及非电气量整定值符合规定，回路沟通良好，操作及联动试验正确；

e）设备的变比、直阻、通流、注流、上电、断电、打压、绝缘、精度试验结果合格；

f）待充入设备的液体或气体介质需纯净且经检测合格。

1.7.3 设备专项检查验收

设备专项检查验收是指针对某一类或某几类设备有针对性的、目的性明确的对设备某些重点关注的方面进行的专项检查或试验，应包括但不限于：

a）变压器胶囊、油位专项跟踪检查；

b）变压器非电量传感器及非电量保护专项跟踪检查；

c）变压器线监测系统与实际数据分析对比分析专项跟踪检查；

d）换流阀组件防火能力专项跟踪检查；

e）换流阀水冷水管接头紧固专项跟踪检查；

f）阀内外冷水质跟踪专项跟踪检查；

g）控制系统切换逻辑验证专项跟踪检查；

h）阀控系统功能验证专项跟踪检查；

i）二次回路及中央报警信号专项跟踪检查；

j）全站信息安全专项跟踪检查；

k）直流控保防网络风暴功能验证试验专项跟踪检查；

l）中开关连锁逻辑验证试验专项跟踪检查；

m）阀冷系统功能验证试验专项跟踪检查；

n）站用电备自投系统功能验证试验专项跟踪检查；

o）全站 SF_6 压力及在线监测后台数据专项跟踪检查；

p）特高压交直流系统操作相互影响验证试验；

q）全站主通流回路接头力矩及标记专项跟踪检查；

r）室外端子箱接线盒防雨防潮专项跟踪检查；

s）全站端子箱交直流端子分开布置专项跟踪检查；

t）全站电缆沟（管）内动力电缆与控制电缆（光纤）分开布置专项跟踪检查；

u）换流站防洪防汛设施专项跟踪检查；

v）阀厅和 GIS 彩钢墙面及屋顶专项跟踪检查；

w）全站外绝缘防污闪专项跟踪检查；

x）接地极设备及在线监视、监控专项跟踪检查；

y）全站设备区域动力电源荷载能力专项跟踪检查。

1.8 设备投运前准备管理

1.8.1 设备安装完成投运前应满足下列要求：

a）场地平整，受电后无法进行的装饰工作以及影响运行安全的施工完毕；

b）设备保护性网门、栏杆、警示性标识、相色、铭牌、标识等安全设施齐全，所有隔离网门、端子箱、控制柜等均已上锁，钥匙移交运维单位统一管理；

c）完成设备区域应急设施定置管理，包括消防设施定置、安全工器具定置、应急照明定置、常用工器具定置、防毒面具及正压式空气呼吸器定置；

d）防小动物措施实施到位，防小动物材料、设施实行定置管理；

e）完成重要区域或系统图纸上墙，包括：换流站电气总接线图、交流场接线图、直流场接线图、站用电系统接线图、站用直流电源系统图、阀内外水冷系统图、工业水及消防水系统图等；

f）按照“安全分区、网络专用、横向隔离、纵向认证”原则，落实控制保护系统二次插口防护措施和网络通信系统防病毒感染措施，包括：运行人员工作站、工程师工作站、远动工作站、服务器等各类监视终端和人机交终端的网络防护、接口的封闭等。

1.9 设备投运签证

1.9.1 工程各项设备均已安装调试到位，经业主、监理、施工、运维单位各方验收确认安装质量、试验数据符合相关规程规范技术要求，验收合格；相关区域内影响带电启动的缺陷全部消除，土建等不影响带电启动的遗留缺陷均已登记备案，确认工程已具备带电启动条件，同时建立业主单位、安装单位、技术监督和设备厂家等四位一体带电启动应急保障机制，完成书面签证文件。

2. 分区域或设备系统要求

2.1 阀厅区域

2.1.1 阀厅土建转电气安装环节管控

1. 基本要求		
（1）阀厅地面完成自流坪外的土建施工，地坪平整不起灰		
（2）阀厅结构封闭完成，密闭良好		
（3）阀厅钢梁和墙面完成清扫，无积灰和杂物		
（4）阀厅通风系统完成安装并运行（阀厅保持微正压），也可将通风口封闭		
（5）阀厅室内电缆沟清扫完成，入口设盖板防尘和防小动物		
（6）阀厅根据厂家要求采取防尘措施和出入管理		
2. 管控项目		
项目名称	内　　容	实施要求
阀厅卫生检查	检查地坪、钢梁、墙面，无积灰和杂物	现场检查
阀厅密闭检查	检查彩钢板接缝、门窗、设备穿墙孔、电缆沟道、通风口等，检查微正压	现场检查

2.1.2 阀厅设备带电前管控

1．基本要求		
（1）阀厅完成所有土建工作，地面完成自流坪		
（2）进出阀厅沟道完成永久封堵，沟道盖板完成铺设		
（3）阀厅完成所有主设备安装，换流变压器、穿墙套管、水冷管道封堵完好，阀厅内主设备完成外观和功能预验收		
（4）通风、消防、在线监测和照明等均完成外观和功能预验收		
（5）地面、墙面、钢梁和阀厅走道完成最后清扫		
（6）完成阀厅设备运行前各项准备工作		
（7）完成阀厅投运前检查		
（8）完成相关设备的投运带电签证，及带电各项准备工作		
2．管控项目		
项目名称	内　　容	实施要求
常规预验收	阀厅土建及各设备系统的外观和功能验收	按照验收方案及作业指导书执行
阀塔螺栓紧固检查	螺栓力矩复查并标记	专项检查
阀厅水管防漏水检查	水管加压试验，接头紧固检查和标记	专项检查
阀塔光纤专项检查	光纤盒防火和防放电检查；光纤回路及固定检查，测量回路衰耗并记录	专项检查
阀厅主通流回路检查	主通流回路金具紧固检查，测量接触电阻并记录，粘贴感温片	专项检查
阀厅测温精度对比	校验测温精度，对比手持式测温仪	专项检查
阀厅消防系统跳闸试验	在阀厅不同位置模拟火光，检查阀厅消防系统跳闸动作的正确性和可靠性	专项检查

2.2 换流变压器区域

2.2.1 换流变压器进场关键管控

1．基本要求
（1）换流变压器本体及主要部件（套管、油枕、冷却器）进场包装及外观检查合格
（2）检查三维冲撞仪记录数据和充气运输压力合格

续表

2．管控项目		
项目名称	内　　容	实施要求
包装及外观检查	换流变压器本体及主要部件（套管、油枕、冷却器）外观无损坏及锈蚀；套管包装及外绝缘完好	旁站见证
运输情况检查	三维冲撞仪安装可靠；数据符合运输要求；充气运输压力满足要求	旁站见证

2.2.2　换流变安装转充油关键管控

1．基本要求		
（1）换流变压器整体安装结束，管道连接正确，阀门位置正确		
（2）换流变压器抽真空工序、真空度满足要求		
（3）换流变压器绝缘油全析试验报告合格		
2．管控项目		
项目名称	内　　容	实施要求
抽真空检查	抽真空工序正确，真空度满足要求（采用氦气检漏）	旁站见证
绝缘油性能核查	注油前绝缘油全析试验合格	旁站见证

2.2.3　换流变压器带电前关键管控

1．基本要求		
（1）相应阀组完成所有土建工作，BOXIN 安装完毕		
（2）相应阀组内所有换流变及主设备安装就位，交接试验合格，完成外观、功能预验收		
（3）相关区域消防、事故排油、通风、在线监测和照明外观及功能预验收合格		
（4）相应阀组内阀厅、直流场系统、交流系统满足带电条件		
（5）完成相应阀组内设备运行前各项准备工		
（6）完成相关设备的投运带电签证及带电各项准备工作		
（7）完成相应阀组内设备投运前检查		
2．管控项目		
项目名称	内　　容	实施要求
常规预验收	相应阀组换流变区域土建及各设备系统的外观和功能验收	按照验收方案及作业指导书执行

续表

项目名称	内　　容	实施要求
一次主通回路检查	换流变压器一次接线正确，所有主通回路接头力矩复核及接触电阻测量合格	专项检查
二次回路检查	二次回路紧固及绝缘检查合格	专项检查
接线盒、端子箱检查	接线盒、端子箱接线及防雨罩检查	专项检查
分接开关检查	分接开关传动轴检查及就地、远方控制指示功能检查	专项检查
换流变接地系统检查	换流变压器本体、附件外壳、铁芯夹件接地检查；套管末屏、备用TA回路等接地检查	专项检查
在线监测系统检查	换流变压器在线监测系统数据与离线数据比对合格	专项检查
换流变压器油路检查	换流变压器油枕（胶囊）、瓦斯继电器、波纹管、阀门、油位检查合格	专项检查

2.3　GIS组合电器

2.3.1　GIS组合电器土建转电气安装关键管控

1．基本要求		
（1）GIS组合电器到场检查验收完好		
（2）GIS室地面完成土建施工，地坪平整不起灰		
（3）GIS室钢梁、行车和墙面完成清扫，无积灰和杂物		
（4）GIS室内电缆沟清扫完成，入口设盖板防尘和防小动物		
（5）GIS室除尘设施安装到位并采取出入管理		
2．管控项目		
项目名称	内　　容	实施要求
GIS组合电器到场检查	GIS组合电器到场外观及三维冲撞仪数据检查	旁站见证
GIS室密封及防尘检查	GIS室彩钢板接缝、门窗、设备穿墙孔、电缆沟道、通风口、屋顶等防雨、防潮、防尘措施检查；地坪、钢梁、墙面无积灰和杂物	现场检查

2.3.2　GIS组合电气安装转充气关键管控

1．基本要求
（1）GIS组合电器安装结束，防爆释放口避开巡视走道，户外防爆口盖板安装方式正确

续表

(2) GIS组合电器各气室充气前抽真空符合要求		
(3) SF_6气体质量检验合格，报告齐全		
2. 管控项目		
项目名称	内　　容	实施要求
抽真空检漏检查	组合电器充气前抽真空真空度及保压时间检查	旁站检查
SF_6气体性能检测	SF_6气体检测合格，报告齐全	资料检查及现场抽查

2.3.3 GIS组合电气带电前关键管控

1. 基本要求		
(1) GIS室完成所有土建工作，地面完成自流坪或环氧树脂地坪		
(2) 进出GIS室沟道完成永久封堵，沟道盖板完成铺设		
(3) GIS室完成所有组合电器及辅助设施安装，GIL管道穿墙孔封堵完好，GIS室内主设备完成外观、试验和功能预验收		
(4) SF_6气体泄露监测系统、通风系统、SF_6压力在线监测和照明等均完成外观和功能预验收		
(5) 巡视走道、地面、墙面、钢梁和行车完成最后清扫		
(6) 完成GIS设备运行前各项准备工作		
(7) 完成相关设备的投运带电签证，及带电各项准备工作		
2. 管控项目		
项目名称	内　　容	实施要求
常规预验收	GIS室土建及各设备系统的外观、试验和功能验收	按照验收方案及作业指导书执行
GIS设备主通流回路检查	主通流回路金具紧固检查，接触电阻测量并记录	专项检查
SF_6气体检测	投运前SF_6气体微水、成分检测，留存数据	专项检查
GIS组合电器SF_6气体在线监测精度对比	在线监测系统与现场表计比对及测量精度校验	专项检查

2.4 户外一次设备

2.4.1 户外一次设备土建转电气安装关键管控

1．基本要求		
（1）室外一次设备区域土建基础施工，地面平整，安装基础牢固		
（2）设备到场设备外观检查，记录三维冲撞仪数据		
（3）根据厂家要求采取安装现场管控措施		
2．管控项目		
项目名称	内　　容	实施要求
一次设备基础土建检查	检查设备基础牢固，符合设备安装要求	现场检查
设备到场检查	设备外观及三维冲撞仪数据检查记录	现场检查

2.4.2 户外一次设备带电前关键管控

1．基本要求		
（1）完成所有土建工作，场地清理		
（2）电缆沟等沟道完成永久封堵，沟道盖板完成铺设		
（3）完成所有电气设备及辅助设施安装，设备完成外观、试验和功能预验收		
（4）完成室外设备运行前各项准备工作		
（5）完成相关设备的投运带电签证，及带电各项准备工作		
2．管控项目		
项目名称	内　　容	实施要求
常规预验收	土建及各设备系统的外观、试验和功能验收	按照验收方案及作业指导书执行
设备主通流回路检查	主通流回路金具紧固检查，测量接触电阻并记录	专项检查
接线盒、端子箱、电源箱检查	接线盒、端子箱、电源箱内接线紧固、箱（盒）体防雨罩及箱（盒）内加热器检查	专项检查
充 SF_6 气体设备在线监测精度比对	在线监测系统与现场表计比对及测量精度校验	专项检查

2.5 二次设备间（继保室、控制保护设备室、通信设备间等）

2.5.1 设备安装前环节管控

1. 基本要求		
（1）屋顶、楼板施工完毕，无渗漏		
（2）墙壁粉刷层已完成涂刷，环氧地坪或防静电地板已完成铺设，室内沟道无积水，后续无影响室内环境的施工工作		
（3）室内已清洁，房间门窗已安装且关闭		
2. 管控项目		
项目名称	内　　容	实施要求
安装环境检查	检查空调、通风、照明设施运行是否良好，消防设施配置是否到位	现场检查

2.5.2 设备带电前环节管控

1. 基本要求		
（1）室内完成所有土建工作，预留屏柜孔位已封堵，沟道完成永久封堵，沟道盖板完成铺设		
（2）二次回路接线准确，回路绝缘良好		
（3）相关设备完成外观和功能预验收，装置单体调试合格，定值整定正确		
（4）设备运行前各项准备工作已完成		
（5）完成相关设备的投运带电签证，及带电各项准备工作		
2. 管控项目		
项目名称	内　　容	实施要求
常规预验收	土建及各设备系统的外观、试验和功能验收	按验收方案及作业指导书执行
装置定值及压板核对	核对装置定值、压板名称及压板位置、各类开关的名称正确性	专项检查
主机负荷率、主机、板卡程序版本检查	检查主控制保护机负荷率、主机、板卡程序版本并记录	专项检查
故障录波设置参数核查	核查故障录波的设置方式、触发方式、录波通道及参数并记录	专项检查
二次屏柜电源检查	对控制保护屏柜柜内、柜外电源空气开关逐一进行名称及断电检查，核查断电结果是否正常	专项检查
二次回路检查	二次盘柜端子紧固，回路接线正确性及回路绝缘情况核查	专项检查

续表

项目名称	内　　容	实施要求
光纤回路检查	对全站光TA及跨设备室的光缆在用芯及备用芯的光纤衰减率进行测试	现场抽查
防止直流控制保护系统单元件故障闭锁检查	进行直流控制保护系统功能试验，包括：①主机切换试验；②“三取二”装置监视试验，测量通道故障时的“三取二”出口逻辑测试；③系统总线监视功能试验（模拟光纤断路）；④电源或板卡故障试验（板卡模块断电）；⑤各系统接口故障试验；⑥直流控制保护通信设备故障试验	专项检查
中开关联锁逻辑验证试验	进行中开关联锁逻辑验证试验，包括：①换流变压器与交流线路配串，两边开关分闸时的联锁试验；②换流变压器与交流滤波器配串，两边开关分闸时的联锁试验；③交流滤波器与交流线路配串，两边开关分闸时的联锁试验；④换流变压器与交流线路配串，线路单相接地时的联锁试验；⑤交流滤波器与交流线路配串，线路单相接地时的联锁试验	专项检查
阀组及小组交流滤波器检修开关功能验证试验	进行阀组及小组交流滤波器检修开关功能试验，验证阀组及小组交流滤波器检修内设备检修工作不会影响相邻阀组或大组交流滤波器的正常运行	专项检查
最后跳闸传动试验	进行最后跳闸传动试验，包括：①每个阀组任选一条换流变压器非电量保护跳闸回路，带开关传动，其余只做信号到后台；②每个阀组任选一条阀水冷保护跳闸回路，带开关传动，其余只做信号到后台；③每个阀组任选一条阀控系统跳闸回路，带开关传动，其余只做信号到后台；④每个阀组任选一直流保护，二次注流模拟故障，带开关传动，其余只做信号到后台	专项检查
直流分压器、零磁通TA、光TA故障响应试验	模拟直流分压器、零磁通TA、光TA故障，包括：①模拟放大器电源丢失故障；②模拟放大器输入回路接线松动；③模拟放大器输出回路接线松动；④断开放大器对应的一套测量板卡，检查负载阻抗是否变化；⑤模拟直流光TA回路故障（传感器、光纤、合并单元）；⑥模拟交流滤波器光TA回路故障（传感器、光纤、合并单元）	专项检查
二次安全防护专项检查	参照电力系统二次安全防护要求，核查站内二次安全防护现场措施落实情况	专项检查

2.6　阀内外水冷设备

2.6.1　阀内冷水设备注水前环节管控

1. 基本要求
（1）相应设备区域土建完成，隐蔽工程验收合格

续表

（2）阀内冷设备组装完毕，管网冲洗无杂物，设备具备注水条件		
2．管控项目		
项目名称	内　　容	实施要求
内冷水水质检查	内冷水水质符合内冷水补水水质要求	现场抽查
打压试验	对管道进行注水压力检测，观察有无泄漏	旁站见证

2.6.2 阀内冷水设备投运前环节管控

1．基本要求		
（1）阀内、外冷水系统安装完毕、调试合格，相关设备完成外观及功能预验收，且已处于运行状态		
（2）设备运行前各项准备工作已完成		
（3）完成相关设备的投运带电签证，及带电各项准备工作		
2．管控项目		
项目名称	内　　容	实施要求
常规预验收	土建及各设备系统的外观、试验和功能验收	按验收方案及作业指导书执行
主泵启动及切换试验	①核查主泵启动方式，测量启动电流；②核查软启动器故障后转工频供电方式；③主泵切换功能试验，测量切换过程中的流量变化；④模拟主泵故障切换、切至故障泵后回切试验、漏水检测试验等	专项检查
管道标识、阀门位置及名称检查	检查管道标识、阀门位置、阀门标识是否正确、开合是否到位，各螺杆是否已抹涂适量黄油	专项检查
阀内冷电源配合情况核查	核查主泵电源切换、上级电源切换、单泵运行时上级电源切换、和上级备用电源自动投切装置动作定值及时间级差配合是否正确	专项检查
阀冷控制保护功能试验	逐一验证阀冷控制、保护、自检等功能是否正常，定值是否正确，保护动作或功率回降信号是否正常上送；核查单一元件或回路故障是否会导致系统停运	专项检查
表计、传感器校验检查	核查所有表计、传感器校验报告是否齐全，检查结果是否合格。冷却系统测量传感器测量值比对检查一致	检查报告
阀水冷空开断电试验	逐一断开阀水冷控制系统的空气开关，看是否有相应报警提示	专项检查
内冷水主回路管道紧固检查	核查内冷水主回路管道连接回路的螺栓力矩是否符合要求并做好标记	专项检查

2.6.3 阀外冷水注水前环节管控

1．基本要求		
（1）水池打扫完毕，清洁无杂物		
（2）相应设备区域土建完成，隐蔽工程验收合格		
（3）阀外冷设备组装完毕，管网冲洗无杂物，设备具备注水条件		
2．管控项目		
项目名称	内　容	实施要求
水池检查	检查水池内清洁无杂物	专项检查
打压试验	对管道进行注水压力检测，观察有无泄漏	旁站见证

2.6.4 阀外冷水投运前环节管控

1．基本要求		
（1）阀外冷水系统安装完毕、调试合格，相关设备完成外观及功能预验收，且已处于运行状态		
（2）设备运行前各项准备工作已完成		
（3）完成相关设备的投运带电签证，及带电各项准备工作		
2．管控项目		
项目名称	内　容	实施要求
常规预验收	土建及各设备系统的外观、试验和功能验收	按验收方案及作业指导书执行
外冷喷淋水水质检查	外冷水喷淋水水质钙镁含量、微生物含量符合喷淋水质要求	专项检查
阀外冷电源配合情况核查	核查冷却塔、喷淋泵电源切换和上级备用电源自动投切装置动作定值及时间级差配合是否正确	专项检查
阀外冷控制保护功能试验	逐一验证阀外冷控制、自检等功能是否正常，定值是否正确	专项检查
表计、传感器校验检查	核查所有表计、传感器校验报告是否齐全，检查结果是否合格。冷却系统测量传感器测量值比对检查一致	专项检查
阀水冷空开断电试验	逐一断开阀外水冷控制系统的空气开关，看是否有相应报警提示	专项检查
阀外冷冗余丢失试验	模拟丢失冗余冷却塔、冷却风机，测量进出水温度上升时间，检查是否能持续运行	专项检查

续表

项目名称	内　　容	实施要求
户外接线盒、空气开关防潮检查	对阀外冷设备的户外接线盒、空气开关防潮情况进行检查	专项检查

2.7　消防及站前水（生活水、工业水）系统

2.7.1　试水前环节管控

1．基本要求		
（1）水池打扫完毕，清洁无杂物		
（2）相应设备区域土建完成，隐蔽工程验收合格		
（3）消防及站前水系统设备组装完毕，管网冲洗无杂物，设备具备注水条件		
2．管控项目		
项目名称	内　　容	实施要求
水池检查	检查水池内清洁无杂物	专项检查
打压试验	对管道进行注水压力检测，观察有无泄漏	旁站见证

2.7.2　消防系统投运前环节管控

1．基本要求		
（1）消防及站前水系统设备安装完毕、调试合格，相关设备完成外观及功能预验收，且已处于运行状态		
（2）设备运行前各项准备工作已完成		
（3）完成相关设备的投运带电签证，及带电各项准备工作		
2．管控项目		
项目名称	内　　容	实施要求
常规预验收	土建及各设备系统的外观、试验和功能验收	按验收方案及作业指导书执行
换流变压器区域消防功能验证试验	1）检查每台换流变感温电缆的安装情况，并测量其阻值； 2）对换流变压器逐台进行喷淋试验	专项检查
电缆沟消防措施检查	检查电缆沟消防措施齐备，防火封堵部位均有明显标识	专项检查
消防与通风系统、电梯、百叶窗联动试验	进行消防与通风系统、电梯、百叶窗联动试验，核查动作后果是否正确	专项检查

续表

项目名称	内　　容	实施要求
全站消防器材检查	检查全站消防器材配置及摆放位置符合要求，全站消防器材在有效期内、合格检验证齐备，有定期检查记录	专项检查

2.8　空调通风系统

2.8.1　空调通风设备投运前环节管控

1．基本要求		
（1）空调系统设备安装完毕、调试合格，相关设备完成外观及功能预验收，且已处于运行状态		
（2）设备运行前各项准备工作已完成		
（3）设备正式移交运行单位前应更换全新滤网		
2．管控项目		
项目名称	内　　容	实施要求
常规预验收	土建及各设备系统的外观、试验和功能验收	按验收方案及作业指导书执行
管道保温层检查	保温层固定应可靠，不易脱落，保温层包裹彻底，避免造成通风管道冷凝水对吊顶的破坏	专项检查
室内设备防凝露检查	风管及出风口下方设备防潮检查，必要时配置防潮措施	专项检查
温控定值核查	检查并统一设定空调温控定值	专项检查

2.9　站内土建设施

2.9.1　主辅控楼设备及家具安装前管控

1．基本要求		
（1）主辅控楼建筑装饰装修工程基本完成，相应区域清扫无杂物		
（2）门窗、开关、灯具等均已安装到位，使用正常		
（3）建筑物内上下水通畅并无渗漏		
2．管控项目		
项目名称	内　　容	实施要求
常规预验收	土建及各附属设施的外观、试验和功能验收	按验收方案及作业指导书执行

2.9.2 站内线缆通道（含建筑物内）投运前环节管控

1．基本要求		
（1）站内线缆通道土建及相关设施（电缆支架、防火墙、封堵、电缆盖板等）安装完毕，线缆敷设完成并符合设计及施工工艺要求		
（2）设备运行前各项准备工作已完成		
（3）相应区域设备正式移交运行单位前应清扫线缆通道		
2．管控项目		
项目名称	内　　容	实施要求
户外电缆沟专项检查	电缆沟清扫、排水、防火墙、挡水墙、盖板、防火涂料涂刷等情况专项检查	专项检查
建筑物线缆通道封堵检查	线缆进入建筑物及建筑物内封堵情况专项检查工作	专项检查
线缆敷设检查	线缆（含光纤）分层分沟道敷设及相应防护情况专项检查	专项检查

2.9.3 站内雨水、污水、事故油池投运前管控

1．基本要求		
（1）站内雨水、污水、事故油池系统土建及相关设施（雨水井、沟道、盖板等）安装完毕，相应设施完成功能预验收		
（2）设备运行前各项准备工作已完成		
（3）相应区域设备正式移交运行单位前应清扫雨水井及沟道，排水通畅无杂物淤泥，相关设施完成防腐或防潮处理		
2．管控项目		
项目名称	内　　容	实施要求
常规预验收	土建及各附属设施的外观、试验和功能验收	按验收方案及作业指导书执行

2.10 接地极

2.10.1 接地极设备土建转电气安装前环节管控

1．基本要求
接地极设备区域完成土建施工，地面平整，安装基础牢固
2．管控项目

续表

项目名称	内　　容	实施要求
一次设备基础土建检查	检查设备基础牢固，符合设备安装要求	现场检查

2.10.2　接地极带电调试前管控

1．基本要求		
（1）接地极区域完成全部土建及附属设施（围墙、监测井、渗水井、门等）安装，符合设计及施工工艺要求		
（2）接地极电抗器、电容器、汇流母线等一次设备及辅助监测系统（电子围栏、视频监控、红外测温、在线监测、电源系统等）安装到位并完成预验收		
（3）完成室外设备运行前各项准备工作		
（4）完成相关设备的投运带电签证，及带电各项准备工作		
2．管控项目		
项目名称	内　　容	实施要求
常规预验收	接地极土建及各设备系统的外观、试验和功能验收	按照验收方案及作业指导书执行
设备主通流回路检查	主通流回路金具紧固检查，测量接触电阻并记录	专项检查
在线监测装置检查	检查电流监测、红外测温装置实测与在线监测数据比对	专项检查
检测井及渗水井检查	检查功能完好，测量温度、湿度、水位	专项检查
接线盒、端子箱、电源箱检查	接线盒、端子箱、电源箱内接线紧固、箱（盒）体防雨罩及箱（盒）内加热器检查	专项检查

附录　设备监督作业指导卡

一、换流变压器监督作业指导卡

换流站		设备名称	
电压等级		生产厂家	
监督日期		设备型号	

（一）到场监督

序号	项目	内容	等级	监督情况	监督人	监督时间
1	本体监督	气压表读数是否在正常范围	重要			
		冲撞记录仪读数是否在正常范围	重要			
		开箱检查	重要			
		外观检查	一般			
2	附件监督	查验铭牌	重要			
		技术文件	重要			
		备品备件	重要			
		专用工器具	重要			
		检查套管、套管式电流互感器	重要			
		控制柜和端子箱、控制箱	重要			
		防雨罩设计文件	一般			
		其他	重要			
3	绝缘油监督	绝缘油的验收与保管	重要			
		绝缘油的现场过滤	重要			
4	现场保管监督	充干燥空气存放	重要			
		注油存放	重要			

（二）安装监督

序号	项目	内容	等级	监督情况	监督人	监督日期
1	基础	基础检查	重要			
2	安装器身	确认器身检查条件	重要			
		器身检查	重要			
3	安装本体及附件漏空控制	安装本体及附件漏空控制	重要			
4	安装本体及附件密封面	安装本体及附件密封面处理	一般			
5	本体油枕和分接头油枕	气囊的安装	重要			
		油位计的安装	重要			
		油位传感器的安装	重要			
		储油柜的安装	重要			
		呼吸器的安装	重要			
6	套管	外观检查	一般			
		套管的安装	重要			
		套管电流互感器接线检查	重要			
7	分接开关	外观检查	一般			
		操动机构检查	重要			
		在线滤油机安装	重要			
8	冷却器	外观检查	一般			
		冷却器的安装	重要			
9	升高座	升高座的安装	重要			
10	非电量保护装置	外观检查	一般			
		非电量保护装置的安装	重要			
		非电量保护装置的二次接线盒检查	重要			
11	油务处理	注意事项	重要			
		本体抽真空	重要			

续表

序号	项目	内容	等级	监督情况	监督人	监督日期
11	油务处理	真空注油	重要			
		热油循环与静置	重要			
12	压力释放装置	压力释放装置安装	重要			
13	气体继电器	气体继电器安装	重要			
14	温度计	温度计安装	重要			
15	冷却器控制柜	冷却器控制柜安装	重要			
16	本体间电缆	本体间电缆安装	重要			
17	整体密封性	整体密封检查	重要			
18	其他	铁芯夹件泄漏电流测量	重要			
		表计安装检查	重要			
		防爆膜检查	重要			
		二次电缆槽盒检查	重要			
		接地装置检查	重要			
		在线监测装置安装检查	重要			
		巡检通道	重要			
		防止人身伤害	重要			

（三）试验监督

序号	项目	内容	等级	监督情况	监督人	监督日期
1	绝缘油	绝缘油试验	重要			
2	绕组连同套管的直流电阻	测量绕组连同套管的直流电阻	重要			
3	分接开关变压比	分接开关变压比试验	重要			
4	引出线的极性	引出线的极性检查	重要			
5	铁芯及夹件绝缘电阻	铁芯及夹件绝缘电阻测量	重要			

续表

序号	项目	内容	等级	监督情况	监督人	监督日期
6	有载调压切换装置	有载调压切换装置的检查和试验	重要			
7	绕组连同套管的绝缘电阻、吸收比及极化指数	绕组连同套管的绝缘电阻、吸收比及极化指数测量	重要			
8	绕组连同套管的介质损耗因数（$\tan\delta$）	绕组连同套管的介质损耗因数（$\tan\delta$）测量	重要			
9	绕组连同套管的直流耐压	绕组连同套管的直流耐压试验	重要			
10	绕组变形	绕组变形试验	重要			
11	绕组连同套管的交流耐压	绕组连同套管的交流耐压试验	重要			
12	绕组连同套管的长时感应电压试验带局部放电	绕组连同套管的长时感应电压试验带局部放电测量	重要			
13	额定电压下对变压器的冲击合闸	额定电压下对变压器的冲击合闸试验	重要			
14	套管	套管试验	重要			
15	套管式电流互感器	套管式电流互感器试验	重要			
16	温升	温升测量	重要			
17	阻抗	阻抗测量	重要			

（四）资料监督

序号	设备	内容	等级	收资情况	接收人	供资人联系方式	接收日期
1	换流变压器	采购技术协议或技术规范书	重要				
		出厂试验报告	重要				
		交接试验报告	重要				

续表

序号	设备	内容	等级	收资情况	接收人	供资人联系方式	接收日期
1	换流变压器	运输记录	重要				
		安装时器身检查记录	重要				
		安装质量检验及评定报告	重要				
		设备监造报告	重要				
		设备评价报告	一般				
		竣工图纸	一般				
		设备使用说明书	一般				
		合格证书	一般				
		安装使用说明书	一般				

二、换流阀监督作业指导卡

换流站		设备名称	
电压等级		生产厂家	
监督日期		设备型号	

（一）到场监督

序号	项目	内容	等级	监督情况	监督人	监督日期
1	本体监督	外观检查	重要			
		开箱检查	重要			
2	附件监督	查验铭牌	重要			
		备品备件	重要			
		专用工器具	重要			

（二）安装监督

序号	项目	内容	等级	监督情况	监督人	监督日期
1	安装应具备的条件	阀厅土建施工全部结束	重要			
		阀厅空调施工结束	重要			

续表

序号	项目	内容	等级	监督情况	监督人	监督日期
1	安装应具备的条件	照明设施和检修电源配置	重要			
2	安装前外观检查	安装前外观检查	重要			
3	晶闸管配置	晶闸管配置检查	重要			
4	换流阀阀塔框架	换流阀阀塔框架安装	重要			
5	晶闸管组件	晶闸管组件吊装	重要			
6	阀避雷器	阀避雷器安装	重要			
7	冷却水管安装方法	阀塔连接水管及接头	重要			
		均压电极	重要			
		阀门的安装	重要			
8	换流阀漏水检测装置	换流阀漏水检测装置安装	重要			
9	光纤	光纤的安装	重要			
10	防火措施	防火措施	重要			
11	阀厅内设备接地点	阀厅内接地点	重要			
12	阀厅作业车	阀厅作业车使用	重要			

（三）试验监督

序号	试验项目	内容	等级	监督情况	监督人	监督日期
1	冷却管道加压试验	见证换流阀冷却管道加压试验	重要			
2	阀漏水检测装置功能试验	见证阀漏水检测功能试验	重要			
3	晶闸管试验	见证晶闸管试验，主要包括： ①短路试验 ②阻抗试验 ③触发试验 ④保护性触发试验等	重要			
4	换流阀低压加压试验	1．见证换流阀低压加压试验	重要			

续表

序号	试验项目	内容	等级	监督情况	监督人	监督日期
4	换流阀低压加压试验	2．检查换流变压器一次接线的正确性 3．换流阀触发同步电压的正确性 4．换流阀触发控制电压的正确性 5．检查一次电压的相序及阀组触发顺序关系	重要			

（四）资料监督

序号	设备	内容	等级	收资情况	接收人	供资人联系方式	接收日期
1	阀组件	采购技术协议或技术规范书	重要				
		型式试验报告	重要				
		出厂试验报告	重要				
		交接试验报告	重要				
		安装质量检验及评定报告	重要				
		设备监造报告	重要				
		工程竣工图纸	重要				
		产品说明书	重要				

三、平波电抗器监督作业指导卡

换流站		设备名称	
电压等级		生产厂家	
监督日期		设备型号	

（一）到场监督

序号	项目	内容	等级	监督情况	监督人	监督日期
1	本体监督	外观检查	重要			
		开箱检查	重要			

续表

序号	项目	内容	等级	监督情况	监督人	监督日期
2	附件监督	铭牌检查	重要			
		技术文件	重要			
		备品备件	重要			

（二）安装监督

序号	项目	内容	等级	监督情况	监督人	监督日期
1	电抗器本体	电抗器本体安装	重要			
2	避雷器	避雷器本体安装	重要			
		避雷器均压环安装	重要			
		避雷器计数器安装	重要			
		避雷器引线安装	重要			

（三）试验监督

序号	项目	内容	等级	监督情况	监督人	监督日期
1	绕组直流电阻测量	测量绕组的直流电阻	重要			
2	电感测量	测量电抗器的电感	重要			
3	金属附件对本体的电阻测量	测量金属附件对本体的电阻	重要			
4	噪声测量	测量电抗器投运后噪声	重要			
5	避雷器试验	对避雷器进行试验	重要			

（四）资料监督

序号	设备	内容	等级	收资情况	接收人	供资人联系方式	接收日期
1	电抗器	采购技术协议或技术规范书	重要				
		出厂试验报告	重要				

续表

序号	设备	内容	等级	收资情况	接收人	供资人联系方式	接收日期
1	电抗器	交接试验报告	重要				
		安装质量检验及评定报告	重要				
		设备评价报告	重要				
		竣工图纸	重要				
		设备使用说明书	重要				
		运输记录	一般				
		安装时器身检查记录	一般				
		设备监造报告	一般				
		合格证书	一般				
		安装使用说明书	一般				

四、直流滤波器监督作业指导卡

换流站		设备名称	
电压等级		生产厂家	
监督日期		设备型号	

（一）到场监督

序号	项目	内容	等级	监督情况	监督人	监督日期
1	本体监督	外观检查	重要			
		开箱检查	重要			
2	附件监督	铭牌检查	重要			
		技术文件	重要			
		备品备件	重要			
		专用工器具	重要			

（二）安装监督

序号	项目	内容	等级	监督情况	监督人	监督日期
1	电容器	电容器本体安装	重要			
		安装技术要点	重要			
2	电阻器	电阻器安装	重要			
3	避雷器	避雷器本体安装	重要			
		避雷器均压环安装	重要			
		避雷器计数器安装	重要			
		避雷器引线安装	重要			
4	电抗器	电抗器本体安装	重要			
		其他	重要			
5	电流互感器	电流互感器安装前检查	重要			
		电流互感器本体安装	重要			
		接地装置的安装	重要			

（三）试验监督

序号	项目	内容	等级	监督情况	监督人	监督日期
1	电容器	电容量测量	重要			
		绝缘电阻测量	重要			
		端子间电阻的测量	重要			
		支柱绝缘子绝缘电阻测量	重要			
2	电抗器	绕组直流电阻测量	重要			
		电感测量	重要			
		支柱绝缘子绝缘电阻测量	重要			
3	电阻器	直流电阻测量	重要			
		绝缘电阻测量	重要			

续表

序号	项目	内容	等级	监督情况	监督人	监督日期
4	电流互感器试验	绝缘电阻	重要			
		一次绕组工频耐压	重要			
		二次绕组工频耐压	重要			
		一次绕组介损	重要			
		变比测量	重要			
		极性检查	重要			
5	滤波器调谐	滤波器调谐试验	重要			
6	滤波器冲击合闸	滤波器冲击合闸试验	重要			

（四）资料监督

序号	设备	内容	等级	收资情况	接收人	供资人联系方式	接收日期
1	电容器组	技术协议或技术规范书	重要				
		出厂试验报告	重要				
		交接试验报告	重要				
		安装质量检验及评定报告	重要				
		运输记录	一般				
		设备安装、使用说明书	一般				
		合格证书	一般				
2	电抗器	技术协议或技术规范书	重要				
		出厂试验报告	重要				
		交接试验报告	重要				
		安装质量检验及评定报告	重要				
		运输记录	一般				

续表

序号	设备	内容	等级	收资情况	接收人	供资人联系方式	接收日期
2	电抗器	设备安装、使用说明书	一般				
		合格证书	一般				
3	电阻器	技术协议或技术规范书	重要				
		出厂试验报告	重要				
		交接试验报告	重要				
		安装质量检验及评定报告	重要				
		运输记录	一般				
		设备安装、使用说明书	一般				
		合格证书	一般				
4	避雷器	技术协议或技术规范书	重要				
		出厂试验报告	重要				
		交接试验报告	重要				
		安装质量检验及评定报告	重要				
		运输记录	一般				
		设备安装、使用说明书	一般				
		合格证书	一般				
5	母线及引流线	技术协议或技术规范书	重要				
		出厂试验报告	重要				
		交接试验报告	重要				
		安装质量检验及评定报告	重要				
		运输记录	一般				

续表

序号	设备	内容	等级	收资情况	接收人	供资人联系方式	接收日期
5	母线及引流线	设备安装、使用说明书	一般				
		合格证书	一般				
6	电流互感器	技术协议或技术规范书	重要				
		出厂试验报告	重要				
		交接试验报告	重要				
		安装质量检验及评定报告	重要				
		运输记录	一般				
		设备安装、使用说明书	一般				
		合格证书	一般				

五、直流开关监督作业指导卡

换流站		设备名称	
电压等级		生产厂家	
监督日期		设备型号	

（一）到场监督

序号	项目	内容	等级	监督情况	监督人	监督日期
1	本体监督	观察气压表读数是否在正常范围	一般			
		外观检查	一般			
		操动机构、控制柜检查	一般			
2	附件监督	铭牌	一般			
		技术文件	重要			
		备品备件	重要			
		专用工器具	重要			
		其他	一般			
3	保管	现场保管	一般			

（二）安装监督

序号	项目	内容	等级	监督情况	监督人	监督日期
1	安装前检查	零部件检查	一般			
		绝缘部件检查	一般			
		瓷套检查	一般			
		传动机构检查	一般			
		耗材检查	一般			
		附件检查	重要			
2	断路器组装	安装天气及施工条件	一般			
		引线及线夹	重要			
		基础及构架	重要			
		支架与底座的安装	重要			
		操动机构安装	重要			
		断路器组装	重要			
		接线端子安装	重要			
		抽真空、充 SF_6 气体	重要			
		绝缘子	重要			
		振荡回路安装	重要			

（三）试验监督

序号	项目	内容	等级	监督情况	监督人	监督日期
1	断路器	测量绝缘拉杆的绝缘电阻	重要			
		测量导电回路的电阻值	重要			
		交流耐压试验	重要			
		测量断路器的分、合闸速度	重要			
		测量断路器的分、合闸时间	重要			
		测量断路器分、合闸线圈的绝缘电阻值和直流电阻	重要			
		测量 SF_6 气体含水量	重要			

续表

序号	项目	内容	等级	监督情况	监督人	监督日期
1	断路器	密封性试验	重要			
		SF_6气体密度继电器、压力表的检查	重要			
2	断路器操动机构	合闸操作	重要			
		脱扣操作	重要			
		模拟操作	重要			
3	辅助回路	电容器的试验	重要			
		电抗器的试验	重要			
		非线性电阻的试验	重要			

（四）资料监督

序号	设备	内容	等级	收资情况	接收人	供资人联系方式	接收日期
1	直流断路器	采购技术协议或技术规范书	重要				
		出厂试验报告	重要				
		交接试验报告	重要				
		设备监造报告	重要				
		安装质量检验及评定报告	重要				
		工程竣工图纸	重要				
		设备说明书	重要				

六、直流隔离开关监督作业指导卡

换流站		设备名称	
电压等级		生产厂家	
监督日期		设备型号	

（一）到场监督

序号	项目	内容	等级	监督情况	监督人	监督日期
1	本体监督	外观检查	一般			
		开箱检查	一般			
2	附件监督	铭牌	一般			
		技术文件	重要			
		备品备件	重要			
		专用工器具	重要			
3	保管	现场保管	一般			

（二）安装监督

序号	项目	内容	等级	监督情况	监督人	监督日期
1	操动机构	操动机构检查	一般			
2	底座转动部分	底座转动部分检查	一般			
3	绝缘子检查	绝缘子检查	一般			
4	接线端子及载流部分	接线端子及载流部分检查	重要			
5	引线及线夹	引线及线夹	重要			
6	隔离开关	隔离开关的组装	重要			
7	传动装置	传动装置的安装与调整	重要			
8	操动机构	操动机构的安装调整	重要			
9	操动机构机构箱	操动机构机构箱	重要			
10	操动机构传动连杆	操动机构传动连杆	重要			
11	导电部分	导电部分的安装	重要			
12	安装后检查	安装后检查	重要			

（三）试验监督

序号	项目	内容	等级	监督情况	监督人	监督日期
1	一般试验	测量隔离开关导电回路的电阻	重要			
		二次回路交流耐压试验	重要			
		操动机构试验	重要			

（四）资料监督

序号	设备	内容	等级	收资情况	接收人	供资人联系方式	接收日期
1	直流刀闸	技术协议或技术规范书	重要				
		出厂试验报告	重要				
		交接试验报告	重要				
		安装质量检验及评定报告	重要				
		工程竣工图纸	重要				
		设备说明书	重要				
		运输记录	一般				
		设备安装、使用说明书	一般				
		合格证书	一般				

七、直流电流互感器监督作业指导卡

换流站		设备名称	
电压等级		生产厂家	
监督日期		设备型号	

（一）到场监督

序号	项目	内容	等级	监督情况	监督人	监督日期
1	本体监督	观察气压表读数是否在正常范围	重要			

续表

序号	项目	内容	等级	监督情况	监督人	监督日期
1	本体监督	冲撞记录仪读数是否在正常范围	重要			
		到货检查	一般			
		外观检查	一般			
		开箱检查	重要			
2	附件监督	铭牌	重要			
		技术文件	重要			
		备品备件	重要			
		专用工器具	重要			

（二）安装监督

序号	项目	内容	等级	监督情况	监督人	监督日期
1	安装准备	参数检查	一般			
		二次接线板检查	一般			
		隔膜式储油柜和金属膨胀器的检查	一般			
2	安装监督	本体	重要			
		二次回路	重要			
		合并单元	重要			
		接地装置	重要			

（三）试验监督

序号	项目	内容	等级	监督情况	监督人	监督日期
1	光 TA	电阻测量	重要			
		测量精确度试验	重要			
		频率响应试验	重要			
		低压端工频耐压试验	重要			

续表

序号	项目	内容	等级	监督情况	监督人	监督日期
2	电磁式电流互感器	测量绕组的绝缘电阻	重要			
		测量35kV及以上电压等级互感器的介质损耗角正切值 $\tan\delta$	重要			
		局部放电试验	重要			
		交流耐压试验	重要			
		绝缘介质性能试验	重要			
		绕组直流电阻测量	重要			
		检查互感器的接线组别和极性	重要			
		误差测量	重要			
		密封性能检查	重要			
		测量铁芯夹紧螺栓的绝缘电阻	重要			

（四）资料监督

序号	设备	内容	等级	收资情况	接收人	供资人联系方式	接收日期
1	光TA	技术协议或技术规范书	重要				
		出厂试验报告	重要				
		交接试验报告	重要				
		安装质量检验及评定报告	重要				
		工程竣工图纸	重要				
		设备说明书	重要				
		运输记录	一般				
		设备安装、使用说明书	一般				
		合格证书	一般				

续表

序号	设备	内容	等级	收资情况	接收人	供资人联系方式	接收日期
2	零磁通电流互感器	技术协议或技术规范书	重要				
		出厂试验报告	重要				
		交接试验报告	重要				
		安装质量检验及评定报告	重要				
		工程竣工图纸	重要				
		设备说明书	重要				
		运输记录	一般				
		设备安装、使用说明书	一般				
		合格证书	一般				

八、直流分压器监督作业指导卡

换流站		设备名称	
电压等级		生产厂家	
监督日期		设备型号	

（一）到场监督

序号	项目	内容	等级	监督情况	监督人	监督日期
1	本体监督	冲撞记录仪读数是否在正常范围	重要			
		观察气压表读数是否在正常范围	重要			
		开箱检查	重要			
		外观检查	一般			
2	附件监督	铭牌	重要			
		技术文件	重要			
		备品备件	重要			
		专用工器具	重要			

（二）安装监督

序号	项目	内容	等级	监督情况	监督人	监督日期
1	安装准备	参数检查	一般			
		二次接线板检查	一般			
		隔膜式储油柜和金属膨胀器的检查	一般			
2	安装监督	本体	重要			
		二次回路	重要			
		合并单元	重要			
		接地装置的安装	重要			
		抽真空，充 SF_6 气体	重要			

（三）试验监督

序号	项目	内容	等级	监督情况	监督人	监督日期
1	分压比测量	分压比测量	重要			
2	低压回路工频耐压试验	低压回路工频耐压试验	重要			

（四）资料监督

序号	设备	内容	等级	收资情况	接收人	供资人联系方式	接收日期
1	直流分压器	技术协议或技术规范书	重要				
		出厂试验报告	重要				
		交接试验报告	重要				
		安装质量检验及评定报告	重要				
		工程竣工图纸	重要				
		设备说明书	重要				
		运输记录	一般				
		设备安装、使用说明书	一般				
		合格证书	一般				

九、直流穿墙套管监督作业指导卡

换流站		设备名称	
电压等级		生产厂家	
监督日期		设备型号	

（一）到场监督

序号	项目	内容	等级	监督情况	监督人	监督日期
1	本体监督	冲撞记录仪读数是否在正常范围	重要			
		开箱检查	重要			
		外观检查	一般			
		结构设计	重要			
2	附件监督	铭牌	重要			
		技术文件	重要			
		备品备件	重要			
		专用工器具	重要			

（二）安装监督

序号	项目	内容	等级	监督情况	监督人	监督日期
1	本体安装	外观检查	一般			
		套管的安装方法及工艺要求	重要			
		套管结构	重要			
		干燥空气发生器的使用方法	重要			

（三）试验监督

序号	项目	内容	等级	监督情况	监督人	监督日期
1	直流穿墙套管	测量绝缘电阻	重要			

续表

序号	项目	内容	等级	监督情况	监督人	监督日期
1	直流穿墙套管	测量20kV及以上非纯瓷套管的介质损耗角正切值tanδ和电容值	重要			
		交流耐压试验	重要			
		直流耐压试验及局部放电量测量	重要			
		绝缘油的试验	重要			
		SF_6套管气体试验	重要			

（四）资料监督

序号	设备	内容	等级	收资情况	接收人	供资人联系方式	接收日期
1	穿墙套管	技术协议或技术规范书	重要				
		出厂试验报告	重要				
		交接试验报告	重要				
		安装质量检验及评定报告	重要				
		工程竣工图纸	重要				
		设备说明书	重要				
		运输记录	一般				
		设备安装、使用说明书	一般				
		合格证书	一般				

十、直流阻波器监督作业指导卡

换流站		设备名称	
电压等级		生产厂家	
监督日期		设备型号	

（一）到场监督

序号	项目	内容	等级	监督情况	监督人	监督日期
1	本体监督	外观检查	重要			
		开箱检查	重要			
2	附件监督	铭牌检查	重要			
		技术文件	重要			

（二）安装监督

序号	项目	内容	等级	监督情况	监督人	监督日期
1	耦合电容器	安装前检查	重要			
		耦合电容器安装	重要			
2	阻波器	阻波器安装	重要			

（三）试验监督

序号	项目	内容	等级	监督情况	监督人	监督日期
1	耦合电容器	测量耦合电容值	重要			
		测量绕组连同套管的直流电阻	重要			
		测量耦合电容器的介质损耗角正切 $\tan\delta$ 及电容值	重要			
		耦合电容器的局部放电试验	重要			
		并联电容器交流耐压试验	重要			
		冲击合闸试验	重要			
2	阻波电抗器	测量绕组连同套管的直流电阻	重要			
		测量绕组连同套管的绝缘电阻、吸收比或极化指数	重要			
		绕组连同套管的交流耐压试验	重要			
		额定电压下冲击合闸试验	重要			

（四）资料监督

序号	设备	内容	等级	收资情况	接收人	供资人联系方式	接收日期
1	耦合电容器	技术协议或技术规范书	重要				
		出厂试验报告	重要				
		交接试验报告	重要				
		安装质量检验及评定报告	重要				
		工程竣工图纸	重要				
		设备说明书	重要				
		运输记录	一般				
		设备安装、使用说明书	一般				
		合格证书	一般				
2	阻波电抗器	技术协议或技术规范书	重要				
		出厂试验报告	重要				
		交接试验报告	重要				
		安装质量检验及评定报告	重要				
		工程竣工图纸	重要				
		设备说明书	重要				
		运输记录	一般				
		设备安装、使用说明书	一般				
		合格证书	一般				

十一、直流避雷器监督作业指导卡

换流站		设备名称	
电压等级		生产厂家	
监督日期		设备型号	

（一）到场监督

序号	项目	内容	等级	监督情况	监督人	监督日期
1	本体监督	运输与存放	一般			
		外观检查	一般			
		技术要求	一般			
2	附件监督	铭牌	一般			
		技术资料	一般			
		备品备件	重要			
		专用工器具	重要			

（二）安装监督

序号	项目	内容	等级	监督情况	监督人	监督日期
1	安装前检查	外观检查	一般			
		其他	一般			
2	本体安装	本体的安装方法	一般			
3	均压环安装	均压环的安装方法及工艺要求	重要			
4	在线监测装置安装	在线监测装置的安装方法及工艺要求	重要			
5	引线安装	引线的安装方法及工艺要求	重要			

（三）试验监督

序号	项目	内容	等级	监督情况	监督人	监督日期
1	直流避雷器试验	绝缘电阻测量	重要			
		工频参考电压测量	重要			
		直流参考电压测量	重要			
		0.75 倍直流参考电压下泄漏电流试验	重要			
		避雷器监测装置试验	重要			

（四）资料监督

序号	设备	内容	等级	收资情况	接收人	供资人联系方式	接收日期
1	直流避雷器	采购技术协议或技术规范书	重要				
		出厂试验报告	重要				
		交接试验报告	重要				
		安装质量检验及评定报告	重要				
		竣工图纸	重要				
		产品技术说明书	重要				
		工程设计图纸	重要				
		设备使用说明书	重要				
		运输记录	一般				
		合格证书	一般				

十二、直流绝缘子监督作业指导卡

换流站		设备名称	
电压等级		生产厂家	
监督日期		设备型号	

（一）到场监督

序号	项目	内容	等级	监督情况	监督人	监督日期
1	本体监督	外观检查	重要			
		防腐检查	重要			
2	附件监督	铭牌抄录	一般			
		厂家标志	一般			

（二）安装监督

序号	项目	内容	等级	监督情况	监督人	监督日期
1	绝缘子	安装前检查	重要			
		绝缘子的安装要求	重要			
		绝缘子的工艺要求	重要			

（三）试验监督

序号	项目	内容	等级	监督情况	监督人	监督日期
1	一般试验	外观逐个检查	重要			
		憎水性抽样试验	重要			
		绝缘电阻测量	重要			
		直流干耐受抽样试验	重要			

（四）资料监督

序号	设备	内容	等级	收资情况	接收人	供资人联系方式	接收日期
1	直流绝缘子	采购技术协议或技术规范书	重要				
		交接试验无明显差异	重要				
		安装质量检验及评定报告	重要				
		竣工图纸	重要				
		交接试验报告	重要				
		运输记录	重要				
		合格证书	重要				
		设备安装、使用说明书	一般				

十三、交流滤波器监督作业指导卡

换流站		设备名称	
电压等级		生产厂家	
监督日期		设备型号	

（一）到场监督

序号	项目	内容	等级	监督情况	监督人	监督日期
1	本体监督	外观检查	重要			
		开箱检查	重要			
2	附件监督	铭牌检查	重要			
		技术文件	重要			
		备品备件	重要			
		专用工器具	重要			

（二）安装监督

序号	项目	内容	等级	监督情况	监督人	监督日期
1	电容器	电容器本体安装	重要			
		安装技术要点	重要			
2	电阻器	电阻器安装	重要			
3	避雷器	避雷器本体安装	重要			
		避雷器均压环安装	重要			
		避雷器计数器安装	重要			
		避雷器引线安装	重要			
4	电抗器	电抗器本体安装	重要			
		其他	重要			
5	电流互感器	电流互感器安装前检查	重要			
		电流互感器本体的安装	重要			
		接地装置的安装	重要			

（三）试验监督

序号	项目	内容	等级	监督情况	监督人	监督日期
1	电容器	测量绝缘电阻	重要			
		并联电容器交流耐压试验	重要			

续表

序号	项目	内容	等级	监督情况	监督人	监督日期
1	电容器	冲击合闸试验	重要			
2	避雷器	测量金属氧化物避雷器及基座绝缘电阻	重要			
		测量金属氧化物避雷器的工频参考电压和持续电流	重要			
		测量金属氧化物避雷器直流参考电压和0.75倍直流参考电压下的泄漏电流	重要			
		检查放电计数器动作情况及监视电流表指示	重要			
3	电抗器	测量绕组直流电阻	重要			
		电感测量	重要			
		支柱绝缘子绝缘电阻测量	重要			
4	电流互感器	电流互感器试验	重要			

（四）资料监督

序号	设备	内容	等级	收资情况	接收人	供资人联系方式	接收日期
1	电容器组	技术协议或技术规范书	重要				
		出厂试验报告	重要				
		交接试验报告	重要				
		安装质量检验及评定报告	重要				
		运输记录	一般				
		设备安装、使用说明书	一般				
		合格证书	一般				
2	电抗器	技术协议或技术规范书	重要				
		出厂试验报告	重要				

续表

序号	设备	内容	等级	收资情况	接收人	供资人联系方式	接收日期
2	电抗器	交接试验报告	重要				
		安装质量检验及评定报告	重要				
		运输记录	一般				
		设备安装、使用说明书	一般				
		合格证书	一般				
3	电阻器	技术协议或技术规范书	重要				
		出厂试验报告	重要				
		交接试验报告	重要				
		安装质量检验及评定报告	重要				
		运输记录	一般				
		设备安装、使用说明书	一般				
		合格证书	一般				
4	避雷器	技术协议或技术规范书	重要				
		出厂试验报告	重要				
		交接试验报告	重要				
		安装质量检验及评定报告	重要				
		运输记录	一般				
		设备安装、使用说明书	一般				
		合格证书	一般				
5	母线及引流线	技术协议或技术规范书	重要				
		出厂试验报告	重要				

续表

序号	设备	内容	等级	收资情况	接收人	供资人联系方式	接收日期
5	母线及引流线	交接试验报告	重要				
		安装质量检验及评定报告	重要				
		运输记录	一般				
		设备安装、使用说明书	一般				
		合格证书	一般				
6	电流互感器	技术协议或技术规范书	重要				
		出厂试验报告	重要				
		交接试验报告	重要				
		安装质量检验及评定报告	重要				
		运输记录	一般				
		设备安装、使用说明书	一般				
		合格证书	一般				

十四、接地极设备监督作业指导卡

换流站		设备名称	
电压等级		生产厂家	
监督日期		设备型号	

（一）到场监督

序号	项目	内容	等级	监督情况	监督人	监督日期
1	本体监督	外观检查	一般			
		石墨、电缆等附件	一般			
		在线监测相关设备	一般			
		电容器、电抗器、避雷器	一般			
2	附件监督	铭牌参数	一般			

（二）设备安装监督

序号	项目	内容	等级	监督情况	监督人	监督日期
1	电容器	外观检查	一般			
		安装监督	重要			
2	避雷器	避雷器本体	重要			
		避雷器均压环	重要			
		避雷器计数器	重要			
3	电抗器	电抗器本体	重要			
4	电流互感器	直流电流互感器本体	重要			
5	导流电缆	导流电缆铺设	重要			
6	在线监测	霍尔传感器测量装置	重要			
		红外摄像装置	重要			
		电子围栏	重要			
7	配电装置	变压器	重要			
		开关柜	重要			
		蓄电池	重要			
8	监测井	检测装置和渗水孔	重要			
9	接地极石墨	石墨	重要			
10	警示标示	防开挖警示标示	重要			

（三）试验监督

序号	项目	内容	等级	监督情况	监督人	监督日期
1	电容器	测量绝缘电阻	重要			
2	避雷器	测量金属氧化物避雷器及基座绝缘电阻	重要			
		测量金属氧化物避雷器的工频参考电压和持续电流	重要			
		测量金属氧化物避雷器直流参考电压和0.75倍直流参考电压下的泄漏电流	重要			
		检查放电计数器动作情况及监视电流表指示	重要			

续表

序号	项目	内容	等级	监督情况	监督人	监督日期
3	电抗器	测量绕组连同套管的直流电阻	重要			
		测量绕组连同套管的绝缘电阻、吸收比或极化指数	重要			
4	电流互感器	直流电流互感器试验	重要			
5	在线监测测试	后台监视	重要			
6	接地极试验	试验总则	重要			
		跨步电压试验	重要			
		监测井水位水温测量	重要			
		馈电元件试验	重要			
7	其余试验	接地电阻电位分布和电位梯度	重要			

（四）资料监督

序号	设备	内容	等级	收资情况	接收人	供资人联系方式	接收日期
1	接地引下线	安装质量检验及评定报告	重要				
		工程竣工图纸	重要				
		土壤电阻率测试记录	重要				
		设备安装、使用说明书	一般				
		合格证书	一般				
2	地网	安装质量检验及评定报告	重要				
		工程竣工图纸	重要				
		土壤电阻率测试记录	重要				
		设备安装、使用说明书	一般				

续表

序号	设备	内容	等级	收资情况	接收人	供资人联系方式	接收日期
3	电容器	采购技术协议或技术规范书	重要				
		出厂试验报告	重要				
		交接试验报告	重要				
		安装质量检验及评定报告	重要				
		工程竣工图纸	重要				
4	避雷器	采购技术协议或技术规范书	重要				
		出厂试验报告	重要				
		交接试验报告	重要				
		安装质量检验及评定报告	重要				
		工程竣工图纸	重要				
5	电抗器	采购技术协议或技术规范书	重要				
		出厂试验报告	重要				
		交接试验报告	重要				
		安装质量检验及评定报告	重要				
		工程竣工图纸	重要				
6	直流电流互感器	采购技术协议或技术规范书	重要				
		出厂试验报告	重要				
		交接试验报告	重要				
		安装质量检验及评定报告	重要				
		工程竣工图纸	重要				
7	导流电缆	采购技术协议或技术规范书	重要				

续表

序号	设备	内容	等级	收资情况	接收人	供资人联系方式	接收日期
7	导流电缆	出厂试验报告	重要				
		交接试验报告	重要				
		安装质量检验及评定报告	重要				
		工程竣工图纸	重要				
8	在线监测	采购技术协议或技术规范书	重要				
		出厂试验报告	重要				
		交接试验报告	重要				
		安装质量检验及评定报告	重要				
		工程竣工图纸	重要				
9	配电装置	采购技术协议或技术规范书	重要				
		出厂试验报告	重要				
		交接试验报告	重要				
		安装质量检验及评定报告	重要				
		工程竣工图纸	重要				
10	监测井	采购技术协议或技术规范书	重要				
		出厂试验报告	重要				
		交接试验报告	重要				
		安装质量检验及评定报告	重要				
		工程竣工图纸	重要				
11	接地极石墨	采购技术协议或技术规范书	重要				
		出厂试验报告	重要				

续表

序号	设备	内容	等级	收资情况	接收人	供资人联系方式	接收日期
11	接地极石墨	交接试验报告	重要				
		安装质量检验及评定报告	重要				
		工程竣工图纸	重要				
12	警示标示	采购技术协议或技术规范书	重要				
		出厂试验报告	重要				
		交接试验报告	重要				
		安装质量检验及评定报告	重要				
		工程竣工图纸	重要				

十五、直流控制系统监督作业指导卡

换流站		设备名称	
设备区域		生产厂家	
监督人		设备型号	

（一）到场监督

序号	项目	内容	等级	监督情况	监督人	监督日期
1	屏柜拆箱	屏柜外观检查	一般			
		元器件完整性检查	重要			
		技术资料检查	一般			
2	附件及专用工器具	备品备件	重要			
		专用工器具	重要			

（二）安装监督

序号	项目	内容	等级	监督情况	监督人	监督日期
1	屏柜安装就位	屏柜就位找正	重要			

续表

序号	项目	内容	等级	监督情况	监督人	监督日期
1	屏柜安装就位	屏柜固定	一般			
		屏柜接地	重要			
		屏柜设备检查	一般			
2	端子排	端子排外观检查	一般			
		强、弱电和正、负电源端子排的布置	重要			
		电流、电压回路等特殊回路端子检查	重要			
		端子与导线截面匹配	重要			
		端子排接线检查	一般			
3	二次电缆敷设	电缆截面应合理	重要			
		电缆敷设满足相关要求	重要			
		电缆排列	一般			
		电缆屏蔽与接地	重要			
		电缆芯线布置	一般			
4	二次电缆接线	接线核对及紧固情况	重要			
		电缆绝缘与芯线外观检查	重要			
		电缆芯线编号检查	一般			
		配线检查	一般			
		线束绑扎松紧和形式	一般			
		备用芯的处理	重要			
5	光缆敷设	光缆布局	一般			
		光缆弯曲半径	重要			
6	光纤连接	光纤及槽盒外观检查	一般			
		光纤弯曲度检查	重要			
		光纤连接情况	重要			
		光纤回路编号	一般			

续表

序号	项目	内容	等级	监督情况	监督人	监督日期
6	光纤连接	光纤备用芯检查	一般			
7	屏内接地	主机机箱外壳接地	重要			
		接地铜排	重要			
		接地线	重要			
8	标示	标示安装	一般			
9	防火密封	防火密封	重要			

（三）功能调试监督

序号	项目	内容	等级	监督情况	监督人	监督日期
1	装置上电	人机对话功能	一般			
		版本检查	重要			
		时钟检查	一般			
		定值	重要			
		逆变电源检查	重要			
		打印机检查	一般			
2	冗余配置	冗余配置	重要			
3	电源配置	电源配置 装置上电检查	重要			
4	开入开出检查	开入检查	重要			
		开出检查	重要			
5	采样检查	直流电流	重要			
		直流电压	重要			
		交流电流	重要			
		交流电压	重要			
6	直流测量装置反事故措施检查	直流测量装置反事故措施检查	重要			

续表

序号	项目	内容	等级	监督情况	监督人	监督日期
7	外回路检查	外回路检查	重要			
8	逻辑验证	逻辑验证	重要			
9	板卡、主机运行检查	板卡、主机运行检查	重要			
10	接口	阀控接口	重要			
		阀水冷系统系统接口	重要			
		消防系统接口	重要			
		故障录波系统接口	重要			
		故障定位系统接口	重要			
		GPS 接口	重要			
		其他系统接口试验	重要			
11	空载加压试验	空载加压试验	重要			
12	分接头控制试验	分接头控制试验	重要			
13	换流器控制功能	稳态工况试验	重要			
		动态性能试验	重要			
14	顺序控制功能	顺序控制功能	重要			
15	无功功率控制试验	无功功率控制试验	重要			
16	系统监视	系统监视	重要			
17	通信试验	通信试验	重要			
18	系统切换	系统切换	重要			
19	阀控制试验	阀控制试验	重要			
20	水冷控制试验	水冷控制试验	重要			

（四）资料监督

序号	设备	内容	等级	收资情况	接收人	供资人联系方式	接收日期
1	直流控制系统	技术协议或技术规范书	重要				
		出厂试验报告	重要				
		交接试验报告	重要				

续表

序号	设备	内容	等级	收资情况	接收人	供资人联系方式	接收日期
1	直流控制系统	安装质量检验及评定报告	重要				
		工程设计图纸	重要				
		产品技术说明书	重要				
		保护软件（程序/逻辑图）	重要				
		保护定值单	重要				
		运输记录	一般				
		设备安装、使用说明书	一般				
		合格证书	一般				

十六、直流保护系统监督作业指导卡

换流站		设备名称	
设备区域		生产厂家	
监督人		设备型号	

（一）到场监督

序号	项目	内容	等级	监督情况	监督人	监督日期
1	屏柜拆箱	屏柜外观检查	一般			
		元器件完整性检查	重要			
		技术资料检查	一般			
2	附件及专用工器具	备品备件	重要			
		专用工器具	重要			

（二）安装监督

序号	项目	内容	等级	监督情况	监督人	监督日期
1	屏柜安装就位	屏柜就位找正	重要			

续表

序号	项目	内容	等级	监督情况	监督人	监督日期
1	屏柜安装就位	屏柜固定	一般			
		屏柜接地	重要			
		屏柜设备检查	一般			
2	端子排	端子排外观检查	一般			
		强、弱电和正、负电源端子排的布置	重要			
		电流、电压回路等特殊回路端子检查	重要			
		端子与导线截面匹配	重要			
		端子排接线检查	一般			
3	二次电缆敷设	电缆截面应合理	重要			
		电缆敷设满足相关要求	重要			
		电缆排列	一般			
		电缆屏蔽与接地	重要			
		电缆芯线布置	一般			
4	二次电缆接线	接线核对及紧固情况	重要			
		电缆绝缘与芯线外观检查	重要			
		电缆芯线编号检查	一般			
		配线检查	一般			
		线束绑扎松紧和形式	一般			
		备用芯的处理	重要			
5	光缆敷设	光缆布局	一般			
		光缆弯曲半径	重要			
6	光纤连接	光纤及槽盒外观检查	一般			
		光纤弯曲度检查	重要			
		光纤连接情况	重要			
		光纤回路编号	一般			
		光纤备用芯检查	一般			

续表

序号	项目	内容	等级	监督情况	监督人	监督日期
7	屏内接地	主机机箱外壳接地	重要			
		接地铜排	重要			
		接地线	重要			
8	标示	标示安装	一般			
9	防火密封	防火密封	重要			

（三）功能调试监督

序号	项目	内容	等级	监督情况	监督人	监督日期
1	保护装置上电	人机对话功能	一般			
		版本检查	重要			
		时钟检查	一般			
		定值	重要			
		逆变电源检查	重要			
		打印机检查	一般			
2	冗余配置	冗余配置检查	重要			
3	电源配置	电源配置	重要			
4	采样回路	交流量采样检查	重要			
5	开关量输入回路	开关量输入回路	重要			
6	开关量输出回路	开关量输出回路	重要			
7	故障录波接口	故障录波接口	重要			
8	保护信息子站接口	保护信息子站接口	重要			
9	GPS 接口	GPS 接口	重要			
10	保护开入开出	保护开入开出检查	重要			
11	整组传动	整组传动试验	重要			
12	二次回路	二次回路试验	重要			

续表

序号	项目	内容	等级	监督情况	监督人	监督日期
13	自检功能	自检功能校验	重要			
14	功能检查	保护范围	重要			
		基本原则	重要			
15	保护逻辑验证	保护逻辑验证	重要			
16	系统监视	系统监视	一般			
17	试验	空载加压试验	重要			
		稳态工况试验	重要			
		通信试验	重要			
		其他系统接口试验	一般			
		扰动试验	一般			
18	仿真	阀接地或短路故障试验仿真	重要			
		极母线和中性线接地、开路故障仿真	重要			
		直流线路故障仿真	重要			
		接地极故障仿真	一般			
19	直流测量装置反事故措施检查	直流测量装置反事故措施检查	重要			
20	板卡、主机运行检查	板卡、主机运行检查	重要			
21	采样检查	采样检查	一般			
22	国家电网公司二十一条反事故措施执行情况	国家电网公司二十一条反事故措施执行情况	重要			
23	风险预防排查	二次回路风险排查	重要			
		主机/板卡故障	重要			
		软件缺陷	重要			

（四）资料监督

序号	设备	内容	等级	收资情况	接收人	供资人联系方式	接收日期
1	直流保护系统	技术协议或技术规范书	重要				
		出厂试验报告	重要				
		交接试验报告	重要				
		安装质量检验及评定报告	重要				
		工程设计图纸	重要				
		产品技术说明书	重要				
		保护软件（程序/逻辑图）	重要				
		保护定值单	重要				
		运输记录	一般				
		设备安装、使用说明书	一般				
		合格证书	一般				

十七、阀控装置监督作业指导卡

换流站		设备名称	
设备区域		生产厂家	
监督人		设备型号	

（一）到场监督

序号	项目	内容	等级	监督情况	监督人	监督日期
1	屏柜拆箱	屏柜外观检查	一般			
		元器件完整性检查	重要			
		技术资料检查	一般			
2	附件及专用工器具	备品备件	重要			
		专用工器具	重要			

（二）安装监督

序号	项目	内容	等级	监督情况	监督人	监督日期
1	屏柜安装就位	屏柜就位找正	重要			
		屏柜固定	一般			
		屏柜接地	重要			
		屏柜设备检查	一般			
2	端子排	端子排外观检查	一般			
		强、弱电和正、负电源端子排的布置	重要			
		电流、电压回路等特殊回路端子检查	重要			
		端子与导线截面匹配	重要			
		端子排接线检查	一般			
3	二次电缆敷设	电缆截面应合理	重要			
		电缆敷设满足相关要求	重要			
		电缆排列	一般			
		电缆屏蔽与接地	重要			
		电缆芯线布置	一般			
4	二次电缆接线	接线核对及紧固情况	重要			
		电缆绝缘与芯线外观检查	重要			
		电缆芯线编号检查	一般			
		配线检查	一般			
		线束绑扎松紧和形式	一般			
		备用芯的处理	重要			
5	光缆敷设	光缆布局	一般			
		光缆弯曲半径	重要			
6	光纤连接	光纤及槽盒外观检查	一般			
		光纤弯曲度检查	重要			
		光纤连接情况	重要			

续表

序号	项目	内容	等级	监督情况	监督人	监督日期
6	光纤连接	光纤回路编号	一般			
		光纤备用芯检查	一般			
7	屏内接地	主机机箱外壳接地	重要			
		接地铜排	重要			
		接地线	重要			
8	标示	标示安装	一般			
9	防火密封	防火密封	重要			
10	屏蔽措施	屏蔽措施	重要			
11	防水措施	防水措施	重要			

（三）功能调试监督

序号	项目	内容	等级	监督情况	监督人	监督日期
1	装置上电	人机对话功能	一般			
		版本检查	重要			
		时钟检查	一般			
		定值	重要			
		逆变电源检查	重要			
		打印机检查	一般			
2	电源配置	电源配置	重要			
3	冗余配置	冗余配置	重要			
4	阀控逻辑功能	阀控逻辑功能	重要			
5	阀控联调试验	阀控联调试验	重要			

（四）资料监督

序号	设备	内容	等级	收资情况	接收人	供资人联系方式	接收日期
1	阀控装置	采购技术协议或技术规范书	重要				

续表

序号	设备	内容	等级	收资情况	接收人	供资人联系方式	接收日期
1	阀控装置	交接（系统调试）试验报告	重要				
		安装质量检验及评定报告	重要				
		随屏图纸	一般				
		运输记录	一般				
		技术说明书	一般				
		合格证书	一般				

十八、阀冷控制保护监督作业指导卡

换流站		设备名称	
设备区域		生产厂家	
监督人		设备型号	

（一）到场监督

序号	项目	内容	等级	监督情况	监督时间
1	屏柜拆箱	屏柜外观检查	一般		
		元器件完整性检查	重要		
		技术资料检查	一般		
2	附件及专用工器具	备品备件	重要		
		专用工器具	重要		

（二）安装监督

序号	项目	内容	等级	监督情况	监督时间
1	屏柜安装就位	屏柜就位找正	重要		
		屏柜固定	一般		
		屏柜接地	重要		
		屏柜设备检查	一般		

续表

序号	项目	内容	等级	监督情况	监督时间
2	端子排	端子排外观检查	一般		
		强、弱电和正、负电源端子排的布置	重要		
		电流、电压回路等特殊回路端子检查	重要		
		端子与导线截面匹配	重要		
		端子排接线检查	一般		
3	二次电缆敷设	电缆截面应合理	重要		
		电缆敷设满足相关要求	重要		
		电缆排列	一般		
		电缆屏蔽与接地	重要		
		电缆芯线布置	一般		
4	二次电缆接线	接线核对及紧固情况	重要		
		电缆绝缘与芯线外观检查	重要		
		电缆芯线编号检查	一般		
		配线检查	一般		
		线束绑扎松紧和形式	一般		
		备用芯的处理	重要		
5	光缆敷设	光缆布局	一般		
		光缆弯曲半径	重要		
6	光纤连接	光纤及槽盒外观检查	一般		
		光纤弯曲度检查	重要		
		光纤连接情况	重要		
		光纤回路编号	一般		
		光纤备用芯检查	一般		
7	屏内接地	主机机箱外壳接地	重要		

续表

序号	项目	内容	等级	监督情况	监督时间
7	屏内接地	接地铜排	重要		
		接地线	重要		
8	标示	标示安装	一般		
9	防火密封	防火密封	重要		
10	电机控制中心（MCC）的安装	1．外观检查 2．电机控制中心结构及工作原理 3．自动切换工作原理	一般		
		反事故措施执行	一般		
11	传感器检查	总体要求	一般		
		温度传感器	一般		
		流量传感器	一般		
		液位传感器	一般		
		电导率传感器	一般		
		压力传感器	一般		
		反事故措施执行	一般		
12	直流电源配置	直流电源配置	重要		

（三）功能调试监督

序号	项目	内容	等级	监督情况	监督时间
1	保护装置上电	人机对话功能	一般		
		版本检查	重要		
		时钟检查	一般		
		定值	重要		
		逆变电源检查	重要		
		打印机检查	一般		
2	冗余配置	冗余配置检查	重要		

续表

序号	项目	内容	等级	监督情况	监督时间
3	电源配置	电源配置	重要		
4	采样回路	交流量采样检查	重要		
5	开关量输入回路	开关量输入回路	重要		
6	开关量输出回路	开关量输出回路	重要		
7	故障录波接口	故障录波接口	重要		
8	保护信息子站接口	保护信息子站接口	重要		
9	GPS 接口	GPS 接口	重要		
10	保护开入开出	保护开入开出检查	重要		
11	整组传动	整组传动试验	重要		
12	二次回路	二次回路试验	重要		
13	自检功能	自检功能校验	重要		
14	保护试验	保护配置原则	重要		
		保护出口设置	重要		
		保护跳闸功能试验	重要		
		温度保护	重要		
		流量及压力保护	重要		
		液位保护	重要		
		微分泄漏保护	重要		
		电导率保护	重要		
15	功能试验	功能试验	重要		
16	检查供电	检查供电	重要		
17	保护逻辑验证	保护逻辑验证	重要		
18	反事故措施执行	检查反事故措施执行	重要		
19	风险预防排查	风险预防排查	重要		

（四）资料监督

序号	设备	内容	等级	收资情况	接收人	供资人联系方式	接收日期
1	阀冷却控制保护系统	技术协议或技术规范书	重要				
		出厂试验报告	重要				
		交接试验报告	重要				
		安装质量检验及评定报告	重要				
		工程技术改造竣工图纸	重要				
		设备说明书	重要				
		运输记录	一般				
		设备安装、使用说明书	一般				
		合格证书	一般				

十九、换流变非电量装置监督作业指导卡

换流站		设备名称	
设备区域		生产厂家	
监督人		设备型号	

（一）到场监督

序号	项目	内容	等级	监督情况	监督时间
1	屏柜开箱	屏柜外观检查	一般		
		元器件完整性检查	重要		
		技术资料检查	一般		
2	附件及专用工器具	备品备件	重要		
		专用工器具	重要		

（二）安装监督

序号	项目	内容	等级	监督情况	监督时间
1	屏柜安装就位	屏柜就位找正	重要		
		屏柜固定	一般		
		屏柜接地	重要		
		屏柜设备检查	一般		
2	端子排	端子排外观检查	一般		
		强、弱电和正、负电源端子排的布置	重要		
		电流、电压回路等特殊回路端子检查	重要		
		端子与导线截面匹配	重要		
		端子排接线检查	一般		
3	二次电缆敷设	电缆截面应合理	重要		
		电缆敷设满足相关要求	重要		
		电缆排列	一般		
		电缆屏蔽与接地	重要		
		电缆芯线布置	一般		
4	二次电缆接线	接线核对及紧固情况	重要		
		电缆绝缘与芯线外观检查	重要		
		电缆芯线编号检查	一般		
		配线检查	一般		
		线束绑扎松紧和形式	一般		
		备用芯的处理	重要		
5	光缆敷设	光缆布局	一般		
		光缆弯曲半径	重要		
6	光纤连接	光纤及槽盒外观检查	一般		
		光纤弯曲度检查	重要		
		光纤连接情况	重要		

续表

序号	项目	内容	等级	监督情况	监督时间
6	光纤连接	光纤回路编号	一般		
		光纤备用芯检查	一般		
7	屏内接地	主机机箱外壳接地	重要		
		接地铜排	重要		
		接地线	重要		
8	标示	标示安装	一般		
9	防火密封	防火密封	重要		

（三）试验监督

序号	项目	内容	等级	监督情况	监督时间
1	保护装置上电	人机对话功能	一般		
		版本检查	重要		
		时钟检查	一般		
		定值	重要		
		逆变电源检查	重要		
		打印机检查	一般		
2	冗余配置	冗余配置检查	重要		
3	电源配置	电源配置	重要		
4	采样回路	交流量采样检查	重要		
5	开关量输入回路	开关量输入回路检查	重要		
6	开关量输出回路	开关量输出回路检查	重要		
7	故障录波接口	故障录波接口	重要		
8	保护信息子站接口	保护信息子站接口	重要		
9	GPS 接口	GPS 接口	重要		

续表

序号	项目	内容	等级	监督情况	监督时间
10	保护开入开出	保护开入开出检查	重要		
11	非电量保护逻辑	1. 本体瓦斯保护 2. 本体压力释放保护 3. 油温高和绕组温高保护 4. 分接开关油流继电器 5. 分接开关压力释放阀 6. 逆止阀 7. 本体油枕油位 8. 分接开关油枕油位 9. 阀侧套管 SF_6 压力 10. 分接开关手动调挡	重要		
12	整组传动	整组传动试验	重要		
13	二次回路试验	二次回路试验	重要		
14	自检功能	自检功能校验	重要		

（四）资料监督

序号	设备	内容	等级	收资情况	接收人	供资人联系方式	接收日期
1	非电量保护装置	出厂（联调）试验报告	重要				
		交接（系统调试）试验报告	重要				
		安装质量检验及评定报告	重要				
		工程设计图纸	重要				
		产品技术说明书	重要				
		保护软件（程序/逻辑图）	重要				
		保护定值单	重要				
		设备状态评价报告	重要				
		运输记录	一般				

续表

序号	设备	内容	等级	收资情况	接收人	供资人联系方式	接收日期
1	非电量保护装置	设备安装、使用说明书	一般				
		合格证书	一般				

二十、交流滤波器保护装置监督作业指导卡

换流站		设备名称	
安装区域		生产厂家	
监督日期		设备型号	

（一）到场监督

序号	项目	内容	等级	监督情况	监督人	监督日期
1	屏柜拆箱	屏柜外观检查	一般			
		元器件完整性检查	重要			
		设备资料检查	一般			
2	附件及专用工器具	备品备件	重要			
		专用工器具	重要			

（二）安装监督

序号	项目	内容	等级	监督情况	监督人	监督日期
1	屏柜安装就位	屏柜就位找正	重要			
		屏柜固定	一般			
		屏柜接地	重要			
		屏柜设备检查	一般			
2	端子排	端子排外观检查	一般			
		强、弱电和正、负电源端子排的布置	重要			
		电流、电压回路等特殊回路端子检查	重要			

续表

序号	项目	内容	等级	监督情况	监督人	监督日期
2	端子排	端子与导线截面匹配	重要			
		端子排接线检查	一般			
3	二次电缆敷设	电缆截面应合理	重要			
		电缆敷设满足相关要求	重要			
		电缆排列	一般			
		电缆屏蔽与接地	重要			
		电缆芯线布置	一般			
4	二次电缆接线	接线核对及紧固情况	重要			
		电缆绝缘与芯线外观检查	重要			
		电缆芯线编号检查	一般			
		配线检查	一般			
		线束绑扎松紧和形式	一般			
		备用芯的处理	重要			
5	光缆敷设	光缆布局	一般			
		光缆弯曲半径	重要			
6	光纤连接	光纤及槽盒外观检查	一般			
		光纤弯曲度检查	重要			
		光纤连接情况	重要			
		光纤回路编号	一般			
		光纤备用芯检查	一般			
7	屏内接地	主机机箱外壳接地	重要			
		接地铜排	重要			
		接地线	重要			
8	标示	标示安装	一般			
9	防火	防火密封	重要			

（三）功能调试监督

序号	项目	内容	等级	监督情况	监督人	监督日期
1	保护装置上电	人机对话功能	重要			
		版本检查	重要			
		时钟检查	重要			
		定值检查	重要			
		逆变电源检查	重要			
		打印机检查	重要			
2	冗余配置	冗余配置检查	重要			
3	电源配置	电源配置检查	重要			
4	开关量输入回路	开关量输入回路检查	重要			
5	开关量输出回路	开关量输出回路检查	重要			
6	故障录波接口	故障录波接口检查	重要			
7	保护信息子站接口	保护信息子站接口检查	重要			
8	GPS 接口	GPS 接口检查	重要			
9	保护开入开出检查	保护开入功能检查	重要			
		保护开出功能检查	重要			
10	二次回路试验	二次回路试验	重要			
11	保护采样	采样回路检查	重要			
		交流量采样检查	重要			
12	保护逻辑功能验证	逻辑验证	重要			
		主机逻辑检查	重要			
		站控主机功能验证	重要			
13	交流滤波器保护逻辑验证	交流滤波器小组保护逻辑验证	重要			
		交流滤波器大组保护逻辑验证	重要			
14	整组传动试验	整组传动试验	重要			

（四）资料监督

序号	设备	内容	等级	收资情况	接收人	供资人联系方式	接收日期
1	交流滤波器保护装置	出厂（联调）试验报告	重要				
		交接（系统调试）试验报告	重要				
		安装质量检验及评定报告	重要				
		随屏工程设计图纸	一般				
		运输记录	一般				
		技术说明书	一般				
		保护软件（程序/逻辑图）	一般				
		合格证书	一般				

二十一、直流线路故障定位装置监督作业指导卡

换流站		设备名称	
电压等级		生产厂家	
监督日期		设备型号	

（一）到场监督

序号	项目	内容	等级	监督情况	监督人	监督日期
1	屏柜拆箱	屏柜外观检查	一般			
		元器件完整性检查	重要			
		技术资料检查	一般			
2	附件及专用工器具	备品备件	重要			
		专用工器具	重要			

（二）安装监督

序号	项目	内容	等级	监督情况	监督人	监督日期
1	屏柜安装就位	屏柜就位找正	重要			
		屏柜固定	一般			
		屏柜接地	重要			
		屏柜设备检查	一般			
2	端子排	端子排外观检查	一般			
		强、弱电和正、负电源端子排的布置	重要			
		电流、电压回路等特殊回路端子检查	重要			
		端子与导线截面匹配	重要			
		端子排接线检查	一般			
3	二次电缆敷设	电缆截面应合理	重要			
		电缆敷设满足相关要求	重要			
		电缆排列	一般			
		电缆屏蔽与接地	重要			
		电缆芯线布置	一般			
4	二次电缆接线	接线核对及紧固情况	重要			
		电缆绝缘与芯线外观检查	重要			
		电缆芯线编号检查	一般			
		配线检查	一般			
		线束绑扎松紧和形式	一般			
		备用芯的处理	重要			
5	光缆敷设	光缆布局	一般			
		光缆弯曲半径	重要			
6	光纤连接	光纤及槽盒外观检查	一般			
		光纤弯曲度检查	重要			
		光纤连接情况	重要			

续表

序号	项目	内容	等级	监督情况	监督人	监督日期
6	光纤连接	光纤回路编号	一般			
		光纤备用芯检查	一般			
7	屏内接地	主机机箱外壳接地	重要			
		接地铜排	重要			
		接地线	重要			
8	标示	标示安装	一般			
9	防火密封	防火密封	重要			

（三）功能调试监督

序号	项目	内容	等级	监督情况	监督人	监督日期
1	屏柜外观及装置结构	测距装置的硬件配置、标注及接线	重要			
		测距装置各插件上的元器件检查	重要			
		背板接线检查	重要			
		测距装置的各部件固定情况	重要			
		导线与端子以及所采用材料等的质量	重要			
2	测距装置上电	逆变电源检查	重要			
		键盘、鼠标、显示器等	重要			
		程序安装、配置文件、终端设置、终端软件查毒	重要			
		测距分析软件使用情况	重要			
		GPS 对时检查	重要			
		参数和定值固化检查	重要			
3	模数变换系统	零漂检查	重要			
		电流、电压幅值检查	重要			
		电流、电压极性检查	重要			

续表

序号	项目	内容	等级	监督情况	监督人	监督日期
4	系统性功能	手动测距	重要			
		自动测距	重要			
		开关量输出检查	重要			
		线路两侧通信检查	重要			
5	二次回路	绝缘测试	重要			
		电流、电压二次回路试验	重要			
6	带负荷试验	电压二次回路核相	重要			
		电流二次回路带负荷校验	重要			

（四）资料监督

序号	设备	内容	等级	收资情况	接收人	供资人联系方式	接收日期
1	直流线路故障定位装置	随屏图纸	一般				
		说明书	一般				
		合格证书	一般				

二十二、站SCADA监控系统监督作业指导卡

换流站		设备名称	
安装区域		生产厂家	
监督日期		设备型号	

（一）到场监督

序号	项目	内容	等级	监督情况	监督人	监督日期
1	屏柜拆箱	屏柜外观检查	一般			
		元器件完整性检查	重要			
		技术资料检查	一般			
2	附件及专用工器具	备品备件	重要			
		专用工器具	重要			

（二）安装监督

序号	项目	内容	等级	监督情况	监督人	监督日期
1	屏柜安装就位	屏柜就位找正	重要			
		屏柜固定	一般			
		屏柜接地	重要			
		屏柜设备检查	一般			
2	端子排	端子排外观检查	一般			
		强、弱电和正、负电源端子排的布置	重要			
		电流、电压回路等特殊回路端子检查	重要			
		端子与导线截面匹配	重要			
		端子排接线检查	一般			
3	二次电缆敷设	电缆截面应合理	重要			
		电缆敷设满足相关要求	重要			
		电缆排列	一般			
		电缆屏蔽与接地	重要			
		电缆芯线布置	一般			
4	二次电缆接线	接线核对及紧固情况	重要			
		电缆绝缘与芯线外观检查	重要			
		电缆芯线编号检查	一般			
		配线检查	一般			
		线束绑扎松紧和形式	一般			
		备用芯的处理	重要			
5	光缆敷设	光缆布局	一般			
		光缆弯曲半径	重要			
6	光纤连接	光纤及槽盒外观检查	一般			
		光纤弯曲度检查	重要			
		光纤连接情况	重要			

续表

序号	项目	内容	等级	监督情况	监督人	监督日期
6	光纤连接	光纤回路编号	一般			
		光纤备用芯检查	一般			
7	屏内接地	主机机箱外壳接地	重要			
		接地铜排	重要			
		接地线	重要			
8	标示	标示安装	一般			
9	防火密封	防火密封	重要			

（三）功能调试监督

序号	项目	内容	等级	监督情况	监督人	监督日期
1	装置上电	人机对话功能	一般			
		版本检查	重要			
		时钟检查	一般			
		定值	重要			
		逆变电源检查	重要			
		打印机检查	一般			
2	电源配置	电源配置	重要			
3	监控功能	监控功能检查	重要			
4	系统服务器	服务器开、关机	重要			
		服务器硬盘管理	重要			
		服务器软件				
		服务器常规维护	重要			
5	工作站	工作站客户端程序安装	重要			
		工作站操作系统及病毒库软件升级	重要			
6	站局域网	系统接线	重要			

续表

序号	项目	内容	等级	监督情况	监督人	监督日期
6	站局域网	交换机配置	重要			
		硬件防火墙	重要			
7	时间同步系统	主时钟配置	重要			
		全站对时设备连接	重要			
		对时错误处理	重要			
8	换流站文档管理系统	换流站文档管理系统	一般			
9	网络打印机	网络打印机检查	一般			

（四）资料监督

序号	设备	内容	等级	收资情况	接收人	供资人联系方式	接收日期
1	站SCADA监控系统	技术协议或技术规范书	重要				
		出厂试验报告	重要				
		交接试验报告	重要				
		安装质量检验及评定报告	重要				
		工程设计图纸	重要				
		产品技术说明书	重要				
		保护软件（程序/逻辑图）	重要				
		保护定值单	重要				
		运输记录	一般				
		设备安装、使用说明书	一般				
		合格证书	一般				

二十三、调度自动化系统监督作业指导卡

换流站		设备名称	
安装区域		生产厂家	
监督日期		设备型号	

（一）到场监督

序号	项目	内容	等级	监督情况	监督人	监督日期
1	屏柜拆箱	屏柜外观检查	一般			
		元器件完整性检查	重要			
		技术资料检查	一般			
2	附件及专用工器具	备品备件	重要			
		专用工器具	重要			

（二）安装监督

序号	项目	内容	等级	监督情况	监督人	监督日期
1	屏柜安装就位	屏柜就位找正	重要			
		屏柜固定	一般			
		屏柜接地	重要			
		屏柜设备检查	一般			
2	端子排	端子排外观检查	一般			
		强、弱电和正、负电源端子排的布置	重要			
		电流、电压回路等特殊回路端子检查	重要			
		端子与导线截面匹配	重要			
		端子排接线检查	一般			
3	二次电缆敷设	电缆截面应合理	重要			
		电缆敷设满足相关要求	重要			

续表

序号	项目	内容	等级	监督情况	监督人	监督日期
3	二次电缆敷设	电缆排列	一般			
		电缆屏蔽与接地	重要			
		电缆芯线布置	一般			
4	二次电缆接线	接线核对及紧固情况	重要			
		电缆绝缘与芯线外观检查	重要			
		电缆芯线编号检查	一般			
		配线检查	一般			
		线束绑扎松紧和形式	一般			
		备用芯的处理	重要			
5	光缆敷设	光缆布局	一般			
		光缆弯曲半径	重要			
6	光纤连接	光纤及槽盒外观检查	一般			
		光纤弯曲度检查	重要			
		光纤连接情况	重要			
		光纤回路编号	一般			
		光纤备用芯检查	一般			
7	屏内接地	主机机箱外壳接地	重要			
		接地铜排	重要			
		接地线	重要			
8	标示	标示安装	一般			
9	防火密封	防火密封	重要			

（三）功能调试监督

序号	项目	内容	等级	监督情况	监督人	监督日期
1	装置上电	人机对话功能	一般			
		版本检查	重要			

续表

序号	项目	内容	等级	监督情况	监督人	监督日期
1	装置上电	时钟检查	一般			
		定值	重要			
		逆变电源检查	重要			
		打印机检查	一般			
2	电源配置	电源配置	重要			
3	远动工作站	远动工作站	重要			
4	行政调度电话系统	调度交换机	重要			
		行政交换机	重要			
5	检修计划工作站	检修计划工作站	重要			
6	远动局域网	网络交换机	重要			
		纵向加密机或防火墙	重要			
		路由器	重要			
7	PMU 同步向量测量装置	PMU 同步向量测量装置	重要			

（四）资料监督

序号	设备	内容	等级	收资情况	接收人	供资人联系方式	接收日期
1	调度自动化系统	随屏图纸	一般				
		说明书	一般				
		合格证书	一般				

二十四、内冷水系统监督作业指导卡

换流站		设备名称	
电压等级		生产厂家	
监督日期		设备型号	

（一）到场监督

序号	项目	内容	等级	监督情况	监督人	监督日期
1	本体监督	外观检查	一般			
		管道及阀门检查	重要			
		离子交换罐检查	重要			
		膨胀罐检查	重要			
		补水泵及原水泵检查	重要			
		铭牌检查	一般			
2	附件监督	备品备件检查	重要			
		专业工器具检查	重要			

（二）安装监督

序号	项目	内容	等级	监督情况	监督人	监督日期
1	安装投运技术文件	相关文件及资料核查	重要			
2	管道及阀门	管道安装检查	重要			
		阀门安装检查	重要			
3	主水回路	监测仪表检查	重要			
		电加热器绝缘测量	重要			
		主循环泵检查	重要			
		主循环泵电源回路检查	重要			
4	传感器	总体安装检查	重要			
		温度传感器检查	重要			
		流量传感器检查	重要			
		液位传感器检查	重要			
5	水处理回路	去离子系统检查	重要			
		稳压系统检查	重要			

续表

序号	项目	内容	等级	监督情况	监督人	监督日期
5	水处理回路	补水装置检查	重要			
		主过滤器检查	重要			

（三）试验监督

序号	项目	内容	等级	监督情况	监督人	监督日期
1	密封性检查	注水、加压、排气试验	重要			
2	运行检查	设备运行检查	重要			
3	信号核对	信号核对检查	重要			
4	功能调试	主循环泵功能调试	重要			
		加热器功能调试	重要			
		补水装置功能调试	重要			
		主过滤器功能调试	重要			
		稳压装置功能调试	重要			

（四）资料监督

序号	设备	内容	等级	收资情况	接收人	供资人联系方式	接收日期
1	阀内冷水系统	技术协议或技术规范书	重要				
		出厂试验报告	重要				
		交接试验报告	重要				
		安装质量检验及评定报告	重要				
		运输记录	一般				
		设备安装、使用说明书	一般				
		合格证书	一般				

二十五、外冷水系统监督作业指导卡

换流站		设备名称	
电压等级		生产厂家	
监督日期		设备型号	

（一）到场监督

序号	项目	内容	等级	监督情况	监督人	监督日期
1	本体监督	外观检查	一般			
		管道及阀门检查	重要			
		冷却塔检查	重要			
		铭牌检查	一般			
2	附件监督	备品备件	重要			
		专业工器具	重要			

（二）安装监督

序号	项目	内容	等级	监督情况	监督人	监督日期
1	安装投运技术文件	相关文件及资料核查	重要			
2	阀外冷整体	布置检查	重要			
		设计检查	重要			
3	管道及阀门	管道安装检查	重要			
		阀门安装检查	重要			
4	水处理回路	布置检查	重要			
5	水池及泵	布置检查	重要			
		监测装置检查	重要			
		平衡水池检查	重要			
		高压泵及工业泵检查	重要			

续表

序号	项目	内容	等级	监督情况	监督人	监督日期
6	冷却塔与喷淋泵	冷却塔检查	重要			
		喷淋泵检查	重要			
7	配电柜	安装检查	重要			

（三）试验监督

序号	项目	内容	等级	监督情况	监督人	监督日期
1	密封性检查	注水、加压、排气试验检查	重要			
2	信号核对	信号核对检查	重要			
3	电源配置	电源配置检查	重要			

（四）资料监督

序号	设备	内容	等级	收资情况	接收人	供资人联系方式	接收日期
1	外冷水系统	技术协议或技术规范书	重要				
		出厂试验报告	重要				
		交接试验报告	重要				
		安装质量检验及评定报告	重要				
		运输记录	一般				
		设备安装、使用说明书	一般				
		合格证书	一般				

二十六、空调通风设备监督作业指导卡

变电站		设备名称	
电压等级		生产厂家	
监督日期		设备型号	

（一）到场监督

序号	项目	内容	等级	监督情况	监督人	监督日期
1	本体监督	外观检查	一般			
2	附件监督	铭牌	重要			

（二）安装监督

序号	项目	内容	等级	监督情况	监督人	监督日期
1	通风设备	通风机及空气过滤设备的安装	重要			
2	制冷系统	制冷设备与制冷附属设备的安装	重要			
3	空调水系统	水冷机组管道、水泵及阀门安装	重要			
4	控制系统	外观检查和安装要求	重要			
		空调系统报警信号	重要			

（三）试验监督

序号	项目	内容	等级	监督情况	监督人	监督日期
1	设备单机	通风机	重要			
		水泵	一般			
		冷却机	重要			
		电控排烟风阀	一般			
2	通风与空调系统无生产负荷的联合试运转及调试	空调设备	重要			
3	隐患排查反事故措施执行情况	空调系统	重要			

（四）资料监督

序号	设备	内容	等级	收资情况	接收人	供资人联系方式	接收日期
1	空调设备	运输记录	一般				
		设备安装、使用说明书	一般				
		合格证书	一般				

二十七、消防系统监督作业指导卡

变电站		设备名称	
电压等级		生产厂家	
监督日期		设备型号	

（一）到场监督

序号	项目	内容	等级	监督情况	监督人	监督日期
1	本体监督	外观检查	一般			
2	附件监督	铭牌	重要			

（二）安装监督

序号	项目	内容	等级	监督情况	监督人	监督日期
1	布线	布线方式及通道	重要			
2	火灾报警控制器、区域显示器、消防联动控制器等控制器类设备	控制器安装方式及工艺要求	重要			
3	火灾探测器	各类火灾探测器安装方式及工艺要求	重要			
4	手动火灾报警按钮	手动火灾报警按钮安装方式及工艺要求	重要			
5	消防电气控制装置	消防电气控制装置安装方式及工艺要求	重要			

续表

序号	项目	内容	等级	监督情况	监督人	监督日期
6	模块	模块安装方式及工艺要求	重要			
7	火灾声警报器和火灾应急广播	火灾声警报器和火灾应急广播安装方式及工艺要求	重要			
8	消防专用电话	消防专用电话安装方式及工艺要求	重要			
9	消防设备应急电源	消防设备应急电源安装方式及工艺要求	重要			
10	系统接地	系统接地安装方式及工艺要求	重要			
11	水消防系统	水消防系统安装及工艺要求	重要			

（三）试验监督

序号	项目	内容	等级	监督情况	监督人	监督日期
1	火灾报警系统	控制器调试	重要			
		火灾探测器调试	重要			
		手动火灾报警按钮调试	重要			
		消防联动控制器调试	重要			
		消防电话调试	重要			
		消防设备应急电源调试	重要			
		消防控制中心图形显示装置调试	重要			
2	消防管道	试压	重要			
3	水消防系统	水消防系统喷淋调试	重要			
4	联动功能	1．消防系统与空调通风系统的联动 2．消防系统与电梯的联动	重要			

续表

序号	项目	内容	等级	监督情况	监督人	监督日期
5	隐患排查反事故措施执行情况排查	1．核查换流站消防系统相关保护应只投报警，不投跳闸 2．消防系统——消防管道设计放水阀门，并考虑防冻措施，避免冬季结冰 3、核查全站火警报警箱是否有标识，是否接地。核查全站烟感探头、红外探头应编号	重要			

（四）资料监督

序号	设备	内容	等级	收资情况	接收人	供资人联系方式	接收日期
1	消防系统	运输记录	一般				
		设备安装、使用说明书	一般				
		合格证书	一般				